U0362955

网络强国 制高点

技术创新支撑

主　编　王恒桓

副主编　周天阳　师全民

知识产权出版社

全国百佳图书出版单位

图书在版编目（CIP）数据

网络强国制高点：技术创新支撑/王恒桓主编. —北京：知识产权出版社，2017.10
（强力推进网络强国战略丛书）

ISBN 978-7-5130-5182-8

Ⅰ.①网… Ⅱ.①王… Ⅲ.①互联网络—管理—研究—中国 Ⅳ.①TP393.4

中国版本图书馆 CIP 数据核字（2017）第 241795 号

责任编辑：段红梅　张雪梅　　　　　　　责任校对：王　岩

封面设计：智兴设计室·索晓青　　　　　　责任出版：刘译文

强力推进网络强国战略丛书
网络技术篇

网络强国制高点——技术创新支撑

主　编　王恒桓

副主编　周天阳　师全民

出版发行：知识产权出版社 有限责任公司		网　　址：http：//www.ipph.cn	
社　　址：北京市海淀区气象路 50 号院		邮　　编：100081	
责编电话：010 - 82000860 转 8171		责编邮箱：duanhongmei@cnipr.com	
发行电话：010 - 82000860 转 8101/8102		发行传真：010 - 82000893/82005070/82000270	
印　　刷：北京科信印刷有限公司		经　　销：各大网上书店、新华书店及相关专业书店	
开　　本：720mm×1000mm　1/16		印　　张：15.25	
版　　次：2017 年 10 月第 1 版		印　　次：2017 年 10 月第 1 次印刷	
字　　数：260 千字		定　　价：68.00 元	

ISBN 978-7-5130-5182-8

强力推进网络强国战略丛书
编委会

丛书主编：邬江兴

丛书副主编：李　彬　刘　文　巨乃岐

编委会成员（按姓氏笔画排序）：

王志远　王建军　王恒桓　化长河

刘　静　吴一敏　宋海龙　张　备

欧仕金　郭　萍　董国旺

总　序

20世纪人类最伟大发明之一的互联网，正在迅速地将人与人、人与机的互联朝着万物互联的方向演进，人类社会也同步经历着有史以来最广泛、最深刻的变革。互联网跨越时空，真正使世界变成了地球村、命运共同体。借助并通过互联网，全球信息化已进入全面渗透、跨界融合、加速创新、引领发展的新阶段。谁能在信息化、网络化的浪潮中抢占先机，谁就能够在日新月异的地球村取得优势，获得发展，掌控命运，赢得安全，拥有未来。

2014年2月27日，在中央网络安全和信息化领导小组第一次会议上，习近平同志指出："没有网络安全就没有国家安全，没有信息化就没有现代化"，"要从国际国内大势出发，总体布局，统筹各方，创新发展，努力把我国建设成为网络强国。"

2016年7月，《国家信息化发展战略纲要》印发，其将建设网络强国战略目标分三步走。第一步，到2020年，核心关键技术部分领域达到国际先进水平，信息产业国际竞争力大幅提升，信息化成为驱动现代化建设的先导力量；第二步，到2025年，建成国际领先的移动通信网络，根本改变核心关键技术受制于人的局面，实现技术先进、产业发达、应用领先、网络安全坚不可摧的战略目标，涌现一批具有强大国际竞争力的大型跨国网信企业；第三步，到21世纪中叶，信息化全面支撑富强民主文明和谐的社会主义现代化国家建设，在引领全球信息化发展方面有更大作为。

所谓网络强国，是指具备强大网络科技、网络经济、网络管理能力、网络影响力和网络安全保障能力的国家，就是在建设网络、开发网络、利用网络、保护网络和治理网络方面拥有强大综合实力的国家。一般认为，网络强国至少要具备五个基本条件：一是网络信息化基础设施处于世界领先水平；二是有明确的网络空间战略，并在国际社会中拥有网络话语权；三是关键技术和装备要技术先进、自主可控；四是网络主权和信息资源要有足够的保障手段和能力；五是在网络空间战略对抗中有制衡能力和震慑实力。

所谓网络强国战略，是指为了实现由网络大国向网络强国跨越而制定的国家发展战略。通过科技创新和互联网支撑与引领作用，着力增强国家信息化可持续发展能力，完善与优化产业生态环境，促进经济结构转型升级，推进国家治理体系和治理能力现代化，从而为实现"两个一百年"目标奠定坚实的基础。

实施网络强国战略意义重大。第一，信息化、网络化引领时代潮流，这是当今世界最显著的变革特征之一，既是必然选择，也是当务之急。第二，网络强国是国家强盛和民族振兴的重要内涵，体现了党中央全面深化改革、加强顶层设计的坚强意志和创新睿智，显示出坚决保障网络主权、维护国家利益、推动信息化发展的坚定决心。第三，网络空间蕴藏着巨大的经济、科技潜力和宝贵的数据资源，是我国社会经济发展的新引擎、新动力。它与农业、工业、商业、教育等各行业各领域深度融合，催生出许多新技术、新业态、新模式，提升着实体经济的创新力、生产力、流通力，为传统经济的转型升级带来了新机遇、新空间、新活力。第四，互联网作为文化碰撞的通道、思想交锋的平台、意识形态斗争的高地，始终是没有硝烟的战场，是继领土、领海、领空之后的"第四领域"，构成大国博弈的战略制高点。只有掌握自主可控的互联网核心技术，维护好国家网络主权，民族复兴的梦想之船才能安全远航。第五，国家治理体系与治理能力现代化，需要有效化解社会管理的层级化与信息传播的扁平化矛盾，推动治理的科学化与精细化。尤其是物联网、大数据、云计算等先进技术的涌现为之提供了更加坚实的物质基础和高效的运作手段。

经过 20 多年的发展，我国互联网建设成果卓著，网络走入千家万户，网民数量世界第一，固定宽带接入端口超过 4 亿个，手机网络用户达 10.04 亿人，我国已经是名副其实的网络大国。但是我国还不是网络强国，与世界先进国家相比，还有很大的差距，其间要走的路还很长，前进中的挑战还很多。如何实践网络强国战略，建设网络强国，是摆在中华民族面前的历史性任务。

本丛书由战略支援部队信息工程大学相关专家教授合作完成，丛书的策划、构思和编写围绕以下问题和认识展开：第一，网络强国战略既已提出，那么，如何实施，从哪些方面实施，实施的路径、办法是什么，存在的问题、困难有哪些等。作者始终围绕网络强国建设中的技术支撑、人才保证、文化引领、安全保障、设施服务、法律规范、产业新态和国际合作等重大问题进行理论阐述，进而提出实施网络强国战略的措施和办法。第二，网络强国战略既是一项长期复杂的系统工程，又是一个内涵丰富的科学命题。正确认识和深刻把握网络强国战略的内涵、意义、使命和要求，无疑是全面贯彻落实网络强国战略的前提条件。丛书的编写既是作者深入理解网络强国战略的认知过程，也是帮助公众深入理解网络强国战略的一种努力。第三，作为身处高校教学一线的理论工作者，积极投身、驻足网络强国理论战线、思想战线和战略前沿，这既是分内之事，也是践行国家战略的具体表现。第四，全面贯彻落实网络强国战略，既有共同面对的复杂现实问题，又有全民参与的长期发展问题。因此，理论研究和探讨不可能一蹴而就，需要作持久和深入的努力，本丛书必然会随着实践的推进而不断得到丰富和升华。

为了完成好本丛书的目标定位，战略支援部队信息工程大学校党委成立了"强力推进网络强国战略丛书"编委会，实行丛书主编和分册主编负责制，对我国互联网发展的历史和现状特别是实现网络强国战略的理论和实践问题进行系统分析和全面考量。

本丛书共分为八个分册，分别从技术创新支撑、先进文化引领、基础设施铺路、网络产业创生、网络人才先行、网络安全保障、网络法治增序、国际合作助推八个方面，对网络强国建设中的重大理论和实践问题进行了梳理，对我国建设网络强国的基础、挑战、问题、原则、目标、重点、任务、路径、对策和方法等进行了深入探讨。在撰写过程中，始终坚持突出政治性，立足学术性，注重可读性。本丛书具有系统性、知识性、前沿性、针对性、实践性、操作性等特点，值得广大人文社科工作者、机关干部、管理者、网民和群众阅读，也可供大专院校、科研院所的专家学者参考。

在丛书编写过程中，得到了中央网信办负责同志的高度关注和热情鼓励，借鉴并引用了有关网络强国方面的大量文献和资料，与多期"网信培训班"的学员进行了研讨，在此一并表示衷心的谢忱。

邬江兴

目　　录

第一章　网络技术创新概述

网络技术的发展程度决定了信息化的发展水平，网络技术创新能力体现了国家创新发展能力水平。网络技术创新是网络时代一种新型的创新活动，既符合技术创新的一般规律，又兼具网络开放互联的显著特点。把握网络技术创新的概念内涵和特点规律，紧盯网络技术创新的热点前沿，分析网络技术创新的发展趋势，对于加快建立国家网络技术创新驱动发展战略、推进国家网络空间技术进步、建设网络强国意义重大。

一、网络技术创新概念内涵

技术创新在经济社会发展和人类文明进程中发挥基础性和牵引性作用。当人类步入知识经济时代，互联网成为支撑社会和经济发展的重要平台，世界各国竞相投入和发展网络技术创新。伴随网络新技术的快速升级演进，新理念和新模式被不断引入网络技术创新发展中，前沿性、颠覆性的技术变革加速孕育，一系列重大技术创新不断涌现。网络技术创新具有高度的开放性、互联性和边际递增性等显著特点，促进了学科交叉融合进一步发展，影响和带动了高新技术群的集体跃升，正成为牵引和推动科学技术飞速发展的主导力量。

（一）时代背景

互联网的飞速发展和广泛应用渗透进人类社会活动的各个领域，深刻地改变了人们的生产、生活和思维方式。在经济社会发展中，互联网聚集了大量技术、资金、人才，网络资源日益成为生产要素和社会财富，成为推动国家经济增长、促进就业的重要力量，同时也是国家综合实力和竞争力的重要标志。目前，全球网络用户突破 30 亿人，占世界总人口的 40%，其中 G20 国家（网民用户达 22.4 亿人）互联网普及率高达 50.2%。根据统计分析，2010～2015 年，G20 国家互联网普及率平均达 69%，G20 成员中发达国家的互联网经济对 GDP 贡献率达到 5.5%，发展中国家平均为 4.9%。我国互联网经济对 GDP 贡献率为 6.9%，互联网经济水平超过发达国家平均水平①。

从 1994 年我国全面接入互联网至今，二十多年来，我国在互联网领域抓住机遇，快速推进，成果斐然。据中国互联网络信息中心发布的报告，截至 2016 年 6 月，中国网民规模达 7.1 亿人，互联网普及率达到 51.7%，超过全球平均水平 3.1 个百分点②。同时，移动互联网塑造的社会生活形态进一步强化，"互联网＋"行动计划推动政企服务多元化、移动化发展。中国已是名副其实的网络大国，但大不一定强。另外一些统计数据显示，中国距离网络强国仍有较大差距，如自主创新方面还相对落后，区域和城乡差异比较明显，人均带宽与国际先进水平差距较大，国内互联网发展瓶颈仍然较为突出。以信息化驱动工业化、城镇化、农业现代化、国家治理体系和治理能力现代化的任务十分繁重，国内不同地区间"数字鸿沟"及其带来的社会和经济发展问题都需要尽快解决。

基于对互联网的深刻认知，习近平总书记指出："互联网时代对人类的生活、生产、生产力的发展都具有很大的进步推动作用。"③ 党的十八届五中全会站在未来发展的战略高度，建议将网络强国战略纳入"十三五"规划的战略体系之中，充分体现了党与时俱进的伟大品格。网络强国战略之一就是要以技术创新助推强国目标。科学技术是第一生产力，而网络技术已经成为人类社会发展最前沿的科学技术。实施网络强国战略，需要建立配套完善的技术发展战略。④ 中国是

① 《G20 国家互联网发展研究报告》发布　中国互联网经济水平超发达国家[EB/OL]. (2016－09－02)[2016－12－23]. http://news.cctv.com/2016/09/02/ARTIsnn7AELqCtzlAg1M5orU160902.shtml.

② CNNIC. 2016 年第 38 次中国互联网络发展状况统计报告——网民规模与结构（二）[EB/OL]. (2016－08－03)[2016－12－23]. http://199it.com/archives/502874.html.

③ 2012 年 12 月 13 日，习近平在深圳视察腾讯公司时的讲话。

④ 敏锐把握世界科技创新发展趋势　切实把创新驱动发展战略实施好[N]. 光明日报，2013－10－02 (01).

典型的后发展国家，是网络大国，但国际互联网发展至今，众多的核心技术基本都掌握在西方国家特别是美国手中。中国要成为网络强国，必须加强网络技术提升，掌握核心技术，不断研发拥有自主知识产权的互联网产品，才能不受制于其他国家，而要拥有核心技术就必须开展网络技术创新。习近平总书记特别强调："要准确把握重点领域科技发展的战略机遇，选准关系全局和长远发展的战略必争领域和优先方向，通过高效合理配置，深入推进协同创新和开放创新，构建高效强大的共性关键技术供给体系，努力实现关键技术重大突破，把关键技术掌握在自己手里。"①

创新是一个民族进步的灵魂，是一个国家兴旺发达的不竭动力。"十三五"规划建议指出："创新是引领发展的第一动力。必须把创新摆在国家发展全局的核心位置，不断推进理论创新、制度创新、科技创新、文化创新等各方面创新，让创新贯穿党和国家一切工作，让创新在全社会蔚然成风。"为实现网络技术自主创新，当务之急是要健全激励机制，完善政策环境，从物质和精神两个层面激发科技创新的积极性和主动性，坚持科技面向经济社会发展的导向，围绕产业链部署创新链，围绕创新链完善资金链，消除科技创新中的"孤岛"现象，破除制约科技成果转移扩散的障碍，提升国家创新体系整体效能。

为了实现网络强国目标，必须深入理解网络技术创新的概念内涵及中国网络技术创新的特点，走具有中国特色的网络技术创新强国之路。

（二）主要概念

技术创新是人类在探索世界、认知世界、改造世界过程中的一种科技实践活动，为人类的可持续发展提供了动力和保障。网络技术创新是当今最活跃和复杂的技术创新活动。自互联网出现以来，网络新技术迅速迭代，网络新业务层出不穷，网络规模和应用普及远超人们最初的设计和想象。在互联网充满张力和变数的动态发展中，网络技术创新活动受各种复杂因素的影响，呈现出一种非线性的演进规律，具有与一般技术创新活动不同的复杂性和不确定性。

---

① 习近平.习近平总书记系列重要讲话读本（2016年版）［M］.北京：学习出版社，人民出版社，2016.

1. 技术创新

"技术创新"的概念主要源自经济领域，作为经济学中一种典型的技术类事件、范式和问题，长期以来得到了学界的深入研究和探索，其概念内涵不断丰富和发展。

在经济学领域，最早关注技术创新对经济发展与竞争作用的是亚当·斯密和卡尔·马克思。1776年，亚当·斯密在出版的《国民财富的性质和原因的研究》（简称《国富论》）一书的第一章"论分工"中，提出科学研究专业分工日趋增加，阐释了科学在技术演变中的重要作用，以及生产实践中进行科学技术探索和改进的问题，论述的技术变革与经济增长的关系为后人研究提供了方向[①]。卡尔·马克思在商品经济基本原理和剩余价值理论中剖析了技术创新与资本主义经济、社会发展的关系，认为在市场中，所有资本家都会在生存压力和剩余价值的诱惑下不断进行技术创新，从而实现技术普及，并最终带动整个社会科学技术和劳动生产率的提高，资本主义社会市场经济从而得到快速发展。从此，技术（Technology）和创新（Innovation）被紧密地联系在一起，并在经济学、社会学乃至科学技术领域得到广泛关注[②]。

1912年，奥地利经济学家约瑟夫·熊彼特在出版的《经济发展理论》一书中明确提出了"技术创新"的概念并进行了系统论述。他认为，所谓"创新"就是"建立一种新的生产函数"，就是"把生产要素和生产条件以新的组合引入到生产体系中"，创新的目的在于获取潜在利润。熊彼特所说的新组合主要表现为五种情况：采用新的产品；采用新的生产方法；开辟新的市场；获取原材料的新供应来源；实现新的工业组织。这五类创新可归结为产品创新、工艺创新、市场创新、资源配置创新和组织创新。按照创新活动的主要阶段，创新可分为四个步骤，即发明、创新、推广和选择[③]。总的来说，熊彼特提出的技术创新是一个系统性概念，是在经济学框架内研究技术创新的概念、模式、实现形式和过程，重在分析技术创新对经济发展的作用，为人们更深入地研究技术创新概念奠定了基础。例如，基于熊彼特的理论基础，S.C.索罗在《资本化过程中的创新：对熊

---

① 亚当·斯密.国民财富的性质和原因的研究［M］.上海：商务印书馆，1974.
②③ 淮涛.技术创新与中国经济增长的实证研究［D］.北京：首都经济贸易大学，2014.

彼特理论的评价》一书中首次提出技术创新认定的"两步论"，即新思想来源和以后阶段的实现发展，同时论证了技术创新是一个国家经济长期持续增长的动力。

改革开放后，我国也对技术创新问题展开深入研究，并结合中国经济建设和社会发展实践提出了富有中国特色的技术创新概念。1999 年 8 月，《中共中央、国务院关于加强技术创新，发展高科技，实现产业化的决定》中，将技术创新定义为"企业应用创新的知识和新技术、新工艺，采用新的生产方式和经营管理模式，提高产品质量，开发生产新的产品，提供新的服务，占据市场并实现市场价值"，同时指出"企业是创新的主体，技术创新是发展高科技、实现产业化的重要前提"。

进入 21 世纪，世界各国将技术创新提升到战略高度，纷纷提出建设国家创新体系，技术创新概念向宏观和微观、深度和广度等不同维度不断延伸，特别是在网络时代被赋予了新的内涵。

2. 网络技术

目前，学术界和工业界并没有对"网络技术"进行统一定义，一方面在于"网络"一词本身具有多种涵义且在不断丰富演化，如通信网络（Communication Network）、计算机网络（Computer Network），或是互联网（Internet）、网格（Grid）、网络空间（Cyber Space）等；另一方面，网络技术构成复杂，无法从单一维度进行准确描述，如从信息共享的角度网络技术是指信息存储、信息传递、信息处理、信息标识等，从体系结构的角度网络技术则指硬件技术、软件技术、应用技术等，从网络形态角度网络技术又可包括局域网技术、城域网技术、广域网技术等。

根据百度百科的词条描述，"网络技术"是指"从 20 世纪 90 年代中期发展起来的新技术，它把互联网上分散的资源融为有机整体，实现资源的全面共享和有机协作，使人们能够透明地使用资源的整体并按需获取信息。资源包括高性能计算机、存储资源、数据资源、信息资源、知识资源、专家资源、大型数据库、网络、传感器等"。[①] 这一概念描述强调了网络在资源共享和消除资源"孤岛"

---

① 网络技术词条，来源于百度百科，由"科普中国"百科科学词条编写与应用工作项目审核。

方面的作用，体现了人们在信息交互和资源存取方面的协作关系，反映了网络及其构成技术的本质特征。本书关注的主要是网络技术对于经济社会发展的促进作用，而互联网作为人类现代技术革命最重要的成果之一，其出现和应用深刻影响和改变了经济社会的发展，因此本书所指的网络技术特指互联网及其相关技术。

互联网又称因特网，始于美军的 ARPANET 项目，由美军国防高级研究计划局（DARPA）为确保战争时的可靠军事通信而资助研究并建立。最初，ARPANET 只有四个连接结点，由分别位于加利福尼亚洛杉矶分校、斯坦福大学、加利福尼亚大学、犹他州大学共四所大学的异构大型计算机系统组成。1973 年，DARPA 启动了名为 Internet 的互联网研究项目，TCP/IP 协议（传输控制协议/因特网互联协议）由此孕育而生，随着 TCP/IP 的广泛应用部署，ARPANET 的规模和范围逐渐扩大，互联网（Internet）基本形成。

互联网的第一次飞跃发展得益于学术界的进入和推动。1985 年，美国国家科学基金会（NSF）开始资助 TCP/IP 和互联网的研究，建立 NSFNET。很多大学、政府资助的研究机构甚至私营的研究机构纷纷将各自的局域网并入 NSFNET，随后全美国建立了按地区划分的计算机广域网，并将这些地区网络和超级计算机中心互联起来。1990 年，NSFNET 彻底取代 ARPANET 成为国际互联网的主干网。NSFNET 对互联网发展的最大贡献是向全社会开放，而不再是仅供计算机研究人员和政府机构使用。

互联网的第二次飞跃发展归功于研究性网络的商业化。1990 年，由 Merit、IBM 和 MCI 公司联合建立了非营利组织——先进网络科学公司 ANS（Advanced Network & Science Inc.），并构建了覆盖全美的 T3 级主干网。1991 年年底，NSFNET 的全部主干网与 ANS 提供的 T3 级主干网相联通；1993 年，ANSNET 建设完成，互联网开始进入商业化时代。

迄今为止，互联网技术发展共经历了三次浪潮。

一是以超文本标记语言 HTML、超文本传输协议 HTTP、万维网 WWW 等为代表的一批互联网信息发布技术统一了网络信息的格式化描述、存储定位和访问方法，巨量、芜杂的网络信息被互联网聚合在一起，实现了全球信息资源的共享。同时，网页浏览器、搜索引擎、文件下载器等不断推出大众化网络工具，方便了互联网的使用，雅虎、谷歌等互联网公司得到快速发展。

二是以动态网页、P2P 下载、社交网络为代表的可交互式网络和自媒体技术不断涌现，改变了网络信息单向、静态的传统发布模式，每个网络用户都可由自己主导并生成网络内容，实现与互联网的双向信息交流，以兴趣为聚合点的社交群落逐渐形成，Facebook、Twitter、YouTube 等多媒体社交网络迅速兴起。

三是以无线局域网、移动互联网、物联网为代表的新兴网络连接技术极大地扩展了互联网的覆盖范围，实现了从有线向无线、从固定到移动、从计算机向智能终端和嵌入式系统的革命性飞跃，"IP over Everything"的泛在网络正逐步形成；同时，随着云计算、大数据技术的出现和应用，互联网颠覆了许多传统行业，电信、电视、计算机三网融合趋势加强，商业、金融业正加快"上网"，农业、制造业利用网络技术实现了智能生产。互联网还在不断融合更多业务，并不断催生信息产业的新业态。

随着智能物联网、社交网络等网络新技术的不断发展和普及，互联网正向物理世界和人类社会深度渗透和全维覆盖，一种新型的人造空间——网络空间正在逐步形成且不断扩张。当前，网络空间还在动态变化中持续演进，未来网络将向链接泛在化、结构动态化、安全属性化、数据知识化、控制智能化的方向快速发展，"互联网＋""工业 4.0"将彻底改变人们的生产和生活方式，人工智能、网络思维将颠覆人类认知世界、改造世界的方式。

3. 网络技术创新

网络技术创新是网络时代一种特有的技术创新活动。随着计算机与互联网技术的飞速发展，新知识、新理论不断产生，学科交叉融合进一步增强，产业经济形态和组织模式与传统经济相比发生了巨大变化。网络技术创新的基础、方式与传统经济时代明显不同，使得网络技术创新的主体和过程也发生了显著变化。

第一，网络技术创新的主体趋向多元化。互联网的广泛应用促进了人与人之间的沟通和交流，跨学科的科技人员有机会通过网络平等地参与技术创新的讨论，企业、大学、科研机构等创新主体之间的连接简单高效，日益紧密，互动合作愈发频繁；同时，工人、农民、学生甚至普通民众利用网络可以便捷地获取最新知识，结合自己的生产、生活实际提出具有创新性的网络应用和发明创造，以非传统创新主体的身份成为网络技术创新群体中的一员。思想的多元化与成员的民众化使得网络新理念、新观点、新思想和新技术不断迸发。网络时代的技术创新不再是少数专业人士的"特权"和工作，而是普通人可以广泛参与的全民性活动。网络技术创新主体的多元化为大众创业、万众创新提供了发展基础。

第二，网络技术创新的模式趋向敏捷化。互联网技术更新迭代迅速，市场竞争日趋激烈，新产品、新应用层出不穷，技术和产品的生命周期越来越短。互联网的开放性将遍布全球的创新资源迅速聚合在一起，导致网络新技术研发速度越来越快，网络用户的需求欲望被不断拉升，从而激起网络产品竞争环境的快速变化。企业为了生存和持续发展，必须提高自身快速响应变化的能力和研发风险承受能力，即通过整合、协调、优化各类生产要素，快速配置各种资源，以满足用户需求。时间上落后的技术创新不仅没有利润空间，更会丧失生存空间。例如，手机、iPad 等移动智能终端的中高端品牌——苹果公司每隔三个月就会发布一款新产品，快速的客户响应能力使其迅速占领全球移动智能终端市场，而一些传统电信终端企业因不能适应网络时代技术创新的快节奏，无法快速为用户提供新技术产品，最终被市场淘汰。

第三，网络技术创新的成本趋向低廉化。计算机技术的发展速度以摩尔定律增长，芯片处理能力大幅提高，成本却急剧下降。2016 年一台普通计算机的处理能力是 1975 年的数亿倍，而实际成本却要低得多。通信网络的容量与速度在大幅提升。1970 年，按照当时的通信速率，若要把电子版的《大英百科全书》从美国东海岸传送到西海岸，通信成本需要 187 美元，且传输速率极低。而今，网络带宽大幅提高，即使传输整个美国国会图书馆的电子数据也只需几十美元。通信成本下降，越来越多的人连入互联网，创新智力快速聚集，创新成本快速下降。如今，计算机图形学、人工智能、3D 打印、虚拟现实、增强现实等技术发展迅速、应用广泛，对传统工业设计和生产影响巨大。虚拟化的设计系统基本上不消耗资源和能量，极大地降低了设计和测试成本。1985 年，福特公司做一次汽车碰撞试验需要花费 60 000 美元，而现在通过计算机模拟，成本仅为 100 美元。BP 阿莫科公司利用三维地震探测技术寻找石油资源，使油田发现成本从 1991 年的每桶近 10 美元降到现在的 1 美元左右。

第四，网络技术创新的内涵趋向复杂化。传统的技术创新理论认为创新就是建立一种新的生产函数，即把生产要素和生产条件的"新组合"引入生产体系。网络技术创新则使得这个生产函数更加复杂，"新组合"更加充满变数，"函数值"则更加充满不确定性。互联网本身是一个各类网络实体相互作用的巨大信息空间，复杂性是网络空间的本质属性。信息的提取和使用过程无法用简单的线性的数学公式表达，从非线性动力学的角度，网络技术创新受到非因果性、偶然性、随机性、无序性和非均衡性等因素的影响，是一个从无序到有序、从不平衡到平衡、从不确定到确定的动态演变过程。互联网复杂的多维特性使得网络技术创新活动表现为时空复杂行为，在创新中小的原因可引起大的结果，局部的发展可能引起整个行业的巨变。创新者如果不善于全方位把握技术创新的内外环境和影响因素，就难以准确预测未来技术走向和市场需求。例如，小米科技创始人雷军瞄准移动智能硬件产品市场，以"专注、极致、口碑、快"互联网思维"七字诀"，通过走"群众路线"，做出了"超出用户预期"的产品，不仅打破了中国手机市场苹果、三星两家独大的既有格局，而且颠覆了传统手机的生产模式，将"以厂商为中心"转变为"以用户为中心"，实现了普通用户参与手机研发的技术逆袭。

由此可见，网络技术创新并不是网络技术本身的更新升级，而是从创新源头开始进行传统工业思维向互联网思维的转变，使技术创新活动由封闭变为开源、由粗放变为精细、由刚性变为弹性、由孤立变为融合。

（三）特征解析

网络技术创新是互联网思维在技术创新活动中的具体表现和实际运用。互联网思维是网络时代的产物，其重点是思维，本质是一种网络思维。互联网思维是认识网络化世界的世界观，将整个世界看作大量的人、组织、生物和机器以多种方式互联形成的巨大、多样、复杂网络，从网络分析的角度认识问题。同时，互联网思维是改造网络化世界的方法论，运用网络化结构，发挥网络交互和群体合作的力量，利用网络计算的方法从事社会实践。互联网思维正视不确定性的存在，承认个体差异及其平等的网络主体地位，重视对异构个体关系的认知和把握，善于利用开放性、协同性、系统性思维习惯和行动方式解决不可预见性和复杂性问题。受开放、共享、协作等互联网思维特性的影响，网络技术创新活动表现出开放性、互联性及边际递增性等显著特征。

1. 网络技术创新的开放性

互联网开放的特性决定着它既没有时间界限也没有地域界限，它是一个虚实交融的世界和开放的平台。互联网的实时互动和异步传输技术结构彻底地改变了信息传播者和接收者的关系。网络用户既是信息的接收者，也可以成为信息的传播者，并可以实现在线信息交流的实时互动，每个人既可以分享别人的知识，也可以为解决某一问题贡献自己的智慧。互联网可以聚集分布在世界各地的计算资源，将其汇聚为强大的计算能力，协同解决诸如数学、核物理、天文、地震等世界级难题。互联网的协作和分享特性使得国际经济一体化和专业分工协作生产成为可能，极大地降低了人类生产和生活的成本，激活了全球财富的流动性。

同时，互联网的开放特性不仅仅体现在物理时空的开放，更体现在人们思维空间的开放。互联网的扁平结构决定了网络是一个平等的世界。不同行业、不同生活经历、不同地域的人们可以共同就某一技术创新话题展开交流和讨论，思想火花的碰撞将极大地扩展人们思维的边界，丰富人们的知识，扩展人们的视野，加快推进人类网络文明的进程。同时，在网络中，人们卸掉身份、地位、权力、财富等现实标签，穿上虚拟的网络"马甲"，平等地交流和交往，甚至一个动物只要拥有了 IP 地址就可以连上网络成为明星。许多传统世界里看似默默无闻的人，在网络中可以充分展示自己的才华，大胆地表达自己的创新看法，从而短时间聚集成千上万的"粉丝"，成为"网红"，甚至获得原来不曾想象的名誉、地位和财富。互联网的开放性为"小人物"的技术逆袭提供了可能，成功的案例激发了更多普通民众在技术创新方面的热情，网络技术的群体性创新成为网络时代技术创新的特有符号。

当然，互联网的开放性也是相对的，受各种因素限制，网络技术创新成果往往被某些政治、经济利益集团控制。中国作为一个网络大国，应当秉持开放创新的精神，积极推动网络的全球共治与全球共享，主动引领和参与国际网络技术创新合作，促进世界网络新兴产业的融合发展。

2. 网络技术创新的互联性

互联网的基本形态是网络连接，发展趋势是万物互联。在人类社会中，网络连接是各种系统普遍存在的基本结构形态，如自然界中的食物网络、神经网络、河流网络，人造自然中的航空运输网络、公路交通网络、国家电网、互联网，人类社会中的人际关系网、国际贸易网、指挥控制网等。连接是认识网络化世界的基点，技术创新活动存在于以多种方式互联形成的巨大、多样、复杂的网络中。网络技术创新是从网络分析的角度认识问题，同时通过改造网络化世界的方法论，运用网络化结构，发挥网络交互和群体合作的力量，利用网络计算的方法从事技术创新实践。

网络技术创新的基础是互联网思维。互联网思维是一种系统思维，是以系统为基本模式，把认识对象作为系统，从系统和要素、要素和要素、系统和环境相互联系、相互作用中综合地考察认识对象。传统技术创新思维虽然强调结构的重要性及其与功能的关系，但对结构本身的研究并没有列为重点。网络技术创新是以复杂系统的内在网络结构为基本模式，基于网络图示，运用网络分析和网络计算等方法，对网络世界进行结构化理解、问题求解、系统设计和行动组织。其中，网络图示的核心是实现由点、线到网的思维变革，实现思维的立体化和多维化，强化思维的整体性、系统性；网络分析是基于复杂关联的网络数据，对隐藏其中的网络整体特征和规律进行分析和探索；网络计算是网络群体开展的实现网络系统特定目标和功能的计算。

网络技术创新重点是对"关系"的认识和把握。网络作为一种新型的"关系实在"成为对当今科学和技术所引发的观念变革的最新响应。在网络空间，物理世界和人类社会的多种网络通过信息网络更便捷、更智能地连接在一起，人、机、物彼此关联、渗透、交互和融合。在更宽阔的世界里，人们重新开始连接，与更多的人与物相连，新型的生产和生活关系得以建立，开放性、协同性、系统性等网络思维的习惯和方式逐渐形成。从技术创新的对象看，网络技术创新将个体进行结构化剖析，基于个体之间的关系对个体地位和作用及其所在系统整体行为进行认识和分析；从技术创新的主体看，网络技术创新突出群体思维，通过众多实体的自组织机制求解复杂问题和协同创造的新途径；从主体与客体的关系看，现实世界的网络映射到思维空间，其广度和深度恰似复杂系统自身的网络结构，是系统思维在网络技术创新中的发展与体现。

3. 网络技术创新的边际递增性

传统经济学认为，在技术水平不变的情况下，将一种可变的生产要素与其他不变的生产要素组合，可变要素增量会帮助产量增加，但当可变增量达到一定限度时，增加的产量会逐渐递减，并最终使产量绝对减少，这就是所谓的边际效益递减性理论[①]。边际效益理论经常用来评价生产或生产创新的效率。与传统产业生产过程相比，技术创新活动在投入上往往以知识、生产技术、专利等无形资源为主，在过程中一般又分为技术研发和技术转化两个阶段。传统边际效益递减性理论基于技术不变的前提假设，但是高新技术创新是一个新知识、新技术不断涌现的持续创新活动，新技术、新知识既可能是技术研发的投入，也可能是技术研发的产出，或者又成为技术转化的投入。技术不变的前提假设在高新技术创新活动中并不成立，导致边际效应不遵从递减的规律，甚至有可能出现递增的规律[②]。

网络技术创新是一种新型的高新技术创新活动，具有知识密集、技术密集等高技术创新的一般特点，同时又有投入成本低、产出影响大、市场覆盖广、效益累积快等显著特点。从一般意义的高新技术创新角度分析，技术研发往往受资金、科研团队、实验条件等外在条件制约，当研发投入较小，没有提供足够支撑时，关键技术难以得到突破。一旦资金、人才等创新要素达到一定规模，技术研发的效益就开始显现。例如，在技术攻研过程中，团队引入一位领域专家，尽管人才引进需要付出一定的成本，但领域专家给团队带来了最新知识和经验，极大地缩短了技术突破的周期，成倍地提高了技术突破的可能性。由此可见，高新技术研发会显现边际递增性。在技术转移阶段，核心技术成果的价值转移会产生显著的经济效应，在转移成本几乎没有增加的前提下，技术使用的规模会随着产业规模的不断扩大而带来不断增加的收益，因此也会呈现出边际收益递增性。

网络技术创新的投入除了硬件、软件等基础设施外，还有一类重要的创新要素，即信息和数据。随着互联网的普及，信息和数据的产生、获取越来越便利，尽管对信息和数据的分析和处理需要专门的投入，但是在大数据时代，源源不断产生的信息和数据资源将不断稀释专门的投入比例，甚至使得边际成本趋于零，而大数据技术却可以大幅促进网络技术创新要素的融合，并有效提高诸要素组合的技术成果产出效率，从而使网络技术创新在研发阶段呈现出边际效益递增性。

互联网在价值生成方面具有聚合性特点。根据梅特卡夫定律，一个网络的价值大致与使用这个网络人数的平方成正比。根据全球知名的市场研究机构 eMarketer 的研究报告，到 2016 年年底，全球近 47% 的人通过 PC 或移动智能设备访

① 弗里德里希·维塞尔 . 社会经济学［M］. 张旭昆，等，译 . 杭州：浙江大学出版社，2012.
② 苏子微，王应春 . 基于网络经济的边际效益递增规律分析［J］. 知识经济，2013（7）：80.

问互联网，预计到 2018 年全球互联网普及率将超过 50%，网民规模将达到 38.2 亿人，其中手机网民将达到 23 亿人。根据最新统计，2016 年约有 21 亿人使用电子邮件，20 亿人阅读在线新闻，19 亿人使用微信、WhatsApp、Facebook 等社交网络服务，17 亿人使用网络支付，其他如网络地图、网络音乐和在线求职等网民规模超过 10 亿人①。由此可见，互联网的市场规模及其价值总量越来越大，创新性技术成果越多，技术转移的市场潜力就越大，即使是一些小的技术创新成就，如在线支付技术，在互联网"级联效应"的带动下也会产生巨大的市场效益，如体量巨大的网络购物消费市场。同时，由于网络技术创新具有累积性，一些原创性的技术成果将为其他技术创新提供基础支撑，并带动和促进相关创新性技术成果的群体性跃升和爆发式出现，如 Android（安卓）手机操作系统问世后，数以百万计的智能手机应用技术和 App 软件产品出现，带动了整个移动互联网技术和市场的蓬勃发展。

由此可见，网络技术创新的两个阶段——技术研发和技术转移都呈现出明显的边际效益递增特性。对于发展中国家而言，网络技术创新是实现跨越式发展、赶超国际一流的重要抓手，通过加大投入力度，迅速提高国际科技竞争力和综合国力。

二、网络技术的创新发展

作为 20 世纪人类最伟大的发明之一，互联网始终将创新与颠覆作为生命延续与发展的模式。伴随网络技术的创新发展，互联网正以前所未有的广度和深度融入国民经济各个行业，基于互联网的技术创新、变革突破、融合应用空前活跃，深刻影响着包括工业在内的各个传统产业，对各领域的渗透持续加强。新兴网络技术与应用不仅改变着企业的生产和组织方式，同时对产业边界和商业模式进行重构，大众创业万众创新逐渐成为经济社会发展的重要模式与动力源泉。尤其是移动互联网、云计算、大数据等热点技术群体跃进、广泛应用，量子计算、可见光通信、类脑计算等前沿科技叠加创新、跨界融合，驱动互联网向泛在化、

---

① eMarketer. 2016 年年底全球互联网普及率达到 47% ［EB/OL］. （2016 - 07 - 03）［2016 - 12 - 23］. ht-tp://199it. com/archives/481855. html.

智能化、同步化和融合化的方向快速演进，人类生活正逐步迈进万物互联的智慧生活新时代。

（一）现状特点

当前，网络技术的创新发展进入新阶段，移动互联网、云计算、大数据为代表的新一代技术不断取得突破，O2O 电商、众筹平台、社交金融等创新网络应用与业态层出不穷，技术与应用的多元化创新是网络技术创新的显著特点；互联网从第三产业向农业和工业领域渗透扩散，网络技术、平台和应用与传统产业技术嫁接在一起催生出新技术、新产品和新服务，成为网络技术创新的新增长点；网络技术发展打破时空界限，大幅提升知识传播与共享的效率，促进了产学研深度融合，使得分布式协同创新和大规模集群创新成为可能，社会大众智慧的激发与聚合强力推动网络技术创新加速发展，网络技术创新 2.0 时代已经到来。

1. 技术创新与应用创新多元发展

在知识经济时代，技术创新既不是纯粹的技术行为，也不是纯粹的经济行为，网络技术创新更是如此。根据传统技术创新观点，技术创新等同于生产过程中的产品创新或工艺创新，而产品创新或工艺创新仅仅是一种技术上的要求，更注重技术性的研究开发过程，不需要考虑或较少考虑创新成果的市场应用。对技术开发性创新的强调，将促进国家和企业重视技术研发的投入，通过建立企业技术研发中心或建立产学研联盟，开展技术学习和研究开发活动，探索技术前沿，突破技术难关，研发具有自主知识产权的技术，加快形成原创性的科学发现和技术发明，进而提升自主创新能力。在当今快速发展和充满竞争的世界中，只有具备技术原始创新能力，才能掌握网络核心技术，占据市场优势地位，进而掌控网络空间国际话语权，主导市场未来发展。

单一强调技术研发性创新，只注重产品创新或工艺创新，忽视市场的导向作用，并不能保证国家乃至企业具备完整的竞争能力。从经济学角度，技术创新应该相对于一定的经济利益存在，如不能获取预期的经济效益，技术创新就不会发生或很难进行下去。在市场经济条件下，既需要强调技术的原始创新能力，也应该重视技术转移和市场转化能力，市场取向是技术开发与利用的最终落脚点。

应用创新，就是以用户为中心，通过对用户体验的深度挖掘，发现用户的现实与潜在需求；通过从用户参与创意提出到技术研发与验证的全过程，提高各种创新的技术与产品应用的针对性，进而推动技术创新。应用创新是相对于技术创新而言的，技术创新是工业时代的思维，是"以生产者为中心"的创新模式；应用创新是网络时代的思维，是"以消费者为中心"的创新模式，亿万网络用户在技术创新与价值创造的过程中发挥着越来越大的作用。

改革开放以来，我国信息产业高速发展，我国互联网企业从开始的借鉴模仿国外成功模式发展到现在的着眼于国内实际市场需求，独立创造出能打动用户的应用和服务。当前，我国通过应用创新与创意产品获得成功的互联网企业越来越多，如阿里巴巴、腾讯、百度、新浪等。中国互联网企业的快速成长从根本上讲得益于满足了旺盛的社会需求，或者说得益于应用创新。应用创新相比技术创新，无需长时间的前期研发，直接缩短了产品与用户接触的时间；投入成本更低，在短时间内便可获得超高回报。基于需求引导的应用创新曾一度成为中国信息产业和互联网技术创新的主导模式，但从谷歌、苹果、微软、思科、脸书等国外互联网巨头企业的发展来看，技术创新仍是未来互联网发展的主导力量。因为技术创新可以取得核心技术，占领技术优势，设立技术门槛，而应用创新需要在专业、效率和执行力以及产品底层结构、用户服务方面不断优化和创新，否则面对激烈的市场竞争，很难保持竞争力，甚至很难生存。

从复杂科学角度，技术创新活动不是简单的线性演进过程，而是一个复杂、全面的系统工程，需要技术进步、应用创新以及其他多元要素组成的"多螺旋结构"共同作用。当前，互联网领域已经形成了多元模式共存共生的良性发展局面，在多主体参与、多要素互动的过程中，技术进步、应用创新积极互动，共同推动了网络技术的创新发展，如搜索引擎改变了信息获取方式，网络社交平台改变了沟通交流方式，网络游戏、网络文学、网络视频改变了娱乐休闲方式，移动支付、O2O改变了消费购物方式，MOOC（慕课）改变了教育学习方式，在线医疗、远程就诊改变了医疗健康方式等。

2. 互联网与传统产业技术融合发展

互联网既是人类改造世界形成的新产物，也是生产实践的新工具。随着网络通信技术的进步，物联网技术快速普及，大数据技术蓬勃发展，为传统产业改造升级提供了技术基础。在世界范围内，农业、制造、交通、运输、教育、医疗、商业等领域信息化步伐不断加快，网络基础设施不断完善，互联网与传统产业的边界日渐模糊并不断深度融合，正在改变农业生产模式，重塑制造业组织架构，驱动服务业向O2O转型，全面渗透金融行业，经济社会发展正在发生巨大变革。

发达国家率先看到了网络技术创新在产业变革中的巨大潜能，纷纷实施基于互联网的"再工业化"战略。2013年，德国率先提出"工业4.0"战略，通过构建一体化的网络物理系统（Cyber-Physical System，CPS）改变传统工业生产与服务模式，为用户提供灵活、可定制的智能化生产能力。2014年，美国IBM、英特尔、思科、AT&T等IT巨头宣布成立工业互联网联盟（IIC），通过虚拟世界与物理世界的融合，借助于软件和大数据重构工业体系，加强智能化的机器和人的连接。同年，日本政府发布《制造业白皮书》，提出将机器人、3D打印等高新技术作为制造业今后发展的重点。

物联网、云计算等新兴网络技术加速农业信息化进程，基于网络技术的精准农业成为农业生产的发展方向。光传感器、温度传感器、湿度传感器、可穿戴传感设备和RFID技术帮助农作物生产和畜牧养殖实现了精确管理。全球重要的杂交种子生产商孟山都（Monsanto）建立了"天气-土壤"数据库，包含1500亿项土壤监测结果和10万亿条天气仿真模拟数据，绘制了覆盖全美国的种子优势生长地图。法国农业的机械化和智能化程度非常高，建立了贯穿农作物灌溉、施肥、杀虫、除草等全流程的物联网体系，实现生产的全智能化操控。日本农田地理信息系统的管理范围已超过全国耕地面积的20%，利用公用电话网、专用通信网和无线寻呼网将各类终端和农业自动化管理系统连接起来，向农户提供农技文献、市场需求、病虫害预警等信息。以色列牧场管理者将智能监测项圈戴在奶牛脖子上，精确地监控每只奶牛的进食、反刍、运动情况，及早发现病牛，并提供无公害治疗。[①]

当前，互联网正从信息消费领域逐步转向社会生产各领域，网络技术与产业技术融合创新，有助于推动技术进步、效率提升和组织变革，有助于提升实体经济创造力和生产力，有助于形成更广泛的技术创新生态环境。2015年，中国着眼于网络技术创新发展，颁布了《国务院关于积极推进"互联网+"行动的指导

---

① 洪京一．世界信息化发展报告（2014—2015）［M］．北京：社会科学文献出版社，2015：10-28.

意见》，明确提出"互联网＋"创业创新、"互联网＋"协同制造、"互联网＋"现代农业、"互联网＋"智慧能源、"互联网＋"普惠金融、"互联网＋"益民服务、"互联网＋"高效物流、"互联网＋"电子商务、"互联网＋"便捷交通、"互联网＋"绿色生态、"互联网＋"人工智能11个重点行动，其目的在于将网络技术创新作为关键要素融入各行各业的生产创新，构建融合、泛在的国家创新体系。这既为网络技术创新提供了新动能，也指明了未来发展的方向。

3. 面向万众开放创新加速发展

在当今的知识社会，"草根"创新、创新民主逐渐形成常态。"工业4.0""互联网＋"、大数据等国家战略为普通民众共同创新、开放创业提供了平台，国家引导、企业自主、民众参与等多主体创新活动高度互补、深度互动，形成了有利于创新涌现的创新生态。这对于构建国家创新体系、促进创新能力提升具有重大意义。

人是技术创新的主体，也是实现可持续创新的关键要素。互联网使社会结构日趋扁平化，在知识流动过程中，创新与创意无处不在，每个人都有可能成为网络技术创新的主体。尤其是在互联网与各产业领域融合发展中，传统领域的专家、工作者乃至用户都可能成为网络新技术的发明人。每个发明人提出的微小创新，经过不断聚合反应，有可能激发出网络技术的重大创新。甚至有的"微创新"会带来技术变革的"非线性风暴"，在复杂级联的网络世界中产生"蝴蝶效应"，直接催动整个行业发生巨大变化。例如，3D打印技术实际上就是利用光固化和纸层叠等技术实现快速成型的打印技术。3D打印机工作原理与普通打印机基本相同，只是打印材料不同。普通打印机的打印材料是墨水和纸张，而3D打印机可利用金属、陶瓷、塑料、砂等"打印材料"进行堆叠式打印。3D打印技术的灵感来源于传统打印将计算机上的电子文档或图片打印成现实的纸张和照片，即"所见即所得"，3D打印则是将电子蓝图"打印"成实物，其分层加工的过程与喷墨打印十分相似。按照创新程度评价，3D打印属于网络技术领域的"微创新"，但自诞生以来，已被人们视为一项引领产业革命的技术，其使用范围和被打印物品的形态一直在扩展。小到人造牙齿、心脏支架，大到汽车、航空发动机，许多传统工艺难以加工制造的物品，利用3D打印可以高效完成。2014年11月末，3D打印技术被《时代》周刊列为2014年25项年度最佳发明之一。

知识经济以用户创新、大众创新、协同创新为根本特点，开放式创新是实现网络技术创新可持续发展的重要基础。互联网时代，用户既是创新产品的受益者，也是产品创意的提供者。在开放网络社区中，广大网民、"粉丝""极客"热衷于对新推出的网络技术进行点评，发布"体验帖"，结合自身体会对技术产品提出改进意见，甚至发现技术产品的缺陷和漏洞，产品生产部门会根据用户反馈进行改进，再反馈，如此反复形成了技术创新的良性循环。当民众真正参与到技术创新中时，技术创新就有了不断发展的动力。当前，Living Lab（生活实验室、体验实验区）、Fab Lab（个人制造实验室、创客）、AIP（"三验"应用创新园区）、Wiki（维基模式）、Prosumer（产消者）、Crowdsourcing（众包）等新型创新模式不断涌现，个人设计、个人制造、群体创造标志着创新 2.0 时代的到来。为此，深化体制机制改革，制定创新扶持政策，建立协同创新平台，提供创新绿色服务通道，加快创新成果转化，对于重塑国家创新体系、释放创新潜力、激发创新活力具有重大意义。

（二）热点前沿

网络技术是计算机技术和通信技术结合的产物，其在发展和普及的过程中，为了满足人们不断增长的计算和信息需求，延伸出许多新的技术方向，这些技术方向中代表性的热点前沿技术有移动互联网、云计算、大数据、量子计算、可见光通信和类脑计算等。

1. 移动互联网

移动互联网是以移动网络作为接入网络的互联网及服务，包括三个要素，即移动终端、移动网络和应用服务。移动互联网是移动通信网络与互联网融合的产物。在移动互联网中，用户利用智能手机、平板电脑、笔记本电脑等移动终端接入无线移动通信网络，如 3G、4G、无线局域网等，以访问移动互联网。服务提供商通过无线通信网络向用户提供个性化的、位置相关服务。近年来，随着移动通信网络的逐步完善和以智能手机为代表的智能移动终端的普及，移动互联网的需求不断被激发。截至 2015 年 12 月，利用手机进行网上支付的用户增长了64.5%，达到 3.58 亿人，网民使用手机进行网上支付的比例提升至 57.7%。用户数量的激增和广阔的市场推动了移动互联网技术应用的发展热潮。以移动互联网技术为基础，已经开发出了诸多创新性的应用，涉及移动办公、交通、医疗、餐饮、娱乐等。移动互联网技术已经深入人们日常生活和工作的各个方面，很大程度上改变了人们的生活和工作模式，成为很多传统行业发展的倍增器。

2. 云计算

云计算（Cloud Computing）是分布式计算、并行计算、网络存储、虚拟化、负载均衡、热备份冗余等传统计算机技术和网络技术发展融合的产物，是一种基于互联网的按使用量付费的模式。在这种模式中，用户只需与服务提供商进行很少的交互，就能够便捷地按需访问网络中的计算资源共享池（资源包括网络、服务器、存储、应用软件等），从而实现计算资源的共享。云计算提高了计算资源的利用率，降低了用户购置设备和软件的成本，已经引起政府、企业、科研机构和广大用户的普遍关注。近年来，不仅有部分省市政府搭建了云计算基础平台，而且联想、曙光、浪潮、华为、阿里巴巴、百度、腾讯等企业也陆续开展了云计算相关项目的研发，部署了各自的云计算平台。这些平台的部署推动了云计算技术的发展和应用，如浪潮集团已形成涵盖 IaaS、PaaS、SaaS 三个层面的云计算整体解决方案服务能力，建立了包括 HPC/IDC、媒体云、教育云等跨越十余个行业的云应用，并成功在非洲、东南亚等地区推广。当前，云计算技术的发展呈现出六大趋势：数据中心向整合化和绿色节能方向发展，虚拟化技术向软硬协同方向发展，大规模分布式存储技术进入创新高峰期，分布式计算技术不断完善和提升，安全与隐私将获得更多关注，服务等级协议细化和服务质量监控实时化。

3. 大数据

大数据技术是近年来的一个技术热点。至于何为大数据，目前尚未有统一的定义。从本质上来说，大数据就是数据仓库的逻辑延伸。和传统数据仓库不同的是，大数据技术中数据的规模更大，无法使用传统流程或工具对其进行处理或分析；数据的来源多种多样，数据种类和格式日渐丰富，很难用以往限定的结构化数据模式描述，囊括了半结构化和非结构化数据；数据的处理速度要求快，需要对非常庞大的数据做到实时处理；处理得到的信息真实性高。随着社交媒体和社交网络的兴起，网络上充斥着大量虚假数据，这些数据本身的价值已经大为降低，利用大数据技术能够有效去除这些虚假数据的干扰，分析挖掘出的信息具有更高的价值。近年来，越来越多的政府、企业和机构已经开始意识到数据正在成为最重要的资产，数据分析能力正在成为组织的核心竞争力。2012 年 3 月 22 日，奥巴马政府将数据定义为"未来的新石油"，宣布投资 2 亿美元拉动大数据相关产业发展，将"大数据战略"上升为国家意志；同年，联合国发布了"大数据政务白皮书"，认为大数据是联合国和各国政府的一个历史性机遇，借助大数据技术政府能够更好地分析和响应社会与经济运行；在我国，百度、腾讯、阿里巴巴等企业也已经开发了各自的大数据处理系统，并投入运营。

4. 量子计算

量子计算（Quantum Computation）的概念最早由 IBM 的科学家 R. Landauer 及 C. Bennett 于 20 世纪 70 年代提出，这是一种依照量子力学理论进行的新型计算。在普通计算机中，基本的信息单元是二进制的 1 个比特位，其不是处于"0"态，就是处于"1"态。而在二进制量子计算机中，基本的信息单元是 1 个量子位，它除了处于"0"态或"1"态外，还可处于叠加态（Super Posed State），即"0"态和"1"态的任意线性叠加。因此，量子位能够表示更多的数值。根据量子理论，当以一定的能量对量子产生作用后，量子将同时处于两种状态下，呈现重叠状态 0 和 1。对于一个有 n 个量子比特的量子计算机，在一次作用下，就可通过量子牵连作 2^n 次运算。其计算能力与普通计算机相比，是一种质的飞跃，这使得很多用普通计算机难以计算的问题变得容易，不仅可为气象预报、石油勘探、药物设计等所需的大规模计算难题提供解决方案，而且将使得很多密码成为摆设，严重影响国家安全。

2002 年的春天，I. Chuang 带领的 IBM 研究团队成功地在一个人工合成的含 7 个量子位的分子中利用核磁共振完成了 $n=15$ 的因子分解（Factorization），从实践上验证了量子计算的可行性。2011 年 5 月 11 日，加拿大量子计算公司 D-Wave 正式发布了全球第一款商用型量子计算机 D-Wave One。同年，NASA 和 Google 分别以约一千万美元购置了一台 512 位 qubit 的 D-Wave 量子计算机。中国科学技术大学郭光灿院士领导的中科院量子信息重点实验室在量子计算领域也取得诸多成果，首次在砷化镓半导体量子芯片中成功实现了量子相干特性好、操控速度快、可控性强的电控新型编码量子比特，为探索半导体中极性声子和压电效应对量子相干特性的影响提供了新思路，使得我国在半导体量子芯片开发领域处于领先位置。

5. 可见光通信

可见光通信技术（Visible Light Communication，VLC）是指以可见光波段的光作为信息载体，无需光纤等有线信道的传输介质，在空气中直接传输光信号的通信方式。可见光通信的历史可追溯到 19 世纪 80 年代。1880 年，贝尔通过调节光束的变化传递语音信息，从而实现对话双方的无线通信，其利用的正是可见光通信。但在当时，受技术水平的限制，这种通信实现困难，而且效率较低，因此未能得到实际推广。直至 21 世纪，发光二极管（Light Emitting Diode，LED）的应用再次激起了人们对可见光通信的热情，并且取得了系列突破。与以往的荧光灯和白炽灯相比，LED 可以支持频率更高的开关切换，因此给普通的 LED 加装开关切换控制芯片，就可以利用它的闪烁实现数据传输。可见光通信不仅具有无电磁辐射、成本低、频谱丰富和抗干扰能力强等优点，传输速率也已经有了重大的突破。2013 年，复旦大学研发出离线数据传输速率为 3.75Gbit/s 的可见光通信技术，创造了世界纪录，同年英国科学家又把离线数据传输速率提高到 10Gbit/s；2015 年 12 月，我国"863 计划"项目"可见光通信系统关键技术研究"获得重大突破，将可见光实时通信速率提高至 50Gbit/s，使得我国在可见光通信领域的研究处于国际领先水平。2015 年 4 月，诺贝尔物理学奖得主中村修二预言，"LED 产业的下个杀手级应用是可见光通信（LiFi）"。他认为，未来家庭中的 LED 设备将可以承载通信信号，成为"最后一公里"的信息传输设备，人们甚至可以在路灯下下载电影和音乐。

6. 类脑计算

类脑计算是指仿真、模拟和借鉴大脑神经系统结构和信息处理过程的装置、模型和方法，其目标是制造具备部分、甚至全部人脑拥有而普通电脑没有的特征的类脑计算机。类脑计算是一门与生物学、物理学、数学、计算机科学和电子工程等都有关联的综合性科学。类脑计算由美国科学家 Carver Mead 在 20 世纪 80 年代末提出。目前世界各国正竞相开展类脑计算研究。2008 年，美国国防部高级研究计划署宣布了 SyNAPSE 计划，即神经性自适应塑料可微缩电子系统，授权 IBM 和 HRL 实验室从事神经形态芯片的研发。在该计划的资助下，2014 年 8 月 IBM 发布了 TrueNorth 芯片，这种芯片配备有 100 万个神经元和 2.56 亿个编程突触，入选"2014年十大科学突破"。这种芯片中的神经元和突触将存储和处理功能交织在一起，非常接近于人类的神经系统。与传统的微处理器对比，这种新型芯片在处理数据方面要逊色一些，但是在处理图像、声音和其他感官数据上都更有优势。将大量的这种芯片连接在一起可以制造出一个虚拟神经系统。2013年，欧盟将"人脑计划"纳入其未来旗舰技术项目，为支持相关研究投入了10亿欧元资金。该计划的核心内容之一就是打造一套模拟大脑神经形态的计算系统，通过大脑模拟平台和通用电路模型实现简化版大脑的仿真模型。我国政府也高度重视脑的研究，类脑计算相关研究已有约十年的历史，目前正在论证相关计划，即将启动"中国脑计划"，将在脑科学研究基础上极大地推动类脑计算研究的突破和发展。

（三）主要趋势

互联网发展至今已经有40多年的历史，近20年其发展速度前所未有。互联网的发展对人们工作和生活的改变比以往任何一种技术都要深刻。它将地球变成了"地球村"，拉近了人与人的距离，加深了人类对大自然的了解。随之而来的是人们对互联网的期望越来越高，赋予它的使命也越来越多。在这些期望和使命的驱动下，网络技术将不断创新，其未来的发展呈现出泛在化、智能化、同步化和融合化的趋势。

1. 泛在化趋势

在过去的几十年间，网络技术的发展实现了计算机与计算机、人与人、人与计算机的交互联系。但是人们已经不再满足于使用计算机网络进行简单的信息共享，期待着能够将计算机网络的"触角"延伸至日常工作、生活的方方面面，形成人、机、物三元融合的泛在网络世界。

近年来，传感器、无线通信技术和芯片技术的发展已经为泛在网络的实现提供了主要的技术支撑。大规模集成电路和片上系统技术的发展使得在日常工作和生活的物品中嵌入计算机系统成为可能。传感器技术的发展使人们可以在以往无法实现的条件下（如高温、真空和深海）感知外界事物的变化。3G、LTE、GSM、WLAN、WiMax、RFID、Zigbee、NFC、蓝牙等无线通信协议和技术，包括光缆和其他有线线缆的通信协议和技术，以及可见光通信技术的发展为人、机、物在任何时间、任何地点接入网络提供了丰富的手段。可穿戴技术的发展使得人与计算机、人与物的交互更加自然、更加直接。目前，人们已经利用网络技术实现了许多物品的互联，初步形成一定规模的物联网，能够对电力和燃气等公共能源进行管理，实现交通信息、电子收费（高速公路收费站）、道路使用管理、超速拍照、变更交通信号等公共交通服务，以及病人远程问诊、远程诊断、（医疗）设备状况跟踪等医疗卫生服务。随着物联网技术的发展，网络在整个社会的泛在化也正在逐渐形成，其将为个人和社会提供无处不在、无所不含的信息服务和应用。

2. 智能化趋势

当前，网络已经成为许多人工作和生活中不可或缺的一部分，其承载的业务类型比以往任何时候都要丰富。然而，不同类型的业务适用的网络技术不尽相同，为每种类型的业务都构建一个最适合的网络显然不切实际。最直接的办法就是构建一个统一的智能化网络，对于不同的业务类型能够快速调整，表现出不同的性能，提供不同的服务，从而更好地满足人们的需求。

软件定义网络为构建统一的智能化网络提供了一种有效的途径。[①] 传统架构的网络根据用户需求部署后，一旦用户需求发生变动，重新修改相应网络设备（路由器、交换机、防火墙）及其配置非常困难。软件定义网络将网络设备的控制权分离出来，由集中的控制器管理，屏蔽了底层网络设备的差异。用户可以通过控制器根据可能的业务类型自定义需要的网络路由和传输规则，从而更加灵活和智能。当网络中存在多种类型的业务时，软件定义网络可以根据每个时刻网络中不同业务的流量需求为它们分配适当的带宽资源。软件定义网络仅仅验证了构建统一的智能化网络的可行性，未来构建智能化网络的途径不会局限于软件定义网络这一途径，人们将探索更多、更高效的智能化网络构建方法，以期构建出更适合云计算、大数据和泛在化网络发展的智能化网络。

3. 同步化趋势

网络最初是为了实现多台计算机之间的通信而诞生的一种技术。随着网络的

---

① 沈辰，张爱丽，岳鹏. 网络技术创新发展研究［J］. 现代电信科技，2016，46（2）：12-17.

普及和规模的扩大，其理论、技术和应用已经得到了极大的丰富。网络已经发展成一门综合性的应用科学，除直接利用通信理论与技术、计算机科学与技术之外，还涉及逻辑学、运筹学、统计学、模型论、图论、信息论、控制论、仿真模拟、人工智能、认知科学、神经网络等多种学科的理论和技术，已经有了自己的理论和技术体系。

网络具有实践性强的特点，很多关于网络的科学问题都是在网络技术研究和实践应用中发现的。人们在回答这些科学问题的过程中发展了网络理论，解决了网络应用中遇到的困难，研究出了相应的产品。网络具有理论和技术新且发展迅猛的特点，在短短的几十年间构建了自己独特的理论和技术体系，并且在不断地发展和丰富。由于网络具有普适性，各行各业的人都能够使用网络，都希望能够利用网络解决其遇到的问题，从而提出了更多的应用和产品需求。这些需求借助网络强大的信息传播和共享能力，能够吸引众多的专家和技术人员关注，从而在短时间内提出许多各具特色的解决方法和科学问题。这些解决方法和科学问题在网络上一经提出就能得到众多人的响应，使其在很短的时间内得到解决和回答，从而研发出满足用户需求的产品。整个流程以网络为平台，发挥"人民战争"的威力，使得理论、技术、应用和产品近乎同步地得到发展。随着网络技术的进一步发展，这种同步化的趋势将越发明显。

4. 融合化趋势

随着网络的广泛应用和人类对网络依赖的增强，已经逐渐形成了以各种计算机网络为基础的网络空间。网络空间是虚拟空间和现实社会的融合体，与物理世界的融合将越发紧密。

网络空间很多时候呈现的是一种逻辑拓扑结构的形态，但网络空间中的很多元素，如网络设备都有其确切的地理空间位置。人们为了进一步认识、理解和更好地利用网络空间，正在将地理空间与网络空间逐步融合，将网络空间的各种元素映射到地理空间中的陆海空天位置，形成地理网络空间这种新的形态。网络空间的融合化趋势也体现在网络空间与经济社会的高度融合。以互联网为代表的信息技术引领了社会生产新变革，拓展了国家发展和治理的新领域，极大提高了人类认识水平，人类认识世界、改造世界的能力得到了极大提高。网络空间的融合化趋势还体现在网络空间模糊了国家之间的疆域概念，增进了各国人民的相互认识、相互理解。除此之外，网络空间还与恐怖主义融合，滋生出网络恐怖主义这一人类公敌，并且使得各种恐怖势力融合，形成一些国际恐怖组织。总之，网络空间正在促进不同组织、不同地域、不同行业领域的融合，而且其自身也正在与其他形态的空间相互融合，这是网络发展的大势所趋。在这种趋势下，如何建好网络、用好网络和管好网络是每个网民都应该思考的问题，对于网络空间的进一步发展具有重要的战略指导意义。

三、网络技术创新的地位与作用

作为人类现代文明最伟大的发明之一，互联网正逐步成为战略性基础设施，与各行各业加速融合，驱动国家产业升级转型，促进国家全面深化改革。网络技术创新是互联网发展的不竭动力，是信息时代提高社会生产力和综合国力的战略支撑。党的十八届五中全会提出"实施网络强国战略"，这既对网络技术创新提出了新标准、新要求，更为网络技术创新迈上一个新台阶提供了发展契机。深刻认识网络技术创新对我国经济社会发展的作用，对于有效推动创新驱动发展战略、提升原始创新能力和综合国力具有重大而深远的意义。

（一）互联网与经济社会发展的关系

在经济全球化和信息化大潮中，互联网的出现推动了经济的发展和变革，同时经济社会的发展又对互联网提出了更高的要求。互联网的出现转变了经济增长方式，体现了新型国际关系，优化了经济结构，对社会经济发展起着至关重要的作用。

1. 互联网是经济社会发展的新引擎

习近平总书记在第二届世界互联网大会的开幕式主旨演讲中提到推动网络经济创新发展，促进共同繁荣。这一重要观点高度概括了互联网对于助推社会经济发展的重要作用，也指明了互联网是经济社会高速发展的新引擎。

习近平总书记指出："当前世界经济复苏艰难曲折，中国经济也面临着一定下行压力。解决这些问题，关键在于坚持创新驱动发展，开拓发展新境界。"近年来，中国互联网经济发展成绩斐然。

网络经济或网络经济学就其内容而言实际是互联网经济（Internet Economy）或互联网经济学（Internet Economics），它是一种特定的信息网络经济或信息网络经济学，是指通过网络进行的经济活动。这种网络经济是经济网络化的必然结果，它是与电子商务密切相连的网络产业，既包括网络贸易、网络银行、网络企业以及其他商务性网络活动，又包括网络基础设施、网络设备和产品以及各种网络服务的建议、生产和提供等经济活动。

在国际贸易方面，贸易大国都非常重视知识产权保护，"电子数据交换"推动全球厂商实现了信息服务一体化，而电子商务的发展更是引起了国际贸易机制深刻而广泛的变革；在国际金融方面，电子金融服务等"虚拟银行"正在取代一些传统的银行业务，银行与客户之间的交易将通过电话、电脑和自动柜员机（ATM）等电子技术手段进行，同时电子金融期货交易也全面启动；在国际投资方面，网络金融正在吸引更多的全球投资者，他们正在努力争夺新一轮国际投资的有利地位，并将国际投资的重点目标转向新兴市场，特别是东南亚地区，这些发展使传统的投资模式发生变化。

随着互联网与经济社会各领域的融合发展进一步深化，基于互联网的新业态成为新的经济增长动力，互联网支撑大众创业、万众创新的作用进一步增强，互联网成为提供公众服务的重要手段，"互联网＋"成为中国经济社会创新发展的重要驱动力量。为此，需要持续以"互联网＋"为驱动，鼓励产业创新、促进跨界融合、惠及社会民生，推动国家经济和社会的持续发展与转型升级。

当前中国经济正处于转型升级的重要时期，面临增长缓慢、生产过剩、外需不振等严峻挑战，"稳增长、促改革、调结构、惠民生"是当前经济社会发展的首要任务，创新驱动正在成为我国经济发展的新引擎。

当然，要想正确启动引擎，还需要相应的配套措施。首先，互联网经济不是一种靠刺激内需的短期投资思维，而是内生驱动的经济体，是解决中国经济长期发展问题的新范式。其次，宽容创新，不要急于"规范"和实现"健康"发展。我国互联网经济过去十年快速发展的一个重要原因是有一个较为宽松的发展环境。再次，简政放权、扶持小微企业成长势在必行。电子商务平台上99％的企业都是小微企业，但互联网的小微企业"小而不弱"，充满创新和变革活力，将来必然会涌现出超越阿里巴巴、腾讯的创新型企业，为国家经济繁荣和社会稳定做出更大贡献。最后，推动制定国家云计算、大数据发展战略。同欧美各国正加快制定云计算、大数据战略，采取积极行动相比，我国仍缺乏国家层面的云计算、大数据战略，必须迎头赶上。

同时，无论是创业创新还是"互联网＋"，其行动主体都是市场和个人，政府的职能就是提供好配套的公共服务。李克强总理在此前的讲话中已明示："如果说（改革开放）前30年，我们更多的是靠勤劳的话，再往后走，我们更多的应该靠智慧，要靠政府简政放权，把市场的准入门槛降低，让愿意创业的人能够创业，然后，在市场中加强事中事后的监管。如果说，把大众创业、万众创新调动起来，这就需要政府的改革。"

无论是推进大众创业、万众创新，还是落实"互联网＋"行动，政府都需要以改革者的姿态搭台、清障，调动各方的积极性。改革魄力越大，互联网活力也将越发凸显，"引擎功率"就越高，为社会经济发展助力的效应也将越明显。

2. 互联网是新型经济业态的催化剂

正在大力推进的"互联网＋"行动计划是撬动经济增长、发掘新经济增长点的重要"催化剂"，有利于在中国经济社会发展过程中形成新的经济增长点，稳定经济增长速度，调整经济结构，推动提质增效升级，"互联网＋"在农业、制造业、工业、金融等领域的结合与运用为经济社会发展增添动力。同时，在推进"数字中国"的建设中，提出了发展分享经济成果，利用互联网这个新兴全球性平台开创了一个大众创业万众创新的新时代。

随着互联网及相关技术的应用，符合"创新、协调、绿色、开放、共享"发展理念的分享经济快速成长并呈现出井喷式发展态势。从要素资源优化配置和助推改革的角度看，依托互联网平台建设，消除了时间和空间的限制，打破了地域之间的界限、行业之间的壁垒，实现了生产要素的流动和优化配置。从区域发展角度看，互联网创新发展起到了助推区域经济增长的作用，同时区域的综合发展优势反过来成为助推互联网创新发展的引擎。一定程度上，互联网创新发展为区域发展规定了目标和方向。

在以互联网为代表的信息与通信技术革命的影响下，传统的区位因素对经济的影响日渐减弱，区位的概念发生了变化。第一，在互联网时代，社会经济的增长不再单纯依靠物质资源的投入，而是更多依赖于知识和信息的贡献，而知识和信息的传输、加工与存储越来越依赖网络技术，人类正以网络为手段改变着生产方式，改变着流通形式，并催生出电子商务、网络金融、现代物流、网上咨询、软件产业、文化创意产业等新兴的经济形式和产业。这些新兴产业对区位没有严格要求，可以在全球任何角落进行，因而经济活动呈现离散化趋势，传统的空间区位选择条件在淡化。第二，互联网带来生产的多样化（源于个性化和定制）和更精细的劳动分工，造成经济活动的分散化。在传统经济中，"量身定制"是很昂贵的，因为开通流水线要求达到一定规模的订单，这需要企业的聚集，所以当人们以传统方式进行小批量特殊款式生产时需要支付比大批量生产高得多的费用。但网络彻底改变了这一局面，其原因有以下几点：一是借助互联网在信息传输方面低成本、便捷性的特点，产品开发者能快速、大量地收集到有关产品、消费者偏好等信息，从而实现快速、准确的产品开发；生产者按照消费者的个性化需求生产特殊产品或提供服务，实现生产多样化，而不会比原来批量生产明显增加成本。二是依靠网络，生产企业能实现在全球范围内的即时交货，为每位顾客提供更高效、更完善的售前、售后服务。三是互联网消费者可以根据自己的个性特点和需求在全球范围内寻找满意的商品，不受地域限制。精细的分工、量身定制、小批量生产、消费地分散的结果是企业不需要在地理上集中生产，从而使经济活动分散化。第三，信息与通信技术的发展使企业内部协调和对外交流更加顺畅，大大削弱了企业对原来区位优势的依赖。企业通过内网把研究开发、产品设计、工艺流程、管理方式、市场营销、信息反馈等协调起来，提高了效率；通过外网，利用自己的网站接受订单，直接处理大量分散的外部交易，并向客户提供方便的技术支持，从而减少中间环节，使原来的多级分销体系逐渐向单级转化。由于互联网的广泛应用，企业并非聚集在一起才会产生效益。第四，在网络技术迅速发展的情况下，经济活动的跨地区、跨国界更加容易，也更加频繁，经济活动中的知识、信息、技术等无形产品的交易行为的边界越来越难以控制，区位的概念逐渐淡化。

互联网改变了经济要素的组合和集聚方式，极大地推动了新型经济业态的发展。因此，在这种情况下，更需要以新的视角认识、理解区位的概念。

3. 互联网是经济提质增效的助推器

随着互联网支撑环境的快速发展，互联网重新定义了现代经济，不仅使互联网创新发展呈现出平台化、社交化、小微化等新特征，也使新模式、新创业、新产业等新经济成为集聚资金、人才、技术等各类资源的重要载体，并成为新的经济增长极。以互联网为代表的技术创新活力和应用潜力不断释放，以互联网为代表的新一代信息通信技术处于跨界融合和群体突破爆发期，技术创新活力和应用潜力不断释放。

国家"十三五"规划中提出"大力实施网络强国战略、国家大数据战略、'互联网＋'行动计划，发展积极向上的网络文化，拓展网络经济空间，促进互联网和经济社会融合发展"的奋斗目标，随着互联网思维的推广，互联网这台强力"引擎"必定会继续保持活力，加速推进中国经济这艘"航母"前行。

"'融合、创新、共享'是当前互联网发展的重要特征，也是互联网推动结构调整、促进经济转型的主要着力点。"原国务院发展研究中心副主任陆百甫表示，"融合"为互联网发展提供巨量空间，是经济转型升级的重要支撑；"创新"是互联网的固有基因，是互联网高速发展的核心动力；"共享"是互联网的文化，是互联网发展的根本宗旨。"融合、创新、共享"三位一体，互相支持，互联网发展将会迎来更加广阔的空间，也将为中国经济转型升级提供更加强大的动力。他同时强调，在互联网发展取得巨大成功的同时，目前还存在着传统企业运用互联网的意识和能力不足的问题。互联网企业对传统产业理解不够深入，新业态发展面临体制机制障碍，创新能力有待进一步提升，公共数据资源需要进一步开放等问题都亟待解决，以提高推动力。

可以说，在经济全球化和全球信息化的大潮中，科技的发展、网络的出现推动了经济的发展和变革，同时经济的发展又对网络提出了更高的要求。为进一步推动经济繁荣，我们应抓住网络这一重要的技术手段，发展网络经济。

（二）技术创新对互联网发展的意义

互联网从出现一路走到今天，它的灵魂——技术创新从来没有改变过。技术创新是互联网行业的核心驱动力。

1. 技术创新是提升互联网传输速度的原动力

互联网的发展一方面由需求牵引，更多的则是由技术创新推动。在网络应用层面，如果没有技术创新，就不会出现普通用户所看到的新应用，如浏览器、搜索引擎、社交软件、在线支付等。同时，在网络应用的背后，则是网络底层核心技术的创新在深刻地推动和促进互联网的繁荣发展。

我国互联网 20 多年来两项重要的发展，一个是网络接入传输速度突飞猛进，从最初几 K 的电话拨号上网，到如今以 G 计的光纤传输，是网络技术的一大飞跃。在网络规模变得越来越庞大和复杂的同时，通过对路由算法的优化改进，所有类型的数据仍然能够快速寻找和选择路径，完整地到达目的地，这是互联网的另一发展成果。

李彦宏就我国互联网技术创新曾经说过："技术创新永远是互联网行业的核心驱动力。技术积累的先发投入，往往会体现在产品的后来居上。"在语音识别准确率方面，2012 年一年百度创新进展就超过了过去 15 年进展的总和，而这也成为百度语音产品厚积薄发的最好机会，这是互联网行业巨头都致力于前沿技术研究的原因。同样，图像识别技术应用于全网搜索后，以图搜图的准确率从 20％迅速提升到 80％。

2. 技术创新是降低互联网运维成本的节流阀

互联网的技术特点是互联，任何新的技术甚至应用可以充分发挥互联的效果，产生巨大的价值。真正的基础性、创新性技术与互联网的各个方面都是有关联的。

"这些核心技术都是声明放弃专利权，不收费的。"时任中国科学院副院长的胡启恒说，与其他新技术不同，互联网接纳所有用户的创新，在应用过程中使自己不断完善发展。互联网因此成为一个有生命的存在，成为连接全球的基础设施和承载各种应用的大平台。这正是互联网的精髓所在。当人们开发出互联网核心技术并成为互联网标准时，他们必须无偿放弃知识产权。正因如此，企业和用户使用互联网的成本大幅度下降。开放是互联网的根本，互联网之所以有今天，正是缘于开放。

3. 技术创新是扩大互联网规模的倍增器

20 世纪 90 年代初，走在中关村街头的人们会看到这样一块大标牌："中国人离信息高速公路有多远？向北 1500 米。"路那头，是当时极其稀罕的能提供上网服务的地方。这段中国互联网的经典回忆后来被多次提及。

自从 1994 年中国互联网全功能接入全球互联网后，地球成了"村"，世界变得扁平。20多年似乎瞬息而过,但人们的生活已因为互联网而改变。20年中,技术率先在想象蓝图的空白处画下一笔颜色,之后喷薄而出的需求和技术创新相互促进、交互前行,创造出了这个时代最激动人心的成就。与层出不穷的新技术、眼花缭乱的智能新硬件以及网络弄潮儿们跌宕起伏的创业传奇故事相比,互联网本身就是一个最大的奇迹。

中国的网络技术发展在技术创新中出发,也必定在技术创新中进步。坚持走我国网络技术自主创新的道路,发展我国在网络方面的自主创新产品,为我国网信事业的发展建设注入一剂强心针。作为网络领域的核心驱动力,技术创新必将推动我国网络的飞速发展,为我国现阶段的社会发展做出更多贡献。

(三)网络技术创新与网络强国

当今世界,网络技术日益成为驱动创新发展的先导力量,全面渗透社会各领域,深刻改变全球格局,世界主要国家竞相把网络技术创新作为发展重点,把网络空间作为谋求战略优势的新领域。改革开放以来,我国的网信事业取得举世瞩目的成就,但距离世界先进水平还有很大差距,许多核心技术还掌握在别人手中,国家安全利益受到严重威胁。创新是技术突围的灵魂,唯有坚持网络技术自主创新,努力实现关键技术重大突破,把握"国之重器",才能为国家经济社会发展提供坚强保障,为建设网络强国筑牢基石。

1. 习近平总书记网络强国战略论述中关于科技创新的总要求

习近平总书记高度关注国家网络安全与信息化事业发展,特别提出要建设网络强国。近年来,习近平总书记围绕网络安全与信息化发表了一系列重要讲话,提出了许多新思想、新观点、新论断,深刻回答了新形势下党和国家建设网络强国的重大理论和现实问题,集中展示了新一届中央领导集体关于国家网络安全和信息化的科学发展路线和建设理念。

2014年2月27日,习近平总书记主持召开中央网络安全和信息化领导小组第一次会议并发表重要讲话。他指出,我国在自主创新方面还相对落后,区域和城乡差异比较明显,特别是人均带宽与国际先进水平差距较大,国内互联网发展瓶颈仍然突出。习近平总书记还特别强调,信息技术和产业发展程度决定着信息化发展水平,要加强核心技术自主创新和基础设施建设。建设网络强国,要有自己的技术，有过硬的技术。2015年12月16日，习近平总书记在视察"互联网之光"博览会时指出，互联网是20世纪最伟大的发明之一，给人们的生产生活带来巨大变化，对很多领域的创新发展起到很强的带动作用。2016年4月19日，在网络安全和信息化工作座谈会上习近平总书记围绕如何进行网络技术创新进行了系统阐释。在创新驱动网络强国建设上，习近平总书记指出："同世界先进水平相比，同建设网络强国战略目标相比，我们在很多方面还有不小差距，特别是在互联网创新能力、基础设施建设、信息资源共享、产业实力等方面还存在不小差距，其中最大的差距在核心技术上。"在核心技术突破上，习近平总书记提出要坚定不移实施创新驱动发展战略，抓住基础技术、通用技术、非对称技术、前沿技术、颠覆性技术，把更多人力物力财力投向核心技术研发，集合精锐力量，作出战略性安排。在鼓励创新上，习近平总书记提出要鼓励和支持企业成为研发主体、创新主体、产业主体，鼓励和支持企业布局前沿技术，推动核心技术自主创新，创造和把握更多机会，参与国际竞争，拓展海外发展空间，同时强调"聚天下英才而用之，尊重知识、尊重人才，构建具有全球竞争力的人才制度体系，为人才发挥聪明才智创造良好条件，为网信事业发展提供有力人才支撑"。在创新方法论上，习近平总书记指出："一方面，核心技术是国之重器，最关键最核心的技术要立足自主创新、自立自强。市场换不来核心技术，有钱也买不来核心技术，必须靠自己研发、自己发展。另一方面，我们强调自主创新，不是关起门来搞研发，一定要坚持开放创新，只有跟高手过招才知道差距，不能夜郎自大。""我们不拒绝任何新技术，新技术是人类文明发展的成果，只要有利于提高我们社会生产力水平、有利于改善人民生活，我们都不拒绝。问题是搞清楚哪些是可以引进但必须安全可控的，哪些是可引进消化吸收再创新的。"

习近平总书记的重要讲话贯穿着强烈的问题意识，树立了鲜明的问题导向，不仅深刻回答了新的历史条件下我国网信事业发展的一系列重大战略性问题，而且对网信事业践行新发展理念提出了明确要求，对推进网络强国建设作出了具体部署，无疑是我国互联网发展的行动指南。

2. 网络强国战略对网络技术创新的内在要求

技术创新作为网络技术的核心驱动力，在我国网络发展中扮演着重要角色。实施网络强国战略，发展技术创新，自主技术、自主企业、自主产品是内在要求，是必经之路，是我国网络界努力的方向。

自主技术是网络技术创新之基，是开展技术创新的前提条件。我国是典型的后发展国家，是网络大国，但国际互联网发展至今，众多核心的技术基本都掌握在西方国家特别是美国手中。我国要成为网络强国，必须拥有自己的网络核心技术。习近平总书记指出，要准确把握重点领域科技发展的战略机遇，选准关系全局和长远发展的战略必争领域和优先方向，通过高效合理配置，深入推进协同创新和开放创新，构建高效强大的共性关键技术供给体系，努力实现关键技术重大突破，把关键技术掌握在自己手里。这表现了自主技术在技术创新中的重要地位，展示了我国大力发展自主技术的坚定决心。

自主企业是技术创新主体，我国在体制机制上大力鼓励企业自主创新。习近平总书记指出："要制定全面的信息技术、网络技术研究发展战略，下大气力解决科研成果转化问题。要出台支持企业发展的政策，让他们成为技术创新主体，成为信息产业发展主体。"企业带动创新，创新服务企业，未来企业将更好地利用互联网技术，改造提升传统产业，培育发展新产业、新业态，推动经济提质增效升级、迈向中高端水平。未来的中国将更好地利用互联网技术，提高科技创新能力，助推网络强国战略。

自主产品是我国开展技术创新的目标与成果。建设网络强国，必须加强网络技术提升，掌握核心技术，不断研发拥有自主知识产权的互联网产品，才能不受制于其他国家。自主产品是一个国家在网络世界中竞争力的体现，也是社会发展的一个缩影。当前我国已经自主研发了一部分互联网产品，并投入社会服务，但在网络发展的核心技术方面，在网络最基础的技术中，我国与网络强国还有一定差距。我们要正视差距，结合当前我国国情需要，加大互联网自主产品研发和生产的力度，使我国在网络方面的对话上不受制于其他国家。

3. 网络技术创新是网络强国战略的制高点

网络自出现到前期的缓慢发展再到如今的飞跃式发展，无论哪个阶段都离不开技术创新，技术创新是网络发展到现在一直长久不衰的核心动力，也是我国网络强国战略的制高点。

2016 年 4 月 19 日，习近平总书记在主持召开网络安全和信息化工作座谈会时强调我国要在践行新发展理念上先行一步，抓好技术创新这个根本点，推进网络强国建设，推动我国网信事业发展，让互联网更好地造福国家和人民。

习近平总书记指出，我国有 7 亿网民，这是一个了不起的数字，也是一个了不起的成就。我国经济发展进入新常态，新常态要有新动力，互联网在这方面可以大有作为。互联网跨越时空、沟通世界，创造了诸多数字奇迹、产业契机，如今它更是融入我们民族崛起、国家进步的决策版图。我国互联网得到了较快的发展，网民人数和互联网应用已跻身世界大国的行列，这充分证明了我国在互联网领域取得的成绩。同时，我们也必须清醒地看到，网络核心技术受制于人、关键设备国产化率不高，政府、金融、电信等重要领域网络自控能力不强等制约我国互联网健康发展的瓶颈问题依然没有得到很好地解决，这给我国的网络信息安全带来了严峻的考验。

习近平总书记指出，要尽快在技术创新上取得突破。如今，科学技术日益成为国家竞争力的决定性因素和推动经济社会发展的主要力量。就本质而言，互联网的发展更依赖技术创新，如果没有技术的强有力支撑，互联网的今天或许不会如此辉煌。所以，从这个意义上来说，技术创新就是网络强国路上的发动机，是网络强国战略的制高点。在互联网时代，谁掌握了核心技术，谁就掌握了话语权，谁就是真正的强者。要始终把技术创新摆在首要位置，推动体制机制创新、理念创新、技术创新、应用创新，支持鼓励互联网企业家、领军人才和工程技术人员创新创造，为互联网发展提供不竭动力。

网络强国建设任重道远，核心网络技术作为网络建设的主力军，更是使命重大。我们要扎实推进网络技术创新，强力助推网络强国战略，为实现网络强国目标而奋进。

第二章　我国网络技术创新的主要成就和特点

21 世纪，经济全球化步伐加快，全球信息化浪潮席卷而来，我国抓住国际产业转移带来的发展机遇，积极参与国际信息产业分工，引进和消化国际先进技术，加强研究，坚持自主创新发展，掌握了一批网络空间核心技术，形成了国际先进的技术研发和装备制造能力。通过网络技术创新与商业模式创新，有效促进了互联网产业的蓬勃发展。我国网络空间技术水平逐年提高，建设成果举世瞩目。我国在网络空间取得的巨大成就得益于国家对国际经济总体态势的准确把握，通过优化体制机制、科学总体布局、实施政策激励、加大资金投入、优化创新环境，为网络技术创新发展提供了有力支撑和保障，充分体现了社会主义制度的优越性和浓郁的中国式创新特色。

一、总体态势

我国高度重视科学技术发展和国家创新能力建设，相继提出"建设国家创新体系"和"建设创新型国家"，大力推进科技进步和创新，大力提高自主创新能力。特别是党的十八大以来，国家高度重视网络空间，提出"创新驱动发展战略"和"建设网络强国"，通过改革体制机制、完善政策措施、优化顶层设计、制定战略规划，构建了良好的网络空间创新环境，国家网信事业取得举世瞩目的成果，有力地促进了经济社会高速发展，网络空间国际地位不断提高。

（一）发展演变

进入 21 世纪以来，我国信息产业发展进入快车道，机构设置不断完善，相应的政策调整与制度机制也更具有针对性，为信息产业的发展提供了肥沃的土壤。

1. 机构设置

2001 年，我国成立国家信息化领导和协调机构，并开展了卓有成效的工作，制定了信息化的大政方针，先后出台了《信息产业"十五"规划纲要》（2001年）、《国民经济和社会发展第十个五年计划信息化重点专项规划》（2002 年）、《国家信息化发展战略（2006—2020）》（2005 年）等重要文件。2006 年 2 月，中央宣传部、信息产业部、中央对外宣传办公室、公安部、广电总局、新闻出版总署、总参谋部通信部等 16 个部门和单位联合制定了《互联网站管理协调工作方案》，成立了"全国互联网站管理工作协调小组"（简称全国协调小组），负责全国互联网站日常管理工作的协调、指导，协调各成员单位对互联网站实施齐抓共管。全国协调小组办公室设在信息产业部。2008 年 3 月，国务院信息化工作办公室（以下简称国信办）与信息产业部合并，成立了工业和信息化部，国信办的职能划入工信部。

2014 年 2 月 27 日，中央网络安全和信息化领导小组成立。中共中央总书记、国家主席、中央军委主席习近平亲自担任组长，李克强、刘云山任副组长，再次体现了我国全面深化改革、加强顶层设计的意志，显示出我国保障网络安全、维护国家利益、推动信息化发展的决心。中央网络安全和信息化领导小组将着眼于国家安全和长远发展，统筹协调涉及经济、政治、文化、社会及军事等各个领域的网络安全和信息化重大问题，研究制定网络安全和信息化发展战略、宏观规划和重大政策，推动国家网络安全和信息化法治建设，不断增强安全保障能力。

中央网络安全和信息化领导小组的成立是以高规格、大力度、远立意统筹指导中国迈向网络强国的发展战略举措，是在中央层面设立更强有力、更有权威性的机构，是落实十八届三中全会精神的又一重大举措，是我国网络安全和信息化国家战略迈出的重要一步，标志着我国正由网络大国向网络强国加速挺进。

2. 政策发展

改革开放后，中央重申"科学技术是第一生产力"，政府特别重视通过技术创新政策引导技术进步，相继推出多项创新政策，为网络技术创新提供了宽松的政策环境，有力地促进了经济增长。进入 20 世纪 80 年代，国家出台的政策主要有国家技术改造计划、国家科技攻关计划、国家重点实验室建设计划、星火计划、国家自然科学基金计划、国家级新产品计划、火炬计划等。上述政策重点在于推进科学研究与技术开发，意图在于提高技术进步对国民经济增长的贡献率。其中，有些政策至今仍然是国家技术创新政策体系的重要组成部分。这些政策在实施过程中有效解决了科技进步与经济发展紧密结合的问题，但技术创新转化实际效率不高。

20 世纪 90 年代开始，国家出台的技术创新政策数量呈递增态势，政策导向推动了科技创新体制改革，为加快构建国家创新体系，进一步解决科技与经济脱节问题，促进科技成果的转化和推广助力。1999 年，中共中央、国务院作出《关于加强技术创新，发展高科技，实现产业化的决定》，创新政策数量达到了该时期的最高峰。这一决定第一次将"创新"纳入体系。时任总理朱镕基同志在全国人大九届二次会议上作政府工作报告时指出："实施科教兴国战略是实现经济振兴和国家现代化的根本大计，也是本届政府极其重要的任务。"这一时期，国家技术创新政策出现了变化：一方面政府科技主管部门强力推动技术供给，如国家科技成果重点推广计划、国家工程（技术）研究中心建设计划、攀登计划等；另一方面注重解决技术扩散与技术应用等技术创新中的薄弱环节，主要政策有产学研联合开发工程计划、企业技术中心建设计划、科技型中小企业技术创新基金等。政府力图通过这些政策计划促进企业提高自主创新能力。

进入 21 世纪，伴随新一轮科技革命和产业革新，世界主要国家加大了人才和科技创新投入，纷纷抢占技术制高点。党和国家空前重视国家创新体制改革，加快了创新体系建设。2002 年，中央提出推进国家创新体系建设；2006 年，中央在全国科技大会上提出建设创新型国家，发布《国家中长期科学和技术发展规划纲要》，进一步深化科技改革，大力推进科技进步和创新，大力提高自主创新能力；2013 年，习近平总书记在中共中央政治局第九次集体学习时强调切实把创新驱动发展战略实施好。

总的来看，国家创新政策在 20 世纪 80 年代侧重于提供科技供给，在 20 世纪 90 年代注重创造技术创新环境，进入 21 世纪后则加强了需求政策，同时加强了知识产权保护的力度。我国技术创新政策演变与经济、科技体制改革的方向和市场经济的要求是一致的，为网络技术创新提供了发展动力。

3. 制度机制

制度机制不仅是建设国家创新体系的有力保障，更是撬动大众创新的有效杠杆。伴随创新战略付诸实施，我国正在以一系列制度创新奏响技术创新的号角。2013 年，中共中央发布了《中共中央关于全面深化改革若干重大问题的决定》，明确提出"建立健全鼓励原始创新、集成创新、引进消化吸收再创新的体制机制，健全技术创新市场导向机制，发挥市场对技术研发方向、路线选择、要素价格、各类创新要素配置的导向作用。建立产学研协同创新机制，强化企业在技术创新中的主体地位，发挥大型企业创新骨干作用，激发中小企业创新活力，推进应用型技术研发机构市场化、企业化改革，建设国家创新体系。"[①] 2014 年，我国迎来全功能接入国际互联网 20 周年。同年 2 月，中央网络安全和信息化领导小组成立，中共中央总书记习近平担任组长。在第一次小组会议上，习近平总书记强调，要制定全面的信息技术、网络技术研究发展战略，下大气力解决科研成果转化问题。要出台支持企业发展的政策，让企业成为技术创新的主体，成为信息产业发展的主体。2015 年，中共中央、国务院印发了《关于深化体制机制改革加快实施创新驱动发展战略的若干意见》，明确要求，到 2020 年基本形成适应创新驱动发展要求的制度环境和政策法律体系，为进入创新型国家行列提供有力保障。

从营造公平竞争环境、建立技术创新的市场导向机制，到强化金融创新、构建新型的科研、人才和政策协调机制，我国正在为创新驱动确立完善的制度运行框架。在创新体系中，人是关键要素，个人和企业角色地位突出，制度创新的关键就是让人的因素活跃起来，这就要求制度机制在设计时充分尊重精英和企业的作用，让科技人员在创新活动中得到充分回报，同时还要打破人才引进桎梏，吸

---

① 习近平. 关于《中共中央关于全面深化改革若干重大问题的决定》的说明 [N]. 人民日报，2013-11-16 (01).

引外国精英进入国内技术创新行业。同时，高层次、常态化的企业技术创新对话、咨询制度正逐渐建立，帮助企业真正成为创新决策的主体，有助于企业在国家创新决策中发挥积极作用。

当前，我国正努力构建灵活的产学研融合机制，通过坚持和巩固市场导向，打通市场与科研院校、人员之间的屏障，实现资本、技术、知识与人才的自由流动，以及企业、科研院所、高等学校的协同创新，提高效率，使创新资源有效配置。对于普通大众而言，国家也设立了许多鼓励创新的制度机制，如国家、科研院校的众多科技创新项目和"双众"创业模式。尤其是"双众"创业模式，它使创业者的融资变得更容易，使仅拥有独特创意的创业者成功创业成为可能。借助"双众"模式，由创意者、各种资源和能力提供者以及平台搭建者共同构成有机的创业环境，全新的创新生态正逐渐形成。国家还积极发挥金融创新助推作用，推进财税制度改革，扩大私募基金、天使投资等创新支持，设立国有资本创业投资基金，推动创业板市场改革，同时建立外资进入创投机制，开展不同层次的资本市场合作，为创新发展提供充足动力。

（二）总体布局

经过前几年快速、科学的发展，目前我国的网络空间总体布局已相对完善，主要表现在顶层设计更加科学，战略抓手更加有力，实施步骤更加明确。

1. 顶层设计

党的十八大提出实施创新驱动发展战略，强调科技创新是提高社会生产力和综合国力的战略支撑，必须将其摆在国家发展全局的核心位置。这是中央在新的发展阶段确立的立足全局、面向全球、聚焦关键、带动整体的国家重大发展战略。

2013年9月，习近平总书记在十八届中央政治局第九次集体学习时讲到："当前，从全球范围看，科学技术越来越成为推动经济社会发展的主要力量，创新驱动是大势所趋。新一轮科技革命和产业变革正在孕育兴起，一些重要科学问题和关键核心技术已经呈现出革命性突破的先兆。物质构造、意识本质、宇宙演化等基础科学领域取得重大进展，信息、生物、能源、材料和海洋、空间等应用科学领域不断发展，带动了关键技术交叉融合、群体跃进，变革突破的能量正在不断积累。国际金融危机发生以来，世界主要国家抓紧制定新的科技发展战略，抢占科技和产业制高点。这一动向值得我们高度关注。"

党的十八届五中全会提出的"'十三五'建议"指出，在"十三五"期间，要实施网络强国战略，实施"互联网＋"行动计划，发展分享经济，实施国家大数据战略；构建产业新体系，加快建设制造强国，实施"中国制造2025"。在发展实践中，实施"互联网＋"行动计划，着力助推中国经济转型升级，主要着力点有以下几个方面：

"互联网＋"基础设施是实施"互联网＋"行动计划和国家大数据战略的基础。2013年，国务院曾发布"宽带中国"战略实施方案，经过两年多的建设与发展，我国互联网基础设施水平虽然有了一定程度的提高，但与发展需求仍然存在差距。实施"互联网＋"行动计划和国家大数据战略，强化"互联网＋"基础设施建设是首要任务，需加快推进"宽带中国"战略的实施，稳步提升宽带普及率，加强工业互联网基础设施建设，在工业集聚区加快光纤网络、移动通信网络和无线局域网络建设，推进高速互联网在工业集聚区升级与普及。

以实施国家大数据战略为主线，发挥"互联网＋"对经济转型升级推动作用的最重要着力点，是深化互联网技术和大数据在企业生产中的应用，具体包括两个方面：一方面，企业要着力研发和引进感知化、集成化、信息化、自动化智能生产设备，对生产过程进行智能化升级与改造；另一方面，企业要积极研发并装备拥有海量数据收集与处理能力，覆盖整个研发设计、生产决策和销售推广环节，并与产品生命周期管理、客户关系管理、供应链管理相关的信息化决策系统。基于这种信息化决策系统，有效收集产品研发设计、组织生产、推广销售等环节中海量的数据信息，形成企业生产销售相关的大数据集，并基于对这些大数据的云计算处理，有效地改进企业的研发、生产、销售环节，实现符合市场需求的产品升级与改造。这是以大数据战略为主线的"互联网＋"行动计划在助推信息化与工业化深度融合方面的微观着力点，也是实施"互联网＋"战略助推经济转型升级的动力之源。

在我国经济新常态发展之际，"互联网＋"将为经济转型升级发展注入强劲的活力与动力；在实施"互联网＋"行动计划的进程中，要把握国家大数据战略发展主线，加快信息技术和大数据在制造业的渗透与应用，推进信息化与工业化深度融合。

2. 战略抓手

为扎实推进网络强国，立足我国信息化建设实际，党和政府以下一代互联网为抓手，制定了"宽带中国"战略，将大数据发展上升到战略高度，开展研究中国下一代互联网示范工程（CNGI 项目）。

"宽带中国"战略由工业和信息化部部长苗圩在 2011 年全国工业和信息化工作会议上提出，目的是加快我国宽带建设。经国务院批示，由国家发展改革委员会等八部委联合研究起草的"宽带中国"战略实施方案于 2012 年 9 月对外公布。2013 年 8 月 17 日，国务院正式发布"宽带中国"战略实施方案。

近年来，我国宽带网络覆盖范围不断扩大，传输和接入能力不断增强，宽带技术创新取得显著进展，完整产业链初步形成，应用服务水平不断提升，电子商务、软件外包、云计算和物联网等新兴业态蓬勃发展，网络信息安全保障逐步加强。但我国宽带网络仍然存在公共基础设施定位不明确、区域和城乡发展不平衡、应用服务不够丰富、技术原创能力不足、发展环境不完善等问题，这些问题亟待解决。

"宽带中国"战略的作用面并不仅仅局限于电信行业，其广义上的拉动作用和对产业链上下游的提振，以及由此延伸和派生出的新业务与服务，将影响并带动更多相关产业发展，对宏观经济产生促进作用。

国家发改委产业研究所的有关研究报告称，宽带建设对 GDP 增长的拉动作用明显。欧盟研究表明，宽带有助于加速信息传递，提高社会经济运转效率，对欧盟国家 GDP 增长的贡献率达到 0.71%。其次，宽带建设对就业的促进作用突出。布鲁金斯学会研究发现，宽带普及率每增加 1%，就业率就会上升 0.2%～0.3%。据统计，每个宽带制造业岗位将创造 2.91 个其他新工作岗位，每个宽带服务业岗位将创造 2.52 个其他岗位。宽带产业对上下游产业的就业拉动作用为传统行业的 1.17 倍。预计到 2020 年，我国宽带网络将基本覆盖所有农村，打通网络基础设施"最后一公里"，让更多人用上互联网。[①]

2015 年 9 月，国务院发布《关于印发〈促进大数据发展行动纲要〉的通

---

① 郭素萍. 习近平：中国正实施"宽带中国"战略 2020 全覆盖 [EB/OL].（2015-12-16）[2016-12-23]. http://news. china. cn/world/2015-12/16/content_37328995. htm.

知》，其中将大数据描述为：大数据是以容量大、类型多、存取速度快、应用价值高为主要特征的数据集合，正快速发展为对数量巨大、来源分散、格式多样的数据进行采集、存储和关联分析，从中发现新知识、创造新价值、提升新能力的新一代信息技术和服务业态。[①]

《促进大数据发展行动纲要》明确指出，要立足我国国情和现实需要，推动大数据发展和应用在未来5～10年逐步实现以下目标：打造精准治理、多方协作的社会治理新模式；建立运行平稳、安全高效的经济运行新机制；构建以人为本、惠及全民的民生服务新体系；开启大众创业、万众创新的创新驱动新格局；培育高端智能、新兴繁荣的产业发展新生态。

中国下一代互联网示范工程（CNGI项目）是国家级的战略项目，该项目由工业和信息化部、科学技术部、国家发展和改革委员会、教育部、国务院信息化工作办公室、中国科学院、中国工程院和国家自然科学基金委员会八个部委联合发起，并经国务院批准于2003年启动，目标是打造我国下一代互联网的基础平台，这个平台不仅是物理平台，相应的下一代研究和开发也都可以在这一平台上试验，使之成为产、学、研、用相结合及中外合作开发的开放平台。

CNGI项目以IPv6为重要技术支撑。以该项目启动为标志，我国的IPv6进入了实质性发展阶段。中国下一代互联网示范网络核心网CNGI－CERNET 2/6IX项目已通过验收，宣布取得四大首要突破：世界第一个纯IPv6网，开创性提出IPv6源地址认证互联新体系结构，首次提出IPv4 over IPv6的过渡技术，首次在主干网大规模应用国产IPv6路由器。

目前，CNGI项目实际包括六个主干网络，分别由赛尔网络、中国科学院和中国移动等电信运营商规划建设。在北京建成的国内/国际互联中心CNGI－6IX实现了6个CNGI主干网的高速互联，实现了CNGI示范网络与北美、欧洲、亚太等地区国际下一代互联网的高速互联。我国将以前阶段所做的铺垫与取得的成果为基础，继续大力支持下一代互联网技术研发和产业发展工作，力争实现新突破，为推动我国经济发展做出新的贡献。

---

① 胡晓. 大数据催生决策新模式 未来将改变更多［EB/OL］. （2016－05－25）［2016－12－23］. http://it. people. com. cn/n1/2016/0525/c1009-28377378. html.

3. 实施步骤

党的十八大明确提出实施创新驱动发展战略，将其作为关系国民经济全局紧迫而重大的战略任务。党的十八届五中全会将创新作为五大发展理念之首，进一步指出，坚持创新发展，必须把创新摆在国家发展全局的核心位置，不断推进理论创新、制度创新、科技创新、文化创新等各方面创新，让创新贯穿党和国家一切工作，让创新在全社会蔚然成风。李克强总理在 2015 年政府工作报告中提出，要推动大众创业、万众创新，培育和催生经济社会发展新动力。国务院颁布的《关于大力推进大众创业万众创新若干措施的意见》明确指出，推进大众创业、万众创新，是培育和催生经济社会发展新动力的必然选择，是扩大就业、实现富民之道的根本举措，是激发全社会创新潜能和创业活力的有效途径。这是认真总结国内外发展实践经验和理论认识的结果，符合当今世界发展实际和创新潮流，具有重要的理论和现实意义。

在党中央的直接领导和部署下，一系列促进网络技术发展与繁荣的新政策、新举措、新实践不断推出，一张建设网络强国的路线图日益清晰：紧紧牵住核心技术自主创新这个"牛鼻子"，抓紧突破网络发展的前沿技术和具有国际竞争力的关键核心技术，加快推进国产自主可控替代计划，构建安全可控的信息技术体系；不断改革科技研发投入产出机制和科研成果转化机制，实施网络信息领域核心技术设备攻坚战略，推动高性能计算、移动通信、量子通信、核心芯片、操作系统等的研发和应用取得重大突破；推动大众创业、万众创新，互联网进一步成为大众创业、万众创新的新工具，掀起大众创业、草根创业的新浪潮；大力推进互联网金融的跨越式发展，促进互联网金融产品百花齐放，涉足银行、基金、票据、保险、证券等诸多金融业态。

经过不断努力，我国已经拥有以中国科学院量子信息与量子科技前沿卓越创新中心、国家超级计算无锡中心、中国科学院计算技术研究所以及华为、百度、阿里巴巴、腾讯等为代表的具有国际领先水平、国际竞争力的科研机构、科技企业。在全球顶尖、代表未来科技发展方向的科技创新中，中国科技企业、院校、科研机构占据了重要地位。我国核心技术领域的创新居于世界前列，彰显了我国科技创新已经迈出了一大步，构建起了核心竞争力，具备了与国际巨头分庭抗礼乃至领先一步的能力。

（三）国际地位

经过 20 多年的发展建设，我国网络技术创新能力显著提高，取得了举世瞩目的成就。《中国互联网发展报告（2016）》数据显示，截至 2015 年年底，我国网民规模达到 6.8826 亿人，网络普及率达到 50.3%，其中手机网民达到6.1981亿人，占网民总数的 90.1%；网络经济总体规模达到 11 218.7 亿元，对经济贡献显著。在创新政策的引领和驱动下，我国在关键核心技术研发、关键基础设施保障、互联网产业水平和经济社会信息化网络化程度等各个方面均取得长足发展，形成了较大的国际竞争优势。

1. 关键核心技术研发应用能力

中国的科技企业不断加大研发力度，在全球互联网科技领域已处于领先位置。《G20 国家互联网发展研究报告》显示，G20 各国互联网流量 TOP10 服务当中，仅中美两国完全由本土企业提供服务，其他国家基本依赖美国企业服务进口。在互联网应用创新领域，中美依然是互联网应用创新最活跃的国家。在人工智能企业数量、融资规模、专利申请数量三个维度上，中国近年来的发展速度领先全球，尤其是在新增专利数量上开始超越美国。虽然从总体上来说我国与美国仍有差距，但远远领先于其他国家。在网络技术创新的关键核心技术研发应用能力上，我国与国外的差距正在逐渐缩小，一些互联网科技已经达到了世界先进水平。我国的研发能力从最开始关键核心技术完全依赖国外，到现在拥有自己的核心技术研发团队及产业链，已经取得了重大的突破，如中国科学院计算技术研究所的"寒武纪 1A 深度神经网络处理器""百度大脑"和"神威·太湖之光"超级计算机等都是世界领先的科技成果。[1]

与美国相比，我国在顶尖互联网科技方面仍存在明显差距，互联网正在从粗放的流量竞争走向以技术研发为核心，单纯的"连接"红利会慢慢消失，下一阶段将是核心技术和基础研究的比拼。目前我国被全球认可和广泛关注的技术还很少，这反映出我们还欠缺全球意识，同时我们的技术离商用或民用还很远，大众

---

① 王佳宁. 揭秘国产世界最快超级计算机"神威·太湖之光"［EB/OL］.（2016-06-20）［2016-12-23］. http：//news. xinhuanet. com/tech/2016-06/20/C_1119078980. htm.

认同度相对不高。中国企业现在能够快速了解国外的先进技术和产品，也可以很快研发出来，但仍处于跟随阶段，缺少独立创新。行业未来还需加大技术研发投入，提升技术创新实力。

创新的核心是技术创新，中国巨大的市场给了中国企业巨大的机会，技术型公司数量已经呈现逐步上升的趋势，大部分企业正从应用型创新向真正意义上的网络技术创新转变。

2. 关键基础设施安全保障能力

随着信息技术的快速发展，基础设施领域对计算机网络的依赖程度也日渐增强。党的十八届三中全会《中共中央关于全面深化改革若干重大问题的决定》中明确要求"确保国家网络和信息安全"，基础设施领域的网络安全问题正引发越来越多的关注。

网络安全问题不仅发生在公共互联网，在基础设施领域，通过网络渠道实施犯罪案件也呈现高发趋势。一些犯罪分子或黑客组织和个人利用计算机网络入侵一些企业内部，窃取情报资料、搜集机密文件或者进行网络破坏，造成了重大损失，不仅危害到相关行业运行安全，也严重危害到国家基础设施的安全与稳定。

我国基础设施网络建设虽然起步晚、发展较慢，但在重要基础设施领域的网络方面保障能力正在显著提升。与美国、德国等发达国家相比，我国虽然仍缺乏体系化的基础设施网络安全立法，但是有关部门和组织已认识到基础设施网络安全所面临问题的严重性，充分借鉴了国外基础设施网络安全保护相关法律、法规，并针对我国现有网络安全立法的缺陷和不足，对相关问题进行分析与研究，初步制定出一些基础设施领域涉及网络安全的制度和规范，建立了适用于我国基础设施网络安全的法律体系，从法律层面对我国基础设施网络安全问题作出界定和规范，为我国进一步保护基础设施网络安全、打击非法网络攻击和网络犯罪行为提供充足的法律依据，形成保障网络安全的长效机制。

同时，我国对一些重要和关键的基础设施领域的网络设备和技术进行了全面更新和升级，加快推动基础设施相关产品的国产化替代进程，支持国内企业基于自主设计和制造的网络控制设备和系统，加快国产网络技术产品的应用推广，逐步实现对国外产品的替代。借鉴美国、欧盟等的先进经验，我国建立了有效的基础设施风险信息共享机制，明确信息共享的条件，确定信息共享的步骤，建立信息共享公共服务平台。制定基础设施网络安全风险分级规范，根据基础设施的重要性、不可替代性、出现问题之后的影响范围以及网络攻击的可能性等因素，界定基础设施网络安全风险等级的量化标准，分级别制定相关的管理要求。在相关组织机构、部门的统一协调与配合下，我国对关键基础设施能够做到突发事件应急处理和应对预案。

3. 互联网技术产业水平与规模

2015年"两会"期间，李克强总理在政府工作报告中提出制定"互联网＋"行动计划，推动移动互联网、云计算、大数据、物联网等与现代制造业结合。同年7月，国务院印发了《关于积极推进"互联网＋"行动的指导意见》。十八届五中全会公报明确指出实施网络强国战略，实施"互联网＋"行动计划，发展分享经济，实施国家大数据战略。2015年，国务院共出台相关文件达15项，工业和信息化部、国务院互联网信息办公室、工商总局、交通运输部、中国人民银行也有相应的文件出台。互联网发展得到前所未有的重视。

2016年的第三届世界互联网大会上首次推出了旨在充分汇集和展示全球最领先、最前沿的一批互联网新技术、新成果的世界互联网领先科技成果发布活动。经过权威评审人员2个月的多番评选后，最终阿里巴巴＆蚂蚁金服、特斯拉、IBM、卡巴斯基实验室、中科院量子信息与量子科技前沿卓越创新中心、微软、加州大学伯克利分校、百度、中科院计算所、三星电子、国家超级计算无锡中心、SAP、腾讯、华为、高通共15家企业、院校、科研机构带来的15项科技创新成果从全球参与评选的数百家科技企业、高等院校、科研机构申报的500多项互联网领域先进科技成果中脱颖而出，成为自2015年11月至今全球科技创新的典范。从榜单来看，在全球最为顶尖、代表未来科技发展方向的科技创新中，中国科技企业、院校和科研机构已经占据了半壁江山。

阿里巴巴的支付宝、小米手机、腾讯微信等创新成果得到了包括资本市场在内的广泛认同，取得了商业上的巨大成功，产生了强大的社会示范效应。在大众创业、万众创新的氛围下，风投、孵化器、创客空间等遍地开花，利用信息化开展技术创新或商业模式创新已经蔚然成风。传统企业主动运用信息化技术与信息化企业主动进入传统产业交相辉映，成功案例不断涌现，示范效应持续放大。我国基本建成宽带、融合、泛在、安全的下一代国家信息基础设施，提升了对"互联网＋"的支撑能力，促进了"中国制造2025"的实施和网络强国建设。

在互联网技术产业水平与规模显著上升的同时，与西方大国相比，我国虽然已是互联网大国，但由于我国人口众多，分布不均，互联网产业在网络基础、技术水平、社会普及率等核心指标上仍有一定的差距。这对企业创新能力提出了新的要求，也是我国互联网产业发展面临的巨大挑战。我国要从网络大国迈向网络强国，必须通过网络技术创新之路突破对国外技术的模仿，更好地参与到国际竞争中。

4. 经济社会网络化信息化程度

信息化推进经济转型发展正在成为全民共识与全民行动。作为一个发展中大国，我国政府对新技术革命的发展趋势十分重视，制定了多个信息化促进经济转型发展战略，如《2006—2020年国家信息化发展战略》《国务院关于加快培育和发展战略性新兴产业的决定》等。在市场主体层面，信息技术与商业模式的创新取得了巨大成功，并形成了强大的社会示范效应。

中国互联网络信息中心在第三届世界互联网大会上发布了《国家信息化发展评价报告（2016）》（以下简称《报告》）。《报告》指出，从全球范围来看，以美国、英国、日本、中国、俄罗斯为代表的大型经济体具有强大的信息产业基础和庞大的用户市场规模，信息化发展优势明显。我国在信息产业规模、信息化应用效益等方面获得显著进步，信息化发展指数排名近5年得到快速提升，位列全球第25名，首次超过了G20国家的平均水平。与此同时，我国充分发挥在产业与技术创新、信息化应用效益方面的优势，与"一带一路"国家实现协同互补发展。

《报告》内容显示，我国信息化发展呈现出十个方面的显著特点，如：在网络基础设施方面，宽带下载速率和性价比实现大幅提高，宽带普及率和终端普及情况取得显著进步；在产业和技术创新方面，中国网信企业新增数量和市值规模出现爆发式增长；在信息化应用效益方面，"互联网＋"不断促进商务应用跨界融合，移动电商和跨境电商实现迅猛增长；我国信息化发展的政策环境不断优化；等等。

我们也应该看到，虽然信息化推动经济转型取得了重要进展，具备了良好条件，但是仍然面临很多问题与挑战，对此要保持清醒的认识。我国信息化在网络基础设施、终端设备普及率、关键核心信息技术创新、信息化人力资源储备方面与全球信息化发达国家和地区相比仍存在一定差距。在下一步发展中，应在提升互联网普及率、突破信息领域核心技术、提高国民信息素养和健全完善政策措施上做出更大努力。

二、主要成果

由于党和国家对网络技术创新的重视，在一系列制度的保障和政策的激励下，我国网络技术方面取得了令人瞩目的成就，实现了以"核高基"为主要目标的国家核心技术研发能力，形成了以曙光等高性能计算机、龙芯系列 CPU 和拟态计算等为代表的自主创新成果，创造了以电商、互联网金融和 O2O 模式为标志的经济新业态，产生了以"BAT"为龙头的具有全球影响力的技术创新群体，这些成就为我国建设成为网络强国奠定了坚实的技术和产业基础。

（一）实现了以"核高基"为主要目标的国家核心技术研发能力

核心电子器件、高端通用芯片和基础软件三个领域是 21 世纪电子信息产业国际竞争的制高点，是彰显强国地位的重要标志。这三个领域的发展对提升我国电子信息产业核心竞争力至关重要，对行业的发展起着重大的支撑作用，不仅将产生可观的经济效益，也为确保我国网络空间安全奠定坚实的基础。为了在这三个领域取得突破，形成具有国际竞争力的高新技术研发与创新体系，并在全球电子信息技术与产业发展中发挥重要作用，2006 年，《国家中长期科学和技术发展规划纲要（2006—2020 年）》将"核高基（核心电子器件、高端通用芯片和基础软件）"确定为与载人航天、探月工程并列的 16 个重大科技专项中的第一个。经过 10 年的努力，在重大专项的支持下，我国在核心电子器件、高端通用芯片和基础软件三个领域已经取得了系列成果，国家核心技术研发能力有了长足进步。

1. 核心电子器件

2012 年，中国科学院电子学研究所成功完成了两款高可靠性大规模"慧芯"可编程逻辑电路的研制，并于 2012 年 10 月搭载实践 9B 卫星进行在轨试验，首次实现了国产同等级可编程逻辑电路的空间在轨验证。该项目突破了国产大规模可编程逻辑电路空间应用的关键核心技术，填补了国内高等级高可靠性可编程逻辑电路研制领域的空白，促进了高可靠性可编程逻辑电路的国产化进程，对掌握国家层面的战略性高新技术具有重要的意义。

2014 年 5 月，中国航天科技集团公司一院十二所研制的四核并行片上控制系统取得了初步成果，该系统使火箭飞行更加稳定、入轨精度更高，有效提高了火箭的运载能力。2014 年 6 月，国内首个自主研发的"001 号"8 英寸 IGBT（绝缘栅双极型晶体管）专业芯片下线，标志着我国开始打破英飞凌、ABB、三菱等国外公司在技术最为先进、应用最为广泛的第三代器件技术上的垄断，提高了我国轨道交通、智能电网、航空航天、船舶驱动、新能源、电动汽车等高端产业，特别是涉及国家经济安全、国防安全等战略性产业的信息安全自主可控能力。

碳化硅作为第三代半导体材料，可用于制作新一代高效节能的电力电子器件，并广泛应用于武器装备制造和国民经济的各个领域，如空调、光伏发电、风力发电、高效电动机、混合和纯电动汽车、高速列车、智能电网、超高压输变电等。2015 年 1 月，中国科学院物理研究所与北京天科合达蓝光半导体有限公司（以下简称天科合达）合作，成功研制出了 6 英寸碳化硅单晶衬底，打破了国外垄断，填补了国内空白。2015 年 7 月，山东天岳公司自主研制的 4 英寸高纯半绝缘碳化硅衬底产品面世，使我国拥有了自主可控的重要战略半导体材料，它将是新一代雷达、卫星通信、通信基站的核心，并将在机载雷达系统、地面雷达系统、舰载雷达系统以及弹载雷达系统等领域实现应用，打破少数国家一直以来对我国的技术封锁和产品禁运。

近年来，经过自主系统研发，我国石墨烯材料生产技术、工艺装备和产品质量取得重大突破，产业化步伐明显加快。2015 年 11 月，常州二维碳素科技公司推出了全球首款石墨烯压力触控传感器，改变了石墨烯一度只是简单替代传统材料的局面，为软硬件设计提供了充分的想象空间。2016 年 4 月，深圳华讯方舟科技有限公司成功做出世界第一块石墨烯太赫兹芯片，将促进宽带通信、雷达、电子对抗、电磁武器、安全检查领域的全方位变革，该技术目前已处于世界领先位置。

2016 年 5 月，中国科学院微电子研究所成功研制出超高采样率、宽频带的 30Gsps 6bit ADC/DAC 芯片，大大缩短了与先进国家的技术差距，为我国在该领域摆脱国外技术壁垒限制增加了关键性的筹码。2016 年 6 月，北京同方微电子有限公司自主研发的双界面金融 IC 卡芯片 THD88 在获得国际 CC EAL5＋认证后又获得国际 EMVCo 安全资质认证，成为全球唯一一款同时获得CC EAL5＋认证、EMVCo 认证、银联卡芯片产品安全认证和国密二级认证的金融安全芯片，标志着其完全掌握了打开国际市场的"金钥匙"。截至 2015 年年底，THD88 芯片累计出货超过 2000 万颗，应用于国内多家银行，并已在巴基斯坦 HBL 银行、阿联酋 NOOR 银行等海外银行实现发卡。

2. 高端通用芯片

在处理器芯片方面，2010 年，由中国电子科技集团公司、北京国睿中数科技股份有限公司和清华大学联合承担的国家"核高基"重大专项 DSP 课题——"华睿 1 号"专用 DSP 芯片研制成功，填补了我国在多核 DSP 领域的空白，打破了国外厂商的垄断。"华睿 1 号"的研制成功，对提高我国高端芯片的自主研发能力和提升我国电子整机装备研制水平具有重大现实意义和深远影响。2011 年，由中科院计算所牵头承担的"核高基"重大专项"超高性能 CPU 新型架构研究"完成了万亿次新型 CPU 软件模拟的并行化和模块化方法的研究，开发了硬件仿真平台验证万亿次新型 CPU 结构，并提出了适用于研发高性能、高可靠性、低功耗处理器的纳米级集成电路生产工艺指标要求。2013 年海信公司研制完成国内首款网络多媒体电视 SOC 主芯片，2015 年年底又推出了中国首款超高清画质引擎芯片 HI－VIEW PRO，使海信比肩国际巨头三星、索尼，将发展的主动权掌握在了自己手中。2015 年 3 月，中国电子信息产业集团有限公司同时发布了网络交换芯片"智桥"SDN 智能高密度万兆交换芯片和"飞腾"FT－1500A 系列 CPU 处理器，其中 FT－1500A 系列处理器可实现对英特尔中高端"至强"服务器芯片的替代，并广泛应用于政府办公和金融、税务等各行业信息化系统中。2015 年 4 月，长沙景嘉微电子股份有限公司推出了具有完全自主知识产权的图形处理芯片（GPU）JM5400。该芯片全面支持国产 CPU 和国产操作系统，可广泛应用于有高可靠性要求的图形生成及显示等领域。2015 年 5 月，北京北大众志微系统科技有限责任公司推出了基于自主设计的 32 位 X86 兼容处理器的 PKUnity86－3CPU 系统芯片，该芯片可以完全兼容 Windows98/ WindowsXP/ Windows XP Embedded/ Windows7/ Windows Embedded Standard 7/Linux 等操作系统，并流畅运行基于 Windows 操作系统的应用程序，具备强大的多媒体视频编解码能力。2016 年，在"十二五"科技创新成就展上上海兆芯集成电路有限公司展出了兆芯国产 X86 通用处理器，该处理器使国产处理器在性能方面完成了一次跨越式提升，从"十二五"初期的不足国际整体水准的 10% 提升到了目前的 80%。

在存储器芯片方面，2012 年 12 月，承担国家"核高基"重大专项"存储器芯片研发及产业化"的山东华芯半导体有限公司研发成功的 DRAM（动态随机存储器）芯片及模组产品可根据客户不同需求实现不同容量、不同用途的模块组合，还能够符合高端工业控制领域整机厂商对产品的高品质需求，在高端工业控制领域稳占一席之地。该产品荣获 2010 年"中国芯"最具潜质奖、"2010 年度中国半导体创新产品奖"和 2011 年"中国芯"最佳市场表现奖。截至 2012 年 12 月上旬，华芯研发的 DRAM 芯片累计销售超过 1000 万片，产品已成功在服务器、计算机、平板电脑、智能电视、高清机顶盒、工控机等数十款整机上量产应用，并迅速打开国际市场，实现了大批量出口销售。在"核高基"的支持下华芯已经形成了一支高水平的存储器技术创新、产业化和应用推广体系队伍，建立起自主可控的完整存储器集成电路产业链，打破了国外对存储器芯片产业的垄断。

在高端服务器和高性能计算方面，2010 年 7 月，浪潮集团成功突破多项核心技术，研制出核心部件——处理器协同芯片组以及我国第一台 32 路高端容错服务器天梭 K1，使我国成为世界上第三个掌握这一技术和产品的国家。2014 年 8 月，曙光公司正式推出国内首款基于国产"龙芯"处理器，配备曙光自主研发的安全操作系统的全自主可控堡垒主机。2016 年 6 月，在"十二五"科技创新成就展上，华为展出了配备自主研发的 ARM 架构 64 位处理器 Hi1612 的第一台 ARM 平台服务器"泰山"。2013 年 6 月～2015 年 11 月，采用飞腾 1500 处理器的超级计算机"天河二号"连续 6 次居国际高性能计算 TOP500 排行榜第一位，综合技术水平国际领先。

3. 基础软件产品

在操作系统方面，中标软件有限公司和国防科技大学联合研制成功民用、军用桌面操作系统，以及邮件安全防护平台、高级服务器操作系统（虚拟化版）、高可用集群软件、通用服务器操作系统、高级服务器操作系统、安全邮件服务器、安全操作系统、安全云操作系统等系列核心产品，在政务、金融、电力、教育、财税、公安、审计、交通、医疗、制造等多个行业广泛应用，应用地域覆盖了全国 30 多个省、市、区，为实现操作系统领域"自主可控"的战略目标做出了重大贡献。2014 年 8 月 2 日，戴尔宣布计划在多个商用电脑系列产品中预装中标麒麟操作系统，并陆续将该操作系统预装延伸至其他产品线。2010 年 5 月，以普华基础软件有限公司牵头研发的实时嵌入式操作系统及开发环境——汽车电子基础软件平台在上海发布，填补了国内同类产品的空白，对于打破国外技术限制、满足汽车电子领域的重大应用需求，以及对我国汽车工业及相关电控行业的发展具有重要战略意义。2011 年 7 月阿里巴巴集团正式推出了移动智能操作系统 YunOS。YunOS 融合了阿里巴巴集团在大数据、云服务和智能设备操作系统等多领域的技术成果，可搭载于智能手机、智能机顶盒、互联网电视、智能家居、智能车载设备、智能穿戴等多种智能终端，并已应用于多款国产智能终端，如魅族手机、海尔的首款云厨抽油烟机和全球首款量产互联网汽车荣威 RX5 等。2015 年 YunOS 首次超越微软，成为第三大移动操作系统。2016 年 1 季度 YunOS 智能手机新增 1700 万用户，占国内市场份额的 16.08%。

在中间件方面，中创软件研制成功了可定制、可剪裁的网络应用服务运行支撑平台"Loong"，构建了具有自主知识产权的国产中间件技术体系和标准体系，突破了国产中间件标准规范长期受制于人的困境，打破了国外软件在国内市场的垄断地位，为国家"金字号"工程与重大行业应用提供了基础性支撑。2014 年，金蝶中间件公司正式推出了 Apusic 智慧云平台（ACP），以完整的产品集合和技术栈支撑多变的应用、数据、业务逻辑。国产中间件已经形成了比较完整的产品体系，广泛应用于我国政务、交通、金融、证券、保险、税务、电信、教育、军事等行业或领域的信息化建设，并成为大型应用系统建设不可缺少的一环。

在数据库方面，2012 年 5 月，达梦数据库有限公司成功开发的具有完全自主知识产权的大型通用商业数据库管理系统成为国内首个通过《信息安全技术数据库管理系统安全技术要求》（GB/T 20273—2006）第四级结构化保护级认证的数据库管理系统，成功应用于上海浦东政务云、三峡地质灾害云、湖北公安云、商务部产业安全云、成都电子政务云、浙江人口口云、中国环境监测云、盛大文化产业云等重大项目。2013 年 6 月由北京人大金仓信息技术股份有限公司联合中国人民大学和用友软件股份有限公司攻克了数据库系统的系列关键核心技术，研发的大型通用数据库管理系统通过《信息安全技术 数据库管理系统安全技术要求》（GB/T 20273—2006）第四级结构化保护级的认证，形成了具有自主知识产权的商务智能、数据仓库、GIS 等数据库系列相关核心产品。

在基础应用方面，2013 年 3 月，金山办公软件 WPS 通过技术创新具备了替代国外同类产品的能力，为国内其他办公软件探索出可供借鉴的互联网发展路径。其国内市场份额超过 20%，并以质优价低的优点推动着软件正版化的进程。2015 年 12 月，海信集团发布了"海信 CAS 计算机辅助手术系统"，该系统能够将肝脏病患的 CT 数据变成三维的数字肝脏，指导临床手术，从而实现数字化精准医疗。2016 年 5 月，中国气象局国家气象中心、国家气象信息中心和清华大学大数据中心联合研制的气象大数据管理系统 MICAPS 4.0 在全国气象部门正式业务化。在数据量是原先几十倍甚至上百倍的基础上，使用该系统后数据从产生到被预报员看到的时间从几小时缩短至几分钟甚至几秒钟，这使得未来的天气预报范围可以精准到公里，时间则可以精确至分钟。

在"核高基"重大专项的支持下，近年来不仅在核心器件、高端通用芯片和基础软件产品各个方面取得骄人成绩，更重要的是构建了国产可控的自主生态体系。由曙光、长城、联想和浪潮等多家企业负责，纵向整合中电集团、华芯、北大众志、中科院、清华大学等芯片研究单位，以及中标软件、阿里巴巴、中创软件、人大金仓、达梦等软件企业，形成了一个较为完整的产业链体系，并已经具备一定的市场规模，能够满足国家安全和国民经济安全信息化的基本需求；在党政军办公、事务处理（如工商税务）、实时调度（如电力调度、铁路调度）等领域实现自主信息化，为保障我国的网络空间安全提供了自主可控的技术和产品储备。

（二）形成了以神威、龙芯和拟态计算为代表的自主创新成果

随着计算机和网络技术的发展和普及，我国各行各业对计算能力和计算机网络安全可控的要求越发迫切。为了满足我国科技、经济和国防发展的需要，经过广大科技工作者 20 多年的努力，形成了以神威系列高性能计算机、龙芯系列 CPU 和拟态计算为代表的自主创新成果。这些成果极大地促进了我国各领域科技的发展和经济的繁荣，有力地保障了我国国防安全和社会稳定。

1. 神威系列高性能计算机

神威系列高性能计算机是由国家并行计算机工程技术研究中心研制的高性能计算机。1999年8月，我国研制的"神威一号"高性能计算机问世，在当时全世界已投入商业运行的前500位高性能计算机中排名第48位，能模拟从基因排序到中长期气象预报等一系列高科技项目的实验结果。它的成功研制表明我国具备了研制高性能计算机的能力。之后，国家并行计算机工程技术研究中心又相继研制出"神威3000A"和"神威二号"等高性能计算机。2010年年底，"神威·蓝光"高性能计算机研制成功。该计算机全部采用自主研发制造的"神威1600A"多核高性能处理器，在我国高性能计算机发展史上具有里程碑意义，是我国以国产微处理器为基础制造出的第一台超级计算机。"神威·蓝光"实现了高效能计算，其功耗低于克雷公司制造、安装在美国能源部橡树岭国家实验室的美洲虎超级计算机。2016年6月，在法兰克福世界超算大会（ISC）上，新一代神威系列高性能计算机"神威·太湖之光"登顶TOP500榜单之首，成为世界上首台运算速度超过十亿亿次的超级计算机，其采用的处理器是全国产的"中国芯"——申威26010，该处理器也成为我国自主研发、打破技术封锁的利器。2016年11月14日，新一期全球超级计算机500强（TOP500）榜单，"神威·太湖之光"以较高的运算速度优势轻松蝉联冠军。算上此前"天河二号"的六连冠，我国已连续四年登上全球超算排行榜的最高席位。

神威系列高性能计算机已经成功应用在气象预报、石油勘探、基因研究、药物研发、航天等方面。如依托"神威·太湖之光"，以清华大学为主体的科研团队首次实现了百万核规模的全球10公里高分辨率地球系统数值模拟，全面提高了我国应对极端气候和自然灾害的减灾防灾能力；国家计算流体力学实验室对"天宫一号"返回路径实现了精确预测；上海药物所缩短了药物筛选和疾病机理研究的计算时间，加速了白血病、癌症、禽流感等的药物研发进度。这些证明了我国不仅有能力开发，而且能成功地应用高性能计算机。2016年11月，我国新一代超级计算机项目"神威E级计算机原型系统"项目正式启动，目标是将计算速度提高到全新的E级（Exascale，1000PFlops），即每秒百亿亿次浮点计算，将充分验证国产核心技术和创新技术的高效性。

目前，我国已经发展出以神威系列、天河系列、曙光系列和深腾系列为代表的高性能计算机谱系。

2. 龙芯系列处理器

龙芯是中国科学院计算所自主研发的通用 CPU。从 2002 年"龙芯 1 号"研制成功至今，已经发展了三个系列的龙芯 CPU，即"龙芯 1 号""龙芯 2 号"和"龙芯 3 号"，分别对应超低功耗嵌入式芯片、低功耗 SoC 与主流 PC、服务器 CPU 等目标市场。

"龙芯 1 号"CPU 的首片芯片 XIA50 于 2002 年 8 月 10 日流片成功，打破了我国无"芯"的历史，标志着我国已打破国外垄断。"龙芯 1 号"主要瞄准超低功耗嵌入式芯片市场，迄今已经研制成功了龙芯 1A、1B、1C、1D 等一系列低功耗 SoC 芯片。2015 年 3 月，我国发射的第 17 颗北斗导航卫星首次采用了龙芯抗辐射加固处理器——龙芯 1E 和龙芯 1F 处理器芯片。2016 年 4 月，我国首颗微重力科学实验卫星"实践十号"发射成功，其载荷管理器和载荷电控箱的计算机单元全部使用龙芯抗辐射加固处理器。

"龙芯 2 号"CPU 于 2003 年正式完成并发布，其采用先进的四发射超标量超流水结构，功耗低于国外同类芯片。使用"龙芯 2 号"系列处理器，已经分别生产出了 Linux 台式机——Municator、福珑 2E 迷你电脑、福珑 2F 迷你电脑和龙梦逸珑笔记本电脑。2007 年 12 月 26 日，我国首次采用国产龙芯 2F CPU 芯片研制的万亿次级高性能计算机系统 KD－50－I 通过鉴定。2008 年，曙光公司推出了基于"龙芯 2 号"的防火墙产品，实现了从软件到硬件、从整机到芯片的完全自主知识产权。2009 年，面向笔记本电脑与手机客户等桌面和移动计算、工控、媒体和网络通信等领域的龙芯 2G 完成流片。2012 年年底，面向笔记本电脑、平板电脑等移动终端的龙芯 2H 完成流片。

"龙芯 3 号"是龙芯系列 CPU 芯片的第三代产品，包括单核、4 核与 16 核三款产品，分别用于桌面计算机、高性能服务器等设备。2009 年 9 月 28 日，我国首款四核 CPU 龙芯 3A（代号 PRC60）流片成功，该芯片达到了世界先进水平。2011 年 9 月 19 日，曙光公司发布基于国产龙芯 3A 四核处理器的龙腾机架服务器、存储服务器以及塔式服务器。2012 年 8 月，配置龙芯 3A 四核处理器的逸珑 8133 笔记本电脑上市。2014 年 5 月，曙光公司成功研制出基于龙芯 3A 四核/3B 六核处理器、面向桌面应用的计算机——曙光龙腾 L200。2012 年 10 月，主要用于高性能计算机、高性能服务器、数字信号处理等领域的八核 32 纳米龙芯 3B 1500 流片成功。2012 年 12 月，我国首台自主设计的龙芯 3B 八核处理器万亿次高性能计算机 KD - 90 研制成功。2014 年 4 月，龙芯公司推出了龙芯 3B 六核桌面解决方案。2015 年 8 月，龙芯新一代高性能处理器架构 GS464E 正式发布，同时发布了龙芯 3A2000/3B2000。

3. 拟态计算机

拟态计算机是通过基于认知的元结构的拟态变换生成应用目标所需的物理解算结构集合，依靠动态变结构、软硬件结合实现的一种新概念高效能计算机。基于传统结构的高性能计算机虽然运算速度惊人，但由于运算过程中仅使用单一计算结构处理所有应用问题，其实用效能不足 10%。针对该问题，中国工程院邬江兴院士融合仿生学、认知科学和现代信息技术，首次提出了基于拟态计算的主动认知可重构体系结构，并于 2013 年 9 月成功研制出世界首台结构动态可变的拟态计算机。拟态计算机在应用处理的全过程中随事务处理全过程的计算需求动态变化其计算、存储、互联等物理执行结构，使当前计算结构处于能满足计算需求的最优结构，其最大特点是通过计算机结构技术实现高效能。测试表明，拟态计算机典型应用的能效比一般计算机可提升十几倍至上百倍。

拟态计算机的研制成功是我国高效能计算机体系结构的突破，使我国计算机领域实现了从跟随创新到引领创新、从集成创新到原始创新的跨越。借助拟态计算机结构动态可变的思想，我国科学家还提出了拟态安全防御理论，并研发出系统级、标志性成果——基于拟态防御原理的路由/交换机和 Web 服务器两个原理验证系统。拟态安全防御大大提高了计算机系统的安全性，是我国主动防御体系研究的重大创新，对于我国自主可控战略的实施具有重要意义。

4. 可见光通信

相对于日本、欧洲和美国，我国可见光通信领域的研究起步较晚，但经过近年来的努力，已经极大地缩小了与国际先进研究成果的差距，在部分方面甚至达到了国际领先水平。目前，国内在可见光通信的误码率和速率两个最关键的指标上已经取得了系列成果。如北京邮电大学提出的均衡电路将可见光通信系统的 E/O/E 带宽扩展至 220MHz，在 553Mbit/s 的 OOK 信号传输实验中系统误码率

小于 $2×10^{-3}$；南京邮电大学提出的多用户 MIMO 可见光通信系统在通信速率 100Mbit/s 的条件下误码性能达到了 10^{-6} 的数量级；2013 年，复旦大学研发出离线数据传输速率为 3.75Gbit/s 的可见光通信技术，创造了世界纪录，并实现了一盏 1W 的 LED 灯同时供 4 台计算机上网的可见光通信系统样机，最高速率可达 3.25G，平均上网速率达到 150M，堪称世界最快的"灯光上网"，通信系统样机亮相于 2013 年上海工业博览会；2015 年 12 月，我国"863 计划"项目"可见光通信系统关键技术研究"又获得重大突破，将可见光实时通信速率提高至 50Gbit/s，是当时公开报道的国际最高水平的 5 倍，使我国在可见光通信领域的研究处于国际领先水平。2014 年 8 月，中国可见光通信产业技术创新与应用联盟成立，其将整合资源，聚集力量，健全机制，协同创新，加速推进我国可见光通信的技术研发、标准制定和产业化应用。

（三）创造了以电商、互联网金融和 O2O 模式为标志的经济新业态

近年来，随着全球金融危机的爆发，世界经济陷入低迷，许多传统行业的企业和商家濒临破产或倒闭。这期间，在中央经济政策的指导下，我国经济安全平稳地度过危机，并仍然保持着较高的增长速度。尤其是借助互联网的发展和应用，互联网经济高速发展，呈现出蓬勃的生机，创造了以电子商务、互联网金融和 O2O 为标志的经济新业态。

1. 电商"野蛮生长"

我国电子商务的发展起始于 20 世纪 90 年代，从优化业务活动或商业流程的工具成长为众多企业和个人新的交易渠道，是信息经济重要的基础设施或新的商业基础设施，兴起为蓬勃发展的电子商务经济体。

从 1995 年 5 月 9 日，马云创办中国黄页，成为最早为企业提供网页创建服务的互联网公司开始，之后 8848、携程网、易趣网、阿里巴巴、当当网等一批电子商务网站先后创立。截至 2000 年，国内诞生了 700 多家 B2C（企业对消费者，Business to Consumer）网络公司。但随着 2000 年互联网泡沫的破灭，一大批电子商务企业倒闭。这一时期，我国电子商务以企业间电子商务模式探索和发展为主，电子商务主要作为优化业务活动或商业流程的工具，如信息发布和交流等。

直至 2003 年，"非典"的肆虐让电子商务迎来了一个新的发展阶段。2003 年 5 月，C2C（消费者对消费者，Consumer to Consumer）电子商务平台淘宝网成立。2003 年 12 月，B2B（企业对企业，Business to Business）电子商务平台慧聪网在香港创业板上市，成为国内 B2B 电子商务首家上市公司。为了鼓励电子商务的发展，国家陆续出台了一系列法规政策，包括《中华人民共和国电子签名法（草案）》《关于加快电子商务发展的若干意见》（国办发〔2005〕2 号）、《电子商务发展"十一五"规划》。2007 年，我国网络零售交易规模达 561 亿元，电子商务已经成为许多企业和个人新的交易渠道。

2010 年 10 月，麦考林登陆纳斯达克，成为我国内地首家 B2C 电子商务概念股。之后，当当网、唯品会等相继在纽约交易所上市。2012 年度淘宝和天猫的交易额突破 10 000 亿元；2013 年，阿里巴巴和银泰集团、复星集团、富春集团、顺丰速运等物流企业组建了"菜鸟"，计划在 8～10 年内建立一张能支撑日均 300 亿元网络零售额的智能物流骨干网络，实现全国范围 24 小时内送货必达。这一时期，我国电子商务的发展极大地改变了消费行为、企业形态和社会创造价值的方式，有效地降低了社会交易成本，促进了社会分工协作，引爆了社会创新，提高了社会资源的配置效率，深刻地影响着零售业、制造业和物流业等传统行业，成为信息经济重要的基础设施或新的商业基础设施。

2013 年，我国电子商务交易规模突破 10 万亿元，网络零售交易规模达到 1.85 万亿元，相当于社会消费品零售总额的 7.8%，超越美国，成为全球第一大网络零售市场。2014 年 2 月，中国就业促进会发布的《网络创业就业统计和社保研究项目报告》显示，全国网店直接就业总计 962 万人，间接就业超过 120 万人，成为创业就业新的增长点。2014 年，聚美优品、京东集团和阿里巴巴等相继在美国上市，其中阿里巴巴成为美国历史上融资额最大规模的 IPO（首次公开募股）。2014 年，我国快递业务量接近 140 亿件，跃居世界第一。2015 年，我国跨境电商交易规模达 5.4 万亿元，电商平台引入美国、欧洲、日本、韩国等 25 个国家和地区的 5000 万种折扣商品，售卖到 64 个国家和地区。随着"一带一路"战略的实施，我国电子商务尤其是跨境电子商务的发展正面临着新的历史机遇。同时，阿里巴巴、京东、苏宁等电商企业深入推广农村电商，深挖农村市场消费潜力，促进农业产品的线上交易。

电子商务的蓬勃发展促进了宽带、云计算、IT 外包、网络第三方支付、网络营销、网店运营、物流快递、咨询等服务业的发展，加速了传统产业的转型升级，对经济和社会的影响日益强劲，一个充满生机、具有一定规模的电子商务经济体正在兴起。

2. 互联网金融扩张

我国互联网金融的发展历程要远远短于美欧等发达经济体，但是近年来随着互联网的发展及其向金融领域的渗透，互联网金融已在我国蓬勃兴起。现阶段，我国互联网金融有网上银行、第三方支付、P2P（个人对个人，Personal to Personal）网络借贷和众筹等多种多样的业务模式。

从 1996 年我国一家银行首次将传统银行业务延伸到互联网上开始，网络银行在我国发展迅速。2008 年，我国网络银行的交易额达到 285.4 万亿元；2014 年，我国网络银行市场整体交易规模达到 1549 万亿元人民币；截至 2014 年年末，中国网络银行个人客户数达到 9.09 亿户，企业客户达到 1811.4 万户。2015 年网上银行交易额达到 1600.85 万亿元。目前，我国网络银行已积累起较为稳定的用户群，为银行业拓展电子商务市场奠定了坚实的基础，业务分类和市场定位日益清晰和成熟。

我国第三方支付服务起步于 2000 年，"井喷"于 2005 年，之后随着电子商务的"野蛮"增长而迅速发展。2010 年，中国人民银行将第三方支付纳入国家监管体系。截至 2015 年 9 月 8 日，中国人民银行共发放了 270 张第三方支付牌照，促进了支付服务市场的健康发展。目前，已经有支付宝、财付通、易付宝等一系列核心第三方支付企业。根据 iResearch（艾瑞）咨询统计数据，2015 年我国第三方互联网支付交易规模达到 11.867 45 万亿元人民币。当前，第三方支付企业正大力拓展线上线下渠道，鼓励线下商户开通移动支付服务，同时开通外币支付业务，积极拓展海外消费支付市场。此外，还与个人征信联动构建信用消费体系。2015 年年初，包括芝麻信用、腾讯征信、拉卡拉信用等在内的 8 家机构获得央行个人征信业务牌照，规范和完善了网上信用消费的支付环境。

自 2007 年 8 月我国第一家 P2P 网络借贷平台拍拍贷成立之后，我国的 P2P 网贷行业发展迅猛。2014 年上半年，我国 P2P 网贷行业交易额接近 2013 年全年成交金额总量，达到 1000 亿元，P2P 网贷平台数量已超过 1200 家，整体累计借款人数 18.9 万人，累计投资人数 44.36 万人。之后，P2P 网络借贷行业进入整合阶段，大量实力较弱的企业逐步被淘汰整合，一些实力雄厚、信用良好的 P2P 网络借贷企业脱颖而出。2015 年，行业正常运营平台数为 1962 家，全国 P2P 网贷成交额突破万亿，达到 11 805.65 亿元，历史累计成交额 16 312.15 亿元。至今，我国的网络借贷平台已经超过 2000 家。不到十年的时间，我国 P2P 金融从无到有，并展现出强劲的发展后劲，甚至已经成为很多国外机构学习的对象。2014 年 1 月，国务院办公厅印发《关于加强影子银行监管有关问题的通知》（107 号文），将 P2P 网络信贷行业归入"影子"银行，正式将 P2P 行业纳入央行监管。2015 年 12 月，银行业监督管理委员会会同工业和信息化部、公安部、国家互联网信息办公室等部门研究起草了《网络借贷信息中介机构业务活动管理暂行办法（征求意见稿）》，将进一步规范网络借贷信息中介机构业务活动，促进 P2P 网络借贷行业健康发展，更好地满足小微企业和个人投融资需求，对产业结构转型具有重要意义。

2011 年 7 月国内第一家众筹平台上线，标志着我国互联网众筹行业的开端。从 2014 年开始，随着互联网金融概念的爆发，众筹平台数量显著增长，截至 2015 年 12 月底，全国共有 354 家众筹平台，其中股权类众筹平台数量达 121 家。2014 年，股权众筹平台的成交额超过之前历年总和的 5 倍，迈上十亿元人民币的台阶。2014 年 11 月 19 日，国务院总理李克强提出"开展股权众筹融资试点"，给予股权众筹明确定位。之后，一系列法律规定和政策文件陆续出台，促进了我国股权众筹行业的良性发展。2015 年 10 月 31 日，作为中韩两国金融合作的内容之一，中韩双方考虑在山东省开展股权众筹融资试点。互联网众筹的发展有效提高了社会资金使用效率，鼓励了大众创新创业。

经过多年的发展，我国互联网金融行业已度过早期的"野蛮"发展阶段，在一系列有关互联网金融的法律法规和政策文件的指导下，我国互联网金融正在法律框架下走上健康发展的轨道。随着人们对互联网金融认识的深入，我国互联网金融发展的模式、内容也将不断得到创新和丰富，为我国建设成为创新型国家发挥重要作用。

3. 线上线下相得益彰

O2O（线上对线下，Online to Offline）的概念由 Alex Rampell 于 2011 年 8 月提出，其将线上电商与线下传统商业实体结合起来，把线下商店的消息推送给互联网用户，从而将他们转换为线下客户。O2O 在我国发展极其迅速，从最开始的餐饮服务类行业迅速发展并很快涵盖了旅游、交通、服装、百货、电影、生活服务等诸多行业。

作为典型的 O2O 应用，团购市场占整体 O2O 市场的比重较大。2011 年，我国 O2O 市场交易规模达到 562 亿元人民币，其中团购市场交易规模达到 110 亿元人民币。近年来，在腾讯、百度等互联网企业战略投资的推动下，团购网站更进一步深入布局 O2O 市场，不断提升用户体验，创造出许多满足不同人群、不同需求的业务产品。餐饮是我国最早开展 O2O 的行业之一。截至 2015 年 12 月，网上外卖用户规模达到 1.14 亿人，占网民总体的 16.5%。网上外卖在 2015 年明确了以短途物流为核心价值的生态化平台模式，由单一商户的外卖配送业务模式向一家专业外卖配送平台对接多家商户的产业集群模式转型，并实现了高速发展。旅游是我国 O2O 迅猛发展的另一个行业。截至 2015 年 12 月，在网上预订过机票、酒店、火车票或旅游度假产品的网民规模达到 2.60 亿人。随着我国居民旅游需求逐渐增长，以及越来越多的国家针对中国游客推出便利的签证政策，旅游 O2O 市场的规模将进一步扩大。交通 O2O 无疑是近年来对人们的生活影响最大的创新领域之一。目前交通 O2O 主要集中在打车、专车、拼车、代驾、巴士、租车等领域，涌现出滴滴、优步、神州、e 代驾等交通 O2O 平台。2014 年我国城市交通 O2O 市场交易规模已达到了 206.8 亿元。2014 年，交通运输部发布《关于促进手机软件召车等出租汽车电召服务有序发展的通知》，肯定了打车软件的合法地位。预计到 2017 年，我国城市交通 O2O 市场交易规模将出现井喷，增长至 876.7 亿元人民币，并将继续保持平稳增长。

在 O2O 模式下，线上和线下相互渗透，盘活了市场剩余资源，推动了传统商业的转型升级，有力地促进了行业间相互协作，并拓展了市场空间。为了鼓励我国 O2O 市场的进一步发展，2015 年 9 月，国务院办公厅颁布了《关于推进线上线下互动　加快商贸流通创新发展转型升级的意见》，指出要加大对线上线下企业的财税及金融支持力度，支持不同类型、不同发展阶段线上线下互动企业的融资。随着各大资本投资力度的加强，我国 O2O 市场被认为是下一个亿万级超级市场。

（四）产生了以"BAT"为龙头的具有全球影响力的技术创新群体

我国科技的进步和经济的发展离不开努力奋斗在一线的科技工作者，他们把握时代发展的脉搏，站在科技发展的最前沿，紧抓来之不易的发展机遇期，在以大数据分析、云计算、人工智能、物联网等为代表的最新科技领域取得了举世瞩目的科技成果，形成了以"BAT"为龙头的具有全球影响力的技术创新群体。

1. 世界上最大的中文搜索引擎

百度公司由李彦宏2000年1月创立于北京中关村，已经发展成世界上最大的中文搜索引擎、最大的中文网站。百度掌握着世界上先进的搜索引擎技术，我国也成为除美国、俄罗斯和韩国之外全球第四个拥有搜索引擎核心技术的国家。

搜索技术是百度起家的基础，百度公司致力于功能性搜索、社区搜索、垂直搜索等中文网络世界的搜索需求。2003年7月，百度推出新闻和图片两大技术化搜索引擎，从1.5亿页中文网页中提取图片，建立了世界第一大中文图片库，巩固了百度国内中文第一搜索引擎的行业地位。2003年12月，百度又陆续推出地区搜索、文档搜索、"百度贴吧""百度知道"和"百度百科"等社区知识搜索以及权威法律搜索、博客搜索、视频搜索、图书搜索和专利搜索等各个行业的垂直搜索引擎。百度还打破了传统搜索中以关键词为依据的界限，积极研究基于图像和音频识别等的搜索技术。其人脸识别和中文语音识别技术已经应用于电子商务、公益和医疗等多个领域。百度已建立全国范围内失踪儿童与流浪儿童的开放数据库，利用人脸识别技术迅速匹配孩子的照片，帮助家长和热心网友第一时间获取失散儿童信息。百度语音识别系统DeepSpeech可以在嘈杂环境下实现超过80％的辨识准确率，远远超过Google语音识别系统。百度语音技术目前已成功跻身中文语音搜索识别技术的世界领先地位，2016年获评全球十大突破技术。

随着移动互联网时代的到来，百度也不断向移动领域扩展，陆续推出网页版移动搜索、百度移动搜索APP以及百度手机地图和百度语音助手等创新性应用技术，形成了全方位、立体化的产品矩阵与完整布局。2012年10月，百度正式成立了LBS（基于位置的服务）事业部，负责包括百度地图、百度身边及百度路况等移动互联网项目，打通产业链上下游，共享用户和信息市场。百度地图充分利用其室内定位的领先技术，使得将室内外步行打通成为可能。百度还拥有全球领先的机器翻译技术，"百度翻译"APP已经能够支持10个语种、32个翻译方向。2013年，百度布局人工智能，成立全球首家深度学习研究院，后扩充为百度研究院，招募斯坦福大学人工智能实验室主任、"谷歌大脑之父"吴恩达等人工智能顶级专家，建成了全球最大的深度神经网络"百度大脑"，同谷歌、微软等企业争夺人工智能技术制高点。

经过十多年的努力，百度在搜索引擎、计算机视觉、智能语音处理、自然语言理解、大数据分析、人工智能等关键技术上积累了深厚的优势，不仅将其应用于搜索、无人车、体育、娱乐、教育、电子商务、医疗等领域，还将创新应用于盲人、老年人等特殊群体帮扶、环境保护、灾难救助等公益领域。美国权威杂志《麻省理工科技评论》（*MIT Technology Review*）评选出的 2016 全球"50 家最聪明的公司"中，百度名列第二。他们对百度予以这样的评价："百度在核心的搜索业务之外，语音识别、人工智能技术领域的积累已经让百度在语音识别上可与真人相媲美，并且百度在硅谷成立自动驾驶研发部门，也是视觉识别、传感器等领域的领先企业。"

2. 世界上最大的电子商务平台

阿里巴巴集团是由马云等人于 1999 年在杭州创立的。在阿里巴巴集团发展的过程中，逐渐形成了一支优秀的技术团队，依托其电子商务运营中产生的庞大数据和丰富的经验，在云计算、大数据、中间件、人工智能、操作系统、AR 和 VR 等方面取得了一系列优秀的核心技术成果。

随着互联网技术的发展与普及，越来越多的人接受并参与电子商务活动。2008 年，激增的用户及其产生的数据使得早期简单的 IOE（以 IBM 为代表的主机、以 ORACLE 为代表的关系型数据库，以及以 EMC 为代表的高端存储设备）模式的电子商务平台已经成为制约电子商务发展的主要瓶颈。当年，阿里巴巴提出了"去 IOE"的概念，组建团队开发自己的分布式系统，并提出了"数据"和"云计算"两大战略。2013 年 7 月 10 日，阿里巴巴宣告其真正实现了"去 IOE"，为我国实施国产化安全可控战略提供了一个成功的范本。

2013 年 8 月 15 日，阿里巴巴集团正式运营服务器规模达到 5000（5K）的"飞天"集群，成为中国第一个独立研发拥有大规模通用计算平台的公司，也是世界上第一个对外提供 5K 云计算服务能力的公司。"飞天"5K 单点集群远超 2013 年 7 月 1 日雅虎在 Sort Benchmark 排序测试 Daytona Gray Sort 所创造的世界纪录——100TB 排序完成时间约 71 分钟。2013 年 12 月，阿里云计算获得全球首张云安全国际认证金牌（CSA‑STAR）。在"飞天"研发的过程中，阿里技术团队逐步具备了自主技术和云计算构成的综合技术服务能力。目前，阿里的云计算平台不仅成功应用于电子商务平台，也已经成功应用于企业 ERP、金融业务、电子政务、游戏、移动 APP、气象预报、交通管理等众多领域。2016 年 4 月，韩国第三大跨国企业 SK 集团和阿里巴巴集团合作，为东亚乃至全球企业提供云计算资源和产品。2016 年 5 月，阿里巴巴集团和日本软银公司合作，进军日本云计算市场。

近两年阿里巴巴开始涉足 VR/AR（虚拟现实，Virtual Reality，VR；增强现实，Augmented Reality，AR）领域，2016 年 3 月宣布成立 VR 实验室，推动 VR 内容培育和硬件孵化，加快 VR 设备的普及，引领未来购物体验，并协同旗下的影业、音乐、视频网站等推动高品质 VR 内容产出。阿里 VR 实验室成立后的第一个项目是"造物神"计划，目标是建立世界上最大的 3D 商品库，加速实现虚拟世界的购物体验。2016 年 1 月，阿里巴巴旗下优酷土豆上线 360°全景视频，并于全国"两会"期间推出了 VR 版"两会"节目点播。2016 年 5 月，阿里巴巴上线了手机 VR 视频互动，使得用入门级的 VR 眼镜装备就可以做到与明星在虚拟世界互动。另外，阿里巴巴还推出了 VR 产品"试妆台"，使用户可以实时体验不同化妆品的使用效果。未来，阿里巴巴有望成为全球较大的 VR 设备销售平台和硬件孵化器，并协助行业建立智能硬件标准。

3. 世界上最大的华人社交网站

腾讯公司由马化腾、张志东、许晨晔、陈一丹、曾李青五位创始人于 1998 年 11 月在深圳共同创立，其全称是深圳市腾讯计算机系统有限公司。现在腾讯已经是中国最大的互联网综合服务提供商之一，维护着世界上最大的华人社交网站——QQ 空间。以 QQ 空间为基础，腾讯公司在大数据、云计算、网络安全等领域取得了系列创新成果和应用。

作为中国互联网的三巨头之一，腾讯拥有庞大的即时通信用户群。2014 年 4 月，腾讯 QQ 同时在线用户数突破两亿人。2015 年 6 月底，微信和 WeChat 合并，月活跃用户数已达 6 亿人。要为如此大规模的用户提供互联网服务，包括文本、语音、图像、视频以及各种格式文档的存储和传递，必然需要一个强大的数据中心体系作为支撑。腾讯公司从 2006 年开始建设数据中心，如今已经历了四代发展历程。第一代数据中心采用的是传统的电信解决方案，数据中心 PUE

（能效比）为 1.6 左右；第二代数据中心全面转向超大规模数据中心，采用了当时国际上最为先进的自然冷却等节能技术，PUE 降至 1.4；2014 年 9 月，腾讯首次公开发布自主研发的以"微模块"为核心技术的第三代数据中心技术 TM-DC（Tencent Modular Data Center，腾讯的微模块）。TMDC 解决了传统数据中心建设周期冗长、配合复杂等问题，可快速、灵活部署，有效提升了数据中心运营整体的稳定性和安全性。截至 2014 年，TMDC 数据中心已经申请了近 20 件专利。目前，腾讯公司已经全面推广以 TMDC 为核心的第三代数据中心，这一建设模式已经在深圳联通、深圳电信、上海电信等大型数据中心合作推广。腾讯第四代数据中心 T-block 的大部分新技术还处于研发试验阶段，其以集装箱为载体实现全数据中心的模块化建设，承担着腾讯将数据中心全面产品化的使命。

腾讯公司从 2009 年开始自主研发腾讯分布式数据仓库（TDW），2011 年正式发布上线。到 2013 年年初，TDW 完成了对腾讯公司内部几乎全业务的覆盖。期间，腾讯公司又研发了实时数据接入和分发系统 TDBank（Tencent Data Bank）、腾讯实时计算平台 TRC（Tencent Real-time Computing）和统一资源调度平台 Gaia。TDBank、TDW、TRC 和 Gaia 构成腾讯大数据平台的四个核心模块。在四个模块的支持下，腾讯大数据平台已应用于腾讯的广告精准推送、在线视频、新闻推荐、实时多维分析、秒级监控、腾讯分析、"信鸽"等诸多业务，并已经开放给外部第三方开发者。

2010 年 12 月，腾讯公司与清华大学共同建立了清华-腾讯互联网创新技术联合实验室，在搜索引擎、社区化组织、数据运维、IP 地址定位和街景全景图视觉效果增强等尖端信息技术研发领域展开深入研究。2015 年，腾讯公司成立了腾讯智能计算与搜索实验室，致力于搜索技术、人工智能、自然语言处理、海量计算系统架构等领域，并将成果应用至相关业务，实现先进科技到互联网产品的转化。

三、我国网络技术创新的主要特点

党的十八大以来，党中央把创新摆在国家发展全局的核心位置，高度重视科技创新，围绕实施创新驱动发展战略、加快推进以科技创新为核心的全面创新，提出一系列新思想、新论断、新要求。在创新驱动发展的大背景下，我国主动探索网络技术创新发展的特点、规律，采取了以推进政府引导创新、支持企业自主创新、鼓励社会开放创新、促进多体协同创新等为代表的一系列重大举措。在网络科技的一些领域，我国正在由跟跑者变为同行者，甚至是领跑者，取得了一系列举世瞩目的成就，正走出一条具有中国特色的网络技术创新发展之路。

（一）政府引导创新

政府对技术创新起着支持和引导作用。改革开放以来，我国科技体制改革紧紧围绕促进科技与经济结合、科技与国家安全和发展利益结合，以加强科技创新、促进科技成果转化和产业化为目标，采取了一系列重大改革措施，特别是党的十八大提出实施创新驱动发展战略，引导和鼓励自主创新，加大自主创新投入支持力度，为网络技术创新提供了宽松的政治环境，体现了社会主义制度的优越性。

1. 中国特色社会主义是推动网络技术创新的制度保证

技术创新作为一种知识密集型、资金密集型、人力密集型的科技活动，需要良好的政治环境予以保障。"集中力量办大事"是社会主义制度优越性的充分体现。新中国成立后，国家实施计划经济，政府是资源配置的主体，事关国家安全利益的重大科技创新活动在举国体制下得到有力保障，"两弹一星"等重大自主创新成果都是在中央政府的强力主导下取得的。自改革开放以来，我国初步建立了社会主义市场经济体制，市场成为资源配置和调整供需的主要力量。互联网经济蓬勃发展，网络技术创新需要充分调动更多创新主体的积极性，这就需要政府从微观协调转向宏观调控，通过改革体制机制，重塑和优化国家科技创新系统环境。从 20 世纪 90 年代开始，中国围绕科技创新制定了一系列行之有效的政策措施，如 1993 年实施的"211"工程、1996 年的"技术创新工程"和 1997 年的国家重点基础研究发展规划（"973 计划"）。2013 年 3 月，中共中央总书记习近平在科学技术协会、科技界委员联组会上强调要坚定不移地走中国特色自主创新道路，深化科技体制改革，不断开创国家创新发展新局面，加快从经济大国走向经济强国。

在网络空间建设领域，中国特色社会主义制度的优越性得以充分体现，新一届中央领导审时度势、果断决策，成立了高规格的中央网络安全与信息化领导小组，统一领导协调国家网络安全和信息化的各项工作，从战略全局的高度提出网络强国战略，特别指出技术强国是网络强国战略的基础，明确要求要有自己的技术，有过硬的技术。2014 年 6 月 9 日，习近平总书记在中国科学院第十七次院士大会、中国工程院第十二次院士大会上讲话时指出，"在推进科技体制改革的过程中，我们要注意一个问题，就是我国社会主义制度能够集中力量办大事是我们成就事业的重要法宝。我国很多重大科技成果都是依靠这个法宝搞出来的，千万不能丢了！要让市场在资源配置中起决定性作用，同时要更好发挥政府作用，加强统筹协调，大力开展协同创新，集中力量办大事，抓重大、抓尖端、抓基本，形成推进自主创新的强大合力。"

当前，中国已成为世界第二大经济体，开放、稳定的政治、经济和社会环境为技术创新提供了稳定的科技政策和投入。据初步统计，2015 年国家研发经费投入总量为 1.4 万亿元，比 2012 年增长 38.1%，年均增长 11.4%；按汇率折算，中国研发经费继 2010 年超过德国之后，2013 年又超过日本，目前中国已成为仅次于美国的世界第二大研发经费投入国家。2015 年中国研发经费投入强度（研发经费与 GDP 之比）为 2.10%，比 2012 年提高 0.17 个百分点，已达到中等发达国家水平，居发展中国家前列。国家研发经费投入水平的提高为科技创新实现"并跑"和"领跑"创造了有利条件。

2. 政府在网络技术创新中的定位与改革思路

在网络技术创新中，政府和企业是最核心的两大主体，要根据不同创新阶段处理好两者的关系。根据国外发达国家经验，企业应该是技术创新的主体，在国家经济发展中起主导作用。但是我国网络企业起步较晚，单个企业难以拥有创新所需的全部知识、信息，也难以将创新活动的完整价值链纳入企业内部。在初始创新阶段，政府需要发挥主导作用，协调科研机构和高等院校为企业提供良好的知识供给和人才供给，并通过创造良好的创新环境和服务，推动建立利于企业间协同创新的创业园区和产业集群，利用优惠的财税、金融政策吸引和培育更多的企业加入，进而产生规模效应，带动地区和整个社会经济的发展。另一方面，企业受人才和资金等因素限制，技术创新主要服务于自身生存发展需要，无法负担基础性、战略性和前沿性等科技研发投入，事关国家长远发展和战略安全保障的技术创新活动必须由政府主导组织实施。

经过多年发展，我国网络技术创新已进入自主创新的高级阶段，急需转变政府在创新中原有的职能和作用。为此，党中央提出了以"推进科技体制改革"为主要抓手，以"抓大、放小"为主要模式的改革思路，关键是要处理好政府和市场的关系。正如习近平总书记在十八届中央政治局第九次集体学习时所讲的："产业变革具有技术路线和商业模式多变等特点，必须通过深化改革，让市场真正成为配置创新资源的力量，让企业真正成为技术创新的主体。特别是要培育公平的市场环境，发挥好中小微企业应对技术路线和商业模式变化的独特优势，通过市场筛选把新兴产业培育起来。同时，政府要管好该管的，在关系国计民生和产业命脉的领域，政府要积极作为，加强支持和协调，总体确定技术方向和路线，用好国家科技重大专项和重大工程等抓手，集中力量抢占制高点。"为推进科技体制改革，促进科技创新，国家采取的战略举措主要包括：围绕产业链部署创新链，聚集产业发展需求，集成各类创新资源，着力突破共性关键技术，加快科技成果转化和产业化，努力培育与形成产学研结合、上中下游衔接、大中小企业协同的良好创新格局。在推进科技体制改革的同时还要注重与其他方面的改革协同推进，加强和完善科技创新管理，促进创新链、产业链、市场需求有机衔接。

3. 政府主导网络技术创新的改革实践

在网络技术创新"抓大"方面，集中力量抓好少数战略性、全局性、前瞻性的重大创新项目。通过国家"863""973"、科技攻关等科研渠道，先后在"核高基"、超级计算、量子计算、北斗导航等科技领域予以重点扶持。在国家的统筹协调下，国内优质科研力量和资源得到有效整合，聚力攻关取得了举世瞩目的成就，产生了良好的社会经济和国防效益。其中，"核高基"成果极大地缓解了我国信息化建设缺"心"（芯片）少"魂"（软件）的尴尬境遇，给中国网络技术的自主创新打了一剂强心针；"神威·太湖之光"超级计算机的问世表明即使在美国实施技术出口封锁的情况下，中国也有能力研制完全自主的高性能处理器和完全自主可控的超级计算机。TOP500网站评论说，"神威·太湖之光"的性能结束了"中国智能依靠西方技术才能在超算领域拔得头筹"的时代。

在网络技术创新"放小"方面，国家提出推进科技体制改革，其核心内容是进一步突出企业的技术创新主体地位，使企业真正成为技术创新决策、研发投入、科研组织、成果转化的主体，特别是转变企业创新思路，由"要我创新"变为"我要创新"。为充分激发企业创新活力，政府一方面努力清除制度机制上各种有形无形的"栅栏"，打破各种院内院外的"围墙"，使机构、人才、装置、资金、项目充分活跃起来，形成推进科技创新发展的强大合力，积极开展重大科技项目研发合作，支持企业同高等院校、科研院所跨区域共建一批产学研创新实体，共同打造创新发展战略高地；同时，建立完善的产权保护制度，创造平等竞争的良好环境，鼓励企业加大科技研发投入，加大对创新型小微企业支持的力度。努力消除价格、利率、汇率等经济杠杆的扭曲，强化风险投资机制，发展资本市场，增强劳动力市场灵活性，形成有利于创新发展的财税、金融体制。在国有企业改革中，组建国有资本运营公司或投资公司，设立国有资本风险投资基金，用于支持创新型企业包括小微企业。加快军民融合发展步伐，发挥军民各自优势，全面提高企业核心竞争力。

通过采取一系列有利于企业创新发展的措施，一大批网络技术创新产业园区和高新技术企业如雨后春笋般成长起来，展露出蓬勃生机。截至 2015 年 12 月，中国已有 146＋1 家国家级高新区（1 为苏州工业园区）、1748 家科技企业孵化器、2000 多家众创空间、115 家国家大学科技园、2599 家生产力促进中心、453 家国家技术转移示范机构、71 家创新型产业集群试点和培育单位、379 家国家火炬计划特色产业基地、43 家国家火炬计划软件基地和 88 家科技兴贸创新基地，形成了完整的创业服务链条和良好的创新生态。

（二）企业自主创新

市场竞争是技术创新的重要动力，技术创新是企业提高竞争力的根本途径。改革开放以来，我国企业在技术创新中的主体地位不断凸显，推动技术进步的作用越来越大。伴随全球经济一体化和网络化步伐加快，我国互联网企业快速崛起，成为引领技术创新和推动经济发展的崭新力量。从引进消化吸收国际先进技术的模仿创新，到基于"拿来主义"的集成创新，再到"小核心大外围"的国际化创新，中国企业的网络技术创新实现了跨越式发展，走出了一条具有中国特色的企业自主创新之路。

1. 企业自主创新是实现网络技术创新的动力源泉

企业历来是技术创新的主体，企业创新能力直接影响一个国家的创新水平。

在国家网络空间能力的建设与发展中，企业不仅是技术创新和知识应用者，而且是研究和开发资金的主要投资人。企业始终走在市场的前沿，把握技术创新的最新趋势，影响国家创新驱动的走向。世界各国的发展经验表明，发达国家都是依靠技术创新发展。因此，建设网络强国必须充分发挥企业的技术创新主体作用，依靠企业的自主创新驱动国家网络技术创新发展。

党的十八大以来，国家高度重视企业的自主创新能力建设。2013 年 11 月习近平总书记在长沙调研时指出："新一轮科技革命和产业革命正在孕育兴起，企业要抓住机遇，不断推进科技创新、管理创新、产品创新、市场创新、品牌创新。"2015 年 5 月，习近平总书记在浙江调研时指出，企业持续发展之基、市场制胜之道在于创新，各类企业都要把创新牢牢抓住，不断增加创新研发投入，加强创新平台建设，培养创新人才队伍，促进创新链、产业链、市场需求有机衔接，争当创新驱动发展的先行军。

在企业创新系统中，技术创新是所有创新要素的核心与灵魂。首先，技术创新可以提高企业市场竞争力，使其走在行业前端，成为本领域或本行业的"领头羊"，以技术创新形成更强大的市场竞争力，从而创造更大的市场空间；其次，技术创新是企业实现低成本运营的主要途径，尽管技术创新需要投入，但一项成功的科技创新成果为企业降低的成本是不可估量的；最后，技术创新有助于企业规避市场风险，使其在激烈的市场竞争中始终保持较大的选择和回旋空间，避免同质化竞争和尾随式竞争带来的威胁。

2. 中国特色企业技术创新模式选择

企业的技术创新有多种实现途径。按照创新源头的不同，技术创新可分为原始创新和模仿创新。原始创新是指基于重大科学发现、技术发明、原理性主导技术的创新，特别是在基础研究和高技术领域取得独有的发现或发明并取得商业化的成功。模仿创新是一种在引进技术的基础上通过学习、分析、借鉴进行的再创新。两种创新模式有较大区别，其中原始创新是最根本的创新，也是难度最大的创新，需要较大投入、雄厚的技术基础，还要承担高风险。在发达国家自主企业中，原始创新占有极大比重。模仿创新具有技术的跟随性、研究开发和竞争对手的针对性、创新资源投入的集聚性等显著特点，可以降低企业的研发成本，缩短研发周期，提升市场适应性。一般而言，发展中国家倾向于将模仿创新作为迅速提高创新能力的主要途径。

　　创新模式主要根据产业的特征和自身的条件适当选择，并随着产业的演进、自身条件的改变和时代的变迁作出相应的调整。在改革开放初期，中国企业与世界发达国家相比存在较大差距，资金、技术、人才等创新资源极其有限，而自主创新具有高投资、高风险特性，企业不可能普遍实行自主创新。面对困难与挑战，中国信息技术企业抓住了改革开放的有利时机，充分利用自身在网络技术领域的后发优势，从零起步，在毫无经验和技术基础的条件下，学习和利用发达国家信息产业已有的经验和技术，通过产品引进、合作生产、合资开发等多种途径，边生产、边学习，不断消化、吸收国际优秀技术成果，通过模仿创新实现了网络技术跨越——在最短的时间内，追赶甚至超越了世界发达国家水平，以物美价廉的网络信息技术产品在激烈的市场竞争中站稳脚跟并不断扩大市场份额。

　　中国企业在信息产业的许多领域逐步占领国际市场的同时，并不满足于跟在别人后面模仿而失去自己的个性和创造力，并没有在网络技术创新发展进程中止步不前。随着改革开放不断推进，金融、产品、人才、技术转让等市场不断建立健全，为企业提供了良好的原始创新条件和环境。在政府的支持下，中国企业持续加大对基础性、原创性科技研发的投入力度，以市场需求为牵引快速推出符合市场预期的网络技术产品，以极高的性价比获得市场认可，进而取得市场主导地位，形成了较大的国际影响力，逐步建立了具有中国特色的企业技术创新模式。

3. 中国企业网络技术创新的成功实践

　　系统软件研发和网络通信设备研发是网络技术创新的两个重要领域，中国信息技术企业在这两个领域进行了富有成效的探索，走出了各有特色的创新实践之路。

　　东软集团是中国优秀的软件企业之一。1991年，东软创立于中国东北大学。从1996年上市时销售收入为1亿元人民币，到2010年销售收入超过49亿元人民币，员工人数由刚上市时不足300人发展为超过17 000人，东软集团已经成为中国最大的IT解决方案和服务供应商。2005年以前，东软基本处于技术追赶阶段，其创新模式主要是引进、消化、吸收、再创新。例如，东软先与日本阿尔派株式会社合作，通过技术引进开发嵌入式仿真软件，在合作过程中，日本阿尔派株式会社成为东软第一个国际客户。后来，东软通过合资、合作等方式与摩托罗拉、IBM、甲骨文等国际知名软件跨国公司逐步建立了国际战略联盟伙伴关系，获得了开放式的全球化资源，掌握了国际先进技术，打下了良好的技术创新基础。2004 年，东软与英特尔公司共同建立了"北京解决方案创新中心"和"沈阳嵌入式软件联合研发中心"，进一步提升了东软软件研发的创新能力。2005年以后，东软转向了自主创新与技术引进融合的创新模式，逐步发展成为国内领先、国际知名的 IT 服务供应商。东软在大连、南海、成都和沈阳建有自己的信息学院和实训中心，并依托东北大学的优势资源力挫来自北京、西安等知名高校和科研院所等竞争对手，争取到中国第一个计算机软件国家工程技术中心，在国内软件研发领域具备了较强的自主创新能力，形成了自己的特色品牌。目前，在数字医疗设备研发制造领域，东软凭借强大的创新体系已发展成为行业领军企业；在网络安全业务外包领域，东软与赛门铁克等国际知名安全厂商深入合作，持续提升多语种、多地区的技术支持和服务能力，以高水平的技术服务积极开拓国内市场和日本、欧美等国际市场。东软是首批"国家火炬计划重点高新技术企业"，在社保、医疗、交通、公共服务、网络安全等多个领域强力推进"数字化城市"建设，成为国内软件行业举足轻重的创新型企业。

在国际网络通信市场，华为是代表中国技术创新能力的旗帜型企业。作为一家私营企业，华为用近 30 年时间在欧美日等发达国家和地区占据绝对优势的国际网络通信领域突出重围，成功抢占国际市场，树立中国品牌，凭借的正是华为独特的创新模式和强大的自主研发能力。1987 年，华为注册成立时，注册资本仅有 2 万元，主营业务是代理香港鸿年电子有限公司的用户交换机产品。1989年，国家开始限制信贷控制交换设备进口，华为的代理业务走到尽头，转而自主研发和生产交换设备。从 BH01 低端产品组装到自主研发 C&C08，华为逐步积累了技术经验，并在中国通信市场站稳了脚跟。华为在起步阶段，国内网络通信领域竞争十分激烈，行业内流传着"七国八制"的说法，日本 NEC 和富士通、美国朗讯、加拿大北电、瑞典爱立信、德国西门子、比利时 BTM、法国阿尔卡特等国际电信巨头已经形成了技术和产品垄断，许多基础专利和相关应用专利已经形成。面对巨大的竞争压力，华为没有从零起步、从头研发，而是采用"拿来主义"开始集成创新。对于一些基础性的技术，华为通过咨询、借鉴、购买和合作等多种渠道获取成熟技术，再基于客户需求对技术进行二次改造和再创新。在华为看来，专利不是目的，而是进入市场的许可和获得竞争力的商业手段。华为总裁任正非曾提出"新开发量高于30％不叫创新，叫浪费"，鼓励员工继承以往的技术成果，以及对外进行合作或者购买。华为通过"拿来主义"缩短了与国际电信巨头的差距，一步一步走向世界前列。在进行集成创新的同时，华为集中精力和资源抓紧对核心技术进行突破，即所谓"压强原则"。如任正非所说："华为知道自己的实力不足，不是全方位的追赶，而是紧紧围绕核心网络技术的进步，投注全部力量，又紧紧抓住核心网络中软件与硬件的关键中的关键，形成自己的核心技术。"1999年，华为开始论证特定用途集成芯片（ASIC）的自主研发，当时业界尚无任何成熟的 ASIC，某西方公司公开宣布将于2002年推出 ASIC 产品。当时许多人认为自己开发风险大，不如购买该公司技术，但华为坚持认为核心技术不能受制于人，启动了自己的 ASIC 研发项目，并最终获得成功。华为ASIC 技术突破后，这家西方公司一再推迟 ASIC 产品发布，最后彻底放弃。目前，华为在国内及美国、德国、瑞典、俄罗斯和印度设立了20多个研究所，每个研发中心的侧重点及方向不同。通过全球同步研发体系，华为聚集了全球的技术、经验和人才，为核心技术创新提供了有力支持。经过30多年的奋斗，华为实现了从立足国内到占领全球，从中国一个默默无闻的私营企业到如今跻身国际网络通信巨头行列，成为世界500强企业。华为用独特的智慧为中国企业走出了一条基于"拿来主义"的自主创新道路，更创造了利用国际化融和技术创新的集成创新模式。

（三）社会开放创新

互联网的开放性决定了网络技术创新需要开放的创新环境和全社会的普遍参与。"星星之火，可以燎原"，网络空间跨界融合、多级互联的特性使得普通民众的微小创新可以产生"蝴蝶效应"，推动网络技术的巨大变革。同样，"聚沙成塔，聚水成涓"，亿万网民的创新智慧不断聚合，可以为国家网络技术持续创新提供不竭动力。为激发全社会的创新潜力，释放全民创新活力，我国提出了"大众创业、万众创新"的新主张，通过社会开放创新，加快了国家创新体系建设步伐，引领了网络技术创新2.0时代的新潮流。

1. 社会开放创新是中国构建创新体系的新主张

构建国家创新体系，需要开放的社会环境，特别是为有创造力的年轻人提供一个开放的空间和政策平台，这对于提高国家综合竞争力、促进经济社会快速发展始终是有利的。为加速构建国家创新体系，释放全社会的创新能力，提高国际竞争力，中国政府大力推进社会开放创新发展。2014 年，习近平总书记在 2014 年中央经济工作会议上强调，市场要活、创新要实、政策要宽，营造有利于大众创业、市场主体创新的政策制度环境。2015 年达沃斯论坛上，李克强总理讲到，"面对多变的经济形势，我们主张要大力推动开放创新，也就是说，要激发开放创新的活力。"

随着中国加快落实创新驱动发展战略，主动适应和引领经济发展新常态，大众创业、万众创新的新浪潮席卷全国。李克强总理发出"大众创业、万众创新"的口号，最早是在 2014 年 9 月的夏季达沃斯论坛上。当时他提出，要大力破除对个体和企业创新的种种束缚，在 960 万平方公里土地上掀起"大众创业""草根创业"的新浪潮，形成"人人创新""万众创新"的新局面，中国发展就能再上新水平。2015 年全国"两会"期间，李克强总理在政府工作报告中正式提出"大众创业，万众创新"，以简政放权的改革为市场主体释放更大空间，让国人在创造物质财富的过程中同时实现精神追求。[①] 2015 年 3 月，国务院办公厅发布《关于发展众创空间　推进大众创新创业的指导意见》，提出发挥多层次资本市场作用，为创新型企业提供综合金融服务；开展互联网股权众筹融资试点，增强众筹对大众创新创业的服务能力。[②] 2015 年 6 月，国务院印发《关于大力推进大众创业万众创新若干政策措施的意见》，这是推动大众创业、万众创新的系统性、普惠性政策文件。

为进一步明确社会开放创新的具体内涵，增强推进大众创业万众创新举措落地，2015 年 9 月国务院印发《关于加快构建大众创业万众创新支撑平台的指导意见》，专门对"众创、众包、众扶、众筹"的"四众"平台建设提出一系列具体措施。其中，"众创"指通过创业创新服务平台聚集全社会各类创新资源；"众包"是指借助互联网等手段，将传统由特定企业和机构完成的任务向自愿参与的所有企业和个人进行分工；"众扶"指通过政府和公益机构支持、企业帮扶援助、

---

① 孙丹. 政府工作报告起草组成员解读"大众创业万众创新"［EB/OL］.（2015－03－06）［2016－12－23］. http.//ce.cn/xw2x/gnsz/gdxw/2015/03/06/t20150306＿4740363.shtml.
② 张晶雪. 李克强：为大众创业万众创新清障搭台［EB/OL］.（2015－05－08）［2016－12－23］. http://ce.cn/culturelgd/2015/05/08/t20150508＿5313092.shtml.

个人互助互扶等多种途径，共助小微企业和创业者成长；"众筹"是指通过互联网平台向社会募集资金，更灵活、高效满足产品开发、企业成长和个人创业的融资需求。"四众"旨在优化劳动、信息、知识、技术、管理、资本等资源配置方式，为社会大众广泛平等参与创业创新、共同分享改革红利和发展成果提供更多元的途径和更广阔的空间。

2. 网络技术创新是社会开放创新的驱动力

互联网是最具活力的创业创新领域，网络技术创新与运用不仅可以为大众创业万众创新搭建平台，还可以促进网络技术创新自身的快速发展。"互联网改变世界""互联网思维颠覆一切"。随着网络技术创新一路高歌猛进，互联网已经成为"双创"的核心驱动力。"十二五"期间，移动互联网、互联网金融、O2O等投资热点主要聚焦于运用互联网对商业模式创新。2016 年，网络技术创新渐成创业投资主流，人工智能（AI）、虚拟现实（VR）、增强现实（AR）、无人机等未来科技成为创新创业投资的新热点。

网络技术创新可以激发群体智慧，推动"双创"。人们利用网络社交媒体交流工作经验、互换信息、激发创意与灵感，由此汇聚群体智慧，帮助技术创新回答问题、想出新"点子"、作出决策。移动互联网和虚拟现实的创新发展与应用可以使人们随时随地进行交流，特别是虚拟现实提供了逼近真实的沉浸式交流体验，大大提高了人与人沟通的现实感和真实感，这为实现更广阔的团队协作、释放群体智慧、推动"双创"发展提供了强劲动力。① 在政府大力提倡"双创"的背景下，互联网涌现出一批批创业服务平台，充分发挥了资源"连接器"的作用，将行政、研发、融资、营销、人力等创业要素打包到一起，为创业者提供全方位、全周期的一站式创业服务。目前，许多创客、微客通过不同的互联网创业服务平台完成了从就业到创业的过渡。

在互联网和大数据技术的冲击下，传统企业被推到了变革的风口浪尖。国家出台相关政策，鼓励传统企业开展电子商务应用于网络服务平台的深入合作，促进传统企业的线上线下融合创新。"互联网＋金融""互联网＋工业制造""互联网＋农业""互联网＋教育"等业态新模式如雨后春笋般蓬勃生长。网络技术创

---

① 王昌林.大众创业万众创新的理论和现实意义［N］.经济日报，2015-12-31（15）.

新为传统产业拓展服务、整合资源提供了平台和支撑，使产业转型找到了新路径。如今互联网代表着一种先进的生产力，推动着中国经济形态不断发生演变。互联网除了作为一种工具化载体，更给人们的观念带来革命性冲击。互联网思维逐渐深入人心，成为创新求变的坚实基础。"双创"政策提出以来，我国新增市场主体达1000万家，同比增长60％，其中绝大多数是小微企业，大都与互联网、信息技术应用有关。

3. 开放创新案例

在网络安全领域，盘古团队是一个国际顶级的专业安全研究团队。2014年，以盘古团队为核心成立了上海犇众信息技术有限公司。该公司是一家自主创新型公司，在操作系统安全性研究、程序自动化分析、漏洞挖掘与攻防等研究领域有雄厚的基础，致力于移动互联网安全技术研究和产品研发，为企业及个人用户提供专业的安全服务和解决方案。基于盘古团队的安全研究成果，犇众公司在移动终端APP漏洞检测与风险评估、恶意APP检测与分析、移动设备取证、移动设备APT检测与对抗等领域开发了多款产品。犇众公司以让每一台智能移动终端更安全为使命，基于丰富的系统攻防之道，铸造坚实的移动设备安全和数据隐私保障之盾。目前，犇众公司已发展成国内外知名的网络安全公司，成为以网络技术自主创新取得成功的典型代表。

（四）多体协同创新

知识的有序流动和充分共享可以促进网络技术创新能力提升。政府、企业、高校、研究院所、中介机构等各类创新主体只有紧密联系、有效互动，才能促进知识共同体的形成，为技术创新提供孕育平台。经过多年探索与实践，我国通过强化行业、区域性多创新主体联合，打造了一批网络技术创新"国家队"，逐步建立起中国特色的"政产学研用金"结合的技术创新体系，有效优化了创新资源配置，极大激发了各主体创新的活力，为国家网络技术创新提供了强大的支撑。

1. 协同创新是网络技术创新体系建设的新模式

协同创新是指创新资源有效汇聚，通过突破创新主体间的壁垒，充分释放彼此间人才、资本、信息、技术等创新要素的活力而实现深度合作。① 协同创新是多类型创新主体为实现重大科技创新而开展大跨度整合的创新组织模式。在技术创新活动中，企业是主体，但如果没有"政产学研"的紧密结合，没有跨领域、跨学科的协同配合，就不会有创新价值的实现。国内外实践表明，多领域、多部门、多学科之间的相互衔接、渗透、支持是网络技术创新成果产生的必要条件。

在国家创新体系中，政府、企业、科研机构、高等院校、中介机构、金融机构等都属于创新的主体，处于主导地位，但并非孤立地存在于体系中，彼此之间存在既合作又竞争的复杂关系。一般而言，企业是技术创新、收入产出和收益分配的主体，企业创新在国家经济发展中应具有主导作用；政府是制度创新的主体，凭借自身的特殊地位，利用经济、行政、法律等手段对创新活动进行宏观调控，通过创造良好的环境和服务，维持和更新创新系统内企业和学术界的创新关系，同时推进创新主体与国际的合作交流；高等院校是教育创新和人才创新的主体，通过从事基础研究和人才培育，为技术创新和传播提供知识和人才支撑；科研机构可以为企业技术创新提供直接的技术支持和智力支持；中介机构是传播创新的主体，通过加快信息资源的流通和社会资源整合，实现创新资源的优化配置，促进成果转化；金融机构是创新风险管控的主体，为创新活动发展提供资金支持，还可对创新的风险和收益进行鉴别，保证创新活动持续发展。

随着互联网的飞速发展与普及，人类社会逐渐进入网络时代，Web2.0、开源社区等网络新技术和新应用促进了知识的广泛传播，提高了开放存取的程度。国家创新体系各组成部分只有科学分工、密切合作，才能促进知识、技术、信息、资金、人才、材料等创新要素有序流动、合理配置，才能为技术创新提供良好的政策、文化、法律、制度等环境保障。企业在开展自主创新的同时高度重视与外部创新力量展开合作，院校在政府的引导下注重将知识向外部输出，愈加成熟的科技服务模式加速了知识资本化进程。鼓励科技创新的法律和政策不断完善，促进良好的社会契约氛围逐渐形成。在国家创新体系的建设中，"政产学研用金"的一体化合作是一条贯穿始终的主线，产业、学校、科研机构、市场逐渐结成异构多元的知识共同体，彼此遵循特定的规则，按照任务分工协同开展创新

---

① 陈劲，阳银娟. 协同创新的理论基础与内涵［J］. 科学学研究，2012，30（2）：161-164.

活动，为经济社会系统的稳定运行和快速前进提供基础。由于各国的经济发展水平、政策环境、区域文化、产业集群等因素存在差异，在不同国家的创新体系构建中，各创新主体的作用和地位也不同。各行为主体以各自不同的功能和优势对国家创新体系的完善和发展发挥各自的作用。

2. 中国特色的技术协同创新联盟

我国的技术协同创新主要以政府、科研院校、高校和企业为主体进行合作，即"政产学研"联盟。联盟先后经历了由点到面、由低到高、由浅入深的发展过程，各创新主体的合作内容、合作方式、合作效果随不同时期而变化，体现出较强的时代特征。

1994年，《国家教委、国家科委、国家体改委关于高等学校发展科技产业的若干意见》出台，标志着中国"政产学"联盟初步形成，此后企业孵化器、国家高技术发展区、大学科技园区纷纷建设，发展迅速。1999年，中共中央、国务院出台了《关于加强技术创新，发展高科技，实现产业化的决定》，推动了科研院所企业化改制的进程，中国高校纷纷与企业共建研发中心，或成立技术创新服务、评估机构和信息咨询机构等中介服务性机构。此时，技术创新系统中高校和企业的主体地位凸显，"政产学"联盟得到高速发展。进入21世纪，我国社会主义市场经济体制不断完善，企业逐渐成为技术创新的主体。为提高我国企业的国际竞争力，2006年12月，国资委、科技部、教育部、财政部、国家开发银行、中华全国总工会六部委联合成立了推进"产学研"合作工作协调指导小组，从国家层面加强设计和统筹协调，共同研究和推动"产学研"结合工作。2007年，四大产业技术创新战略联盟成立，主要集中于钢铁、煤炭、农业装备和新能源领域。2008年，六部委又联合发布了《关于推动产业技术创新战略联盟构建的指导意见》，加快了各地产业技术创新联盟建设的步伐。此后，全国各地纷纷组建有利于促进区域发展的技术创新联盟，涵盖政府、企业、高校、科研、中介和应用部门等。

党的十八大以后，中国经济发展进入新常态，这是经济结构调整与发展方式根本转变的持续过程，也是技术创新体制机制深度变革的过程。十八大明确提出创新驱动发展战略，其核心就是全社会持续的知识积累、创造和应用成为提升国家竞争力的基本方式。以市场为导向、企业为主体、高校院所为支撑、政府为服务、金融为支持、中介为链接的"政产学研用金"一体化协同创新生态链逐渐形成，各类要素的新组合层出不穷，为技术创新发展带来了重大机遇和作为空间。

3. 网络技术协同创新的中国实践

随着网络时代的到来，云计算、大数据、移动互联等新兴网络技术不断涌现，为深度开发、利用网络信息资源，并使网络信息资源服务于网络技术协同创新和知识创新提供了条件。中国政府、企业、高校、科研院所和金融机构围绕智慧城市、智慧金融等新议题、新业态开展了更为紧密的合作；全国各地纷纷构建了区域性网络技术协同创新联盟，加速了生物识别技术、区块链技术、物联网技术等网络新技术创新和应用的步伐，为中国"互联网＋"战略的实施提供了巨大的支撑。

随着现代化建设进程的不断推进，国家通过财税、金融、贸易、政府采购、人才等政策工具加大了对网络技术协同创新的支持力度，为协同创新发展提供了宽松的政策环境。同时，中国特色社会主义市场经济体制的逐渐建立和健全为网络协同创新提供了良好的市场环境。其中，产品市场为技术创新提供了信息和导向，金融市场为创新提供了激励并分散了风险，人才市场为创新提供了智力支持，技术转让市场促进了创新主体合作与技术的扩散和传播。在教育领域，2012年教育部启动实施了"高等学校创新能力提升计划"（简称"2011计划"）。该计划旨在建立一批"2011协同创新中心"，大力推进高校与高校、科研院所、行业企业、地方政府以及国外科研机构的深度合作，探索适应不同需求的协同创新模式，营造有利于协同创新的环境和氛围。2013年、2014年国家先后认定了量子信息与量子科技前沿协同创新中心、高性能计算协同创新中心、未来媒体网络协同创新中心、无线通信技术协同创新中心、信息感知技术协同创新中心等网络技术领域的协同创新中心。这些协同创新中心由高校牵头，联合了科研院所、行业企业、地方政府等优势资源，逐步成为具有国际重大影响的学术高地、行业产业共性技术的研发基地和区域创新发展的引领阵地，在国家创新体系建设中发挥了重要作用。

目前，中国借助"互联网＋"战略行动，推动了知识社会以用户创新、开放创新、大众创新、协同创新为特色的"创新2.0"。以用户为中心，以社会实践为舞台，以共同创新、开放创新为特点的用户参与的"中国创新 2.0 模式"是以人为本的可持续创新。中国模式的"协同创新平台"进行知识信息资源的聚合与开放，关注个体、用户需求，更有利于个体及机构的参与和合作，符合"创新 2.0"时代的发展要求，能够达到发展与治理和谐共进的目的。

第三章　我国网络创新发展的历史机遇

国家主席习近平在发给首届世界互联网大会的贺词中指出：当今时代，以信息技术为核心的新一轮科技革命正在孕育兴起，互联网日益成为创新驱动发展的先导力量，深刻改变着人们的生产生活，有力推动着社会发展。互联网真正让世界变成了地球村，让国际社会越来越成为你中有我、我中有你的命运共同体。同时，互联网发展对国家主权、安全、发展利益提出了新的挑战，迫切需要国际社会认真应对、谋求共治、实现共赢。从世界文明史的发展历程来看，人类社会先后经历了三次技术革命，即农业革命、工业革命和信息革命。每一次技术革命都改变了人类的生产生活，对社会的发展进程产生着极其深远的影响。现在，人类社会已经进入了以信息技术为主导的时代，互联网技术发展日新月异，引领了社会生产新变革，开拓了人类生活新空间，延伸了国家治理新领域，极大地提升了人类认识世界、改造世界的能力。应当说，互联网正在改变着世界，逐渐成为人们生活中不可或缺的一部分。中国接入互联网 20 多年来，网民已经达到 6 亿多，全球最大的 10 家互联网公司中有 4 家是中国公司，中国互联网的影响力正日益增强，已经成为名副其实的网络大国。[①] 进入 21 世纪，中国互联网的创新发展面临着重要的历史机遇。创新是互联网发展的基因，也是互联网发展的关键。要始终把创新摆在首要位置，积极推动理念创新、技术创新、应用创新，支持鼓励互联网企业家、领军人才和工程技术人员创新创造，为互联网发展提供

---

① 中国互联网 20 年发展报告：为世界互联网发展做贡献［EB/OL］．（2015 - 12 - 16）［2016 - 10 - 15］．http://www.zj.xinhuanet.com/2015 - 12/16/c_1117475331.htm.

不竭动力。

一、庞大并仍在增加的网民规模为网络创新提供的动力强

我国互联网经历了一个逐渐发展的过程，从 1994 年开始接入互联网至今，已经经过了 20 多年的发展历程。从最初的陌生到今天的离不开，互联网已经渗透到人们生活的方方面面。在这个过程中，互联网以其特殊的"吸引力"使得加入其中的人群规模越来越大。当前，我国拥有网民 6 亿多人，超过世界网民总数的五分之一，我国已经成为名副其实的网络大国。同时，网民数量和规模仍在不断扩大，为互联网创新发展提供了强大的动力源泉。

（一）网民规模与结构分析

近年来，伴随着互联网技术的日趋成熟，我国网民人数逐年增长，网民规模增加的同时也使得网民的性别、年龄、学历、职业、收入等结构呈现逐年变化的态势。

1. 网民规模和互联网普及率

截至 2015 年 12 月，我国网民规模达到 6.88 亿人，占全球网民总数的 21.5%，这就是说全球每五个网民中就有一个是中国人。2015 年全年共计新增网民 3951 万人，互联网普及率为 50.3%，相比 2014 年年底的 47.9% 提升了 2.4 个百分点（图 3-1）。2015 年新增网民上网的主要渠道是手机，使用率达到 71.5%，相比 2014 年年底提升了 7.4 个百分点。而台式电脑的使用率仅为 39.2%，相比 2014 年有所下降。2015 年新增网民中，19 岁以下的低龄人群和学生的比例分别是 46.1% 和 46.4%，他们对于互联网的使用主要是娱乐和沟通，智能手机则较好地满足了他们的需求。

2. 手机网民规模

我国网民的上网渠道进一步向手机集中。截至 2015 年 12 月，我国手机网民规模达到 6.20 亿人，比 2014 年年底增加了 6303 万人。手机成为网民随时与互联网连接的主要工具，网民可以通过手机随时随地进行信息获取和网络购物等。

图 3-1　我国网民规模和互联网普及率（数据来源：CNNIC）

网民中使用手机上网人群的占比由 2014 年的 85.8％提升至 2015 年的 90.1％，提升了 4.3％，手机成为拉动网民规模持续增长的首要设备（图 3-2）。近年来，互联网技术日趋成熟，人们已经不再局限于固定单一的上网模式，为满足网民多样化的上网需求，移动互联网技术应运而生。移动互联网技术以其便捷性和灵活性得到了广大网民的认可并迅速发展起来。从使用最广泛的信息获取、娱乐沟通

图 3-2　我国手机网民规模及占网民的比例（数据来源：CNNIC）

到网络购物、网络金融再到教育、医疗、交通等公共服务，移动互联网正在悄悄改变着社会生活方式，影响着人们的思维和行动。可以预测，不久的将来，移动互联网将更加智能和便捷，更加深入到日常生活中，进一步提升人们的生活品质。

3. 各省网民规模

截至 2015 年 12 月，中国大陆 31 个省、自治区、直辖市网民的数量都有不同程度的增长，增长速度较快的有西藏、江西、新疆、海南、宁夏、内蒙古、贵州和广西，增速分别达到了 15.3％、14.0％、10.8％、10.8％、10.6％、10.3％、10.1％和 10.0％。网民数量超过千万规模的省、自治区、直辖市达到 26 个，2015 年新增甘肃省；互联网普及率超过全国平均水平的省、自治区、直辖市达到 14 个，2015 年新增海南省和内蒙古自治区。由于各地的实际情况不同，经济发展速度不一，互联网基础设施建设存在一定的差异，各省、自治区、直辖市互联网普及率互有不同，"数字鸿沟"现象依然存在，且在一定时期内无法完全消除。未来，伴随着各地经济水平的提升以及国家对互联网发展的支持，互联网基础设施会有较大的改观。此外，随着移动上网设备的不断普及，我国互联网发展的地域差异将进一步减小。

4. 农村网民规模

截至 2015 年 12 月，我国网民中农村网民数量有所增加，农村网民所占比例为 28.4％，达到 1.95 亿人，与 2014 年相比增加了 1694 万人，增幅为 9.5％；城镇网民所占比例为 71.6％，达到 4.93 亿人，与 2014 年相比增加了 2257 万人，增幅为 4.8％（图 3-3）。由此可见，农村网民虽然在整体数量上少于城镇网民，但其增长速度明显快于城镇网民。

5. 性别结构

截至 2015 年 12 月，我国网民男女比例为 53.6∶46.4，男性网民比例略高于女性网民，但与 2014 年相比网民性别结构逐渐趋于均衡（图 3-4）。

6. 年龄结构

截至 2015 年 12 月，我国网民的年龄结构呈现中间高、两边低的态势。其

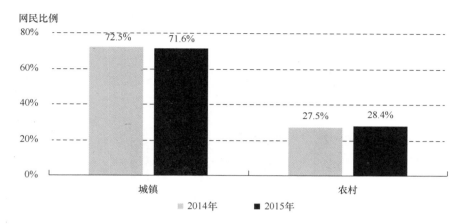

图 3 - 3　网民城乡结构（数据来源：CNNIC）

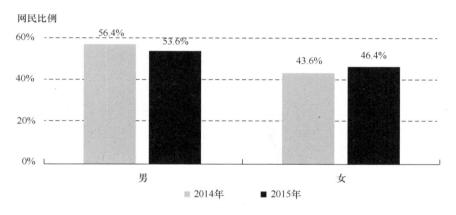

图 3 - 4　网民性别结构（数据来源：CNNIC）

中，20～29 岁的人群占比最高，达到 29.9％，相比 2014 年下降了 1.6％；其次是 30～39 岁的人群，占比为 23.8％，与 2014 年持平（图 3 - 5）。由此可以看出，年龄在 20～39 岁的人群是网民的主力军。另外，与 2014 年相比，10岁以下低龄群体和 40 岁以上中高龄群体的占比均有所提升，互联网继续向这两部分人群渗透。

7. 学历结构

截至 2015 年 12 月，网民中各种学历层次均占有一定比例，大专学历的网民所占比例最小，为 8.4％；中等教育程度的网民群体规模最大，初中、高中/中专/技校学历的网民所占比例分别为 37.4％、29.2％（图 3 - 6）。与 2014 年底相

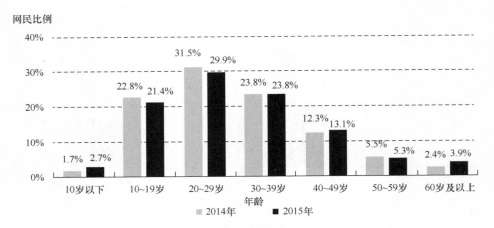

图 3-5 网民年龄结构（数据来源：CNNIC）

比，大学本科及以上学历的网民数量变化不大，小学及以下学历网民占比提升了
2.6 个百分点。由此可见，我国网民继续向低学历人群扩散。

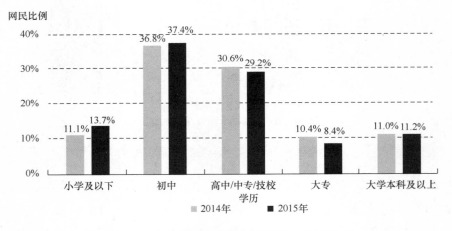

图 3-6 网民学历结构（数据来源：CNNIC）

8. 职业结构

截至 2015 年 12 月，各主要职业的网民中学生群体占比最高，达到 25.2%，
与 2014 年相比增长了 1.4%；其次为自由职业者，比例为 22.1%，与 2014 年相
比略有下降；第三为企业/公司的一般职员，比例为 12.4%，与 2014 年相比下降
了 1.8%（图 3-7）。总体而言，这三类人群的占比相对比较稳定。

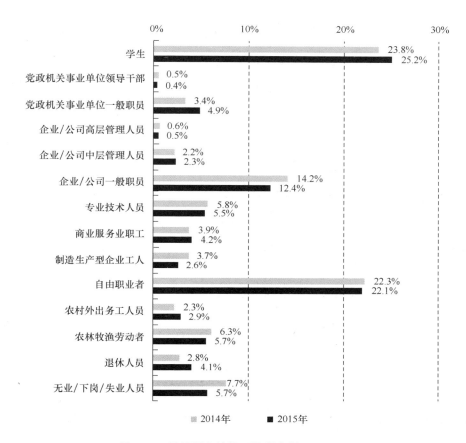

图 3-7　网民职业结构（数据来源：CNNIC）

9. 收入结构

截至 2015 年 12 月，网民主体分布在月收入 500 元以下、2001～3000 元、3001～5000 元的群体，这三部分人群占比分别为 14.2%、18.4% 和 23.4%，数量超过整体网民的半数以上（图 3-8）。随着社会经济的发展，网民的收入水平也逐步增长，与 2014 年年底相比，收入在 3000 元以上的网民人群占比提升了 5.4 个百分点。

（二）移动终端用户分析

移动终端的发展给人们的生产生活带来了极大的便利，满足了人们的日常需求，越来越多的人体验到了移动终端的便捷性，人们对于移动终端的依赖性不断

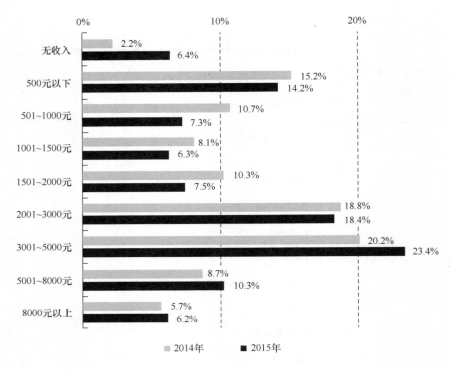

图 3 - 8　网民个人月收入结构（数据来源：CNNIC）

增强，移动终端的用户规模也在不断增加，这将为网络创新提供广阔的发展空间。

1. 移动终端定义

移动终端又称为移动通信终端，主要是指可以移动使用的计算机设备。广义上讲，移动终端应当包括手机、移动电脑以及车载电脑等，但是大部分情况下是指手机（包括具有多种应用功能的智能手机）及平板电脑。移动终端经历了从最初的只具备基本功能到现在的多种功能复合的几十年发展历程。伴随着集成电路技术和网络技术的发展，智能化开始走进人们的生活，引发了移动终端的变革，改变了人们对移动终端的传统认知。移动终端在具备强大的处理能力的同时，已经从简单的工具发展成为综合信息处理平台，在功能性上得到提升。人们可以随时享受便捷的网络资源，并通过更加智能的移动终端共享资源。于是，移动智能终端仿佛在一瞬间就成了互联网业务的关键入口和主要创新平台，新型媒体、电子商务和信息服务平台，互联网资源、移动网络资源与环境交互资源的最重要枢纽。移动智能终端带来的巨大变革有效推动了移动互联网产业的发展，成为一个新的技术产业周期的开始。

2. 移动终端的特点

随着互联网技术的蓬勃发展，移动终端也朝着快速、多样的方向发展。移动终端主要有可移动性、智能化和个性化等特点。其最大的特点是可移动性，即方便携带，是一种可携带的智能设备。智能化移动终端的智能化主要体现在以其硬件为支撑的各种应用功能，在移动终端操作系统、硬件平台和软件平台上能够进行丰富的拓展，实现更为复杂和智能的功能。例如，当前的移动终端在硬件及操作系统的支撑下，除了具备基本的功能外，还具备个人信息管理、多媒体播放、社交娱乐以及网上购物等功能。此外，在智能手机的发展中已经出现了多模式手机。多模式手机能够在不同技术标准的网络下切换使用，如 GSM/CDMA 双模手机、GSM/WCDMA 和 GSM/TD－SCDMA 双模手机以及 CDMA2000 1X/EV－DO 双模手机。伴随着通信技术的发展，多/双模手机在我国的发展将有广阔的市场前景。个性化移动终端将更加注重人性化、个性化和多功能化。移动终端将从"以设备为中心"的模式转变为"以人为中心"的模式，集成嵌入式计算、控制技术、人工智能技术以及生物认证技术等，充分体现以人为本的宗旨。由于软件技术的发展，移动终端可以根据个人需求调整设置，更加个性化。同时，移动终端本身集成了众多软件和硬件，功能也越来越强大。

3. 移动终端用户规模

移动终端与移动互联网的有机融合最大限度地满足了人们的需求，越来越深入到人们的日常生活中，与用户的亲密度加深，成为随时随地进行信息传递和共享的重要工具。当前，移动互联网进入了一个高速发展的时期，移动终端用户也将呈现增长态势。从移动终端的持有率来看，智能手机的持有率达到了 86％，移动电脑的持有率达到了 75％，平板电脑的持有率达到了 35％。[①] 如此大规模的

---

① 佚名.2015 中国移动消费市场现状及未来展望［EB/OL］.（2015－12－11）［2016－10－17］.http://www.wtoutiao.com/p/1ef9qIh.html.

用户群，有极大的市场潜力可供挖掘。以手机用户为例，使用手机上网的人数每年都在持续增长。截至 2015 年 12 月，我国使用手机上网的网民规模达到了 6.20 亿人，相比于 2014 年底增加了超过 6000 万人，手机成为拉动网民规模增长的首要设备。手机网民规模为何如此之大，增长速度如此之快？一方面，由于移动网络技术的快速发展和对移动网络的宣传普及，人们能够更加了解并方便地使用移动网络；另一方面，由于智能手机技术越来越成熟，生产企业也越来越多，形成了市场竞争机制，使得智能手机价位普遍下降。这些都为人们选择并使用手机终端上网奠定了良好的基础。工信部公布的数据显示，2015 年，我国智能手机出货量达到 5.18 亿部，同比增长 14.6%，销量保持稳步快速增长。2015 年年底，移动电话用户达 13.06 亿户，4G 用户维持高速增长，全国新增 4G 用户 2.89 亿户，总数达到 3.86 亿户。[①] 如此庞大的移动终端用户数量将为网络创新提供广阔的发展空间。

（三）网民的消费构成

目前，网络消费已经成为人们日常生活的一部分，人们可以通过网络购买自己想要的任何东西，网络消费的多样性和便捷性已经为大众所认可。

1. 互联网消费发展趋势

网络消费在网络技术和大众需求的牵引下逐渐走向成熟，未来网络消费规模将会继续增大，网络消费服务水平将会逐步提升，网络消费领域将会不断扩大。伴随着智能手机功能的不断拓展，智能手机吸引着越来越多人的眼球，人们可以使用智能手机进行沟通、娱乐和购物等，网络消费从传统的通过 PC 端进行转移为随时随地通过智能手机进行。网络消费的便捷性大大提高，这将在很大程度上增加网络消费的群体，导致网络消费规模的增大。数据显示，2015 年我国总体网络交易规模达 3.8 万亿元，增长率为 36.2%。[②] 互联网是网络消费的一种载体和媒介，与传统的消费形式相比，网络消费虽然具有多样性和便捷性，却不能带

---

① 佚名.2015 年国内智能手机出货量 5.18 亿部［EB/OL］.（2016 - 03 - 02）［2016 - 10 - 17］. http://mt.sohu.com/20160302/n439098841.shtml.

② 艾瑞咨询.2015 年中国网络购物市场交易规模稳步上升 B2C 占比首超 C2C［EB/OL］.（2016 - 05 - 09）［2016 - 10 - 17］. http://www.iresearch.com.cn/view/260788.html.

给人们实体消费的体验，很大程度上导致人们对网络消费的不满。未来网络消费要快速发展，必然会重视服务问题，提供更加全面的售后保障和用户体验，极大地激发大众的消费热情。网络消费领域的扩大主要表现为商品种类的增加和消费空间的延伸，如在商品种类方面，除了日常的服饰、日用百货、化妆品和电子产品外又出现了汽车、旅游、美容及订餐等服务；在消费空间方面，除了国内的商品还有海外代购等。

2. 互联网发展对网民消费行为的影响

互联网的发展无疑给人们的生产生活带来更多的改变，人们可以通过网络联结全世界。网络已经发展成为人们生活中必不可少的一部分，并正在悄悄改变着人们的消费行为。例如，在网络购物方面，与传统的实体店购物相比，网络带给人们更大的选择空间和更便捷的消费体验，人们只需要打开手机或电脑，在任何时间任何地点都可以购买自己喜欢的东西，越来越多的人更愿意在网络上开始自己的购物旅程；在网络通信方面，互联网的发展为即时通信软件的出现创造了很好的平台。即时通信软件不仅为用户提供通信和娱乐功能，还在很大程度上影响着人们的行为。与传统的通信方式相比，即时通信软件不但能够传递文字信息，还可以传递图片、视频和音频等信息，使得沟通更加快捷、有趣，使用即时通信软件的用户呈迅速上升趋势。相反，使用传统通信方式，如手机短信和电话的用户呈下降趋势。

3. 网民消费构成分析

网民规模庞大，存在着巨大的消费潜力。截至 2015 年年底，我国网民规模达到 6.88 亿人，同比增长 6.1%，互联网普及率达到 50.3%，网民数量位居全球第一。

网民的消费不再仅仅局限于固定的 PC 端一种，而是逐渐向更加便捷的手机终端转移，消费的类型也逐渐趋于多样化。国家统计局发布的数据显示，2015 年我国社会消费品零售总额达到 30.1 万亿元，网络购物在社会消费品零售总额中的占比为 12.6%，较 2014 年提高了 2%。[①] 艾瑞咨询的数据显示，B2C 年交易

---

① 佚名.2015 年我国社会消费品零售总额预计达 30 万亿元［EB/OL］.（2016－01－02）［2016－10－18］.http://news.xinhuanet.com/finance/2016－01/02/c_128589139.htm.

规模达 2 万亿元，在我国整体网络购物市场交易规模中的占比达到 51.9%，较 2014 年的 45.2% 提高 6.7 个百分点，年度占比首次超过 C2C。从增速来看，2015 年期间 B2C 网络购物市场增长 56.6%，远超 C2C 市场 19.5% 的增速。[①] 如此巨大的网民消费需求，促进了网络技术不断创新，以满足广大网民的消费需求。网络消费作为一种新型的消费方式，给人们的消费理念带来了不小的冲击，促进了消费形态变化和消费升级。从消费形态来看，服务型网络消费规模指数在 2011 年 1 月～2016 年 4 月扩张了 70.2 倍，月均增长率为 7.0%，而实物型网络消费规模指数则只扩张了 8.6 倍，月均增长率仅为 3.5%，增长幅度仅为服务型网络消费规模的一半。此期间服务型网络消费水平指数增长了 43.3%，而实物型网络消费水平指数下降了 5.8%。[②] 由此可以看出，无论是网络消费规模指数增速还是网络消费水平指数增速，服务型网络消费都明显快于实物型网络消费。从消费层次来看，生存型、发展型和享受型消费规模指数三者均呈现上升趋势，在这种趋势中，发展型和享受型要快于生存型消费。从网络消费水平指数来看，生存型和发展型均呈现出缓慢下降的趋势，而享受型呈现上升趋势。网络消费规模指数和水平指数都说明享受型消费的上升趋势一直处于相对稳定的状态。实物型网络消费金额占比下降，服务型网络消费金额占比上升。2011 年，实物型网络消费金额占比为 95.7%，到 2016 年 4 月下降到 75.0%；服务型网络消费金额占比为 4.3%，到 2016 年 4 月上升到 25.0%。

二、 即将到来的新技术革命为网络技术创新提供的势能高

网络技术的发展经历了一个复杂又漫长的过程，从最初的电脑到局域网，从阿帕网到万维网，再从互联网到移动互联网，网络技术的发展充分彰显了人类的聪明才智，同时不断涌现的新技术推动着网络发展迈入新的历史阶段。1946 年 2 月 14 日，世界上诞生了第一台电子数字计算机 ENIAC（埃尼阿克）（The Electronic Numerical Integrator And Calculator），其设计之初是为了满足弹道计算以

---

① 艾瑞咨询.2015 年中国网络购物市场交易规模稳步上升 B2C 占比首超 C2C［EB/OL］.（2016 - 05 - 09）［2016 - 10 - 17］. http://www.iresearch.com.cn/view/260788.html.

② 佚名.新供给——蚂蚁网络消费指数报告［EB/OL］.（2016 - 05 - 23）［2016 - 10 - 18］. http:// mt.sohu.com/2016 - 05/23/n450848903.shtml.

及射击特性表面的需要。自此之后，伴随着时代的发展变化，计算机也不断升级换代，更加趋于小型化和智能化。计算机的出现颠覆了人们的传统观念，为网络技术创新发展带来了更大的可能性。通过电缆把某一区域内的多台计算机连接起来，实现文件传输、数据交换、应用软件及相关硬件设备的共享等，就形成了局域网。到了 20 世纪 80 年代，局域网取代了传统的小型机系统。1969 年 11 月，美国国防部高级研究计划管理局开始建立一个名为 ARPANET（阿帕网）的网络。ARPANET 利用无限分组交换网与卫星通信网，通过专门的信号处理机和通信线路，把几个院校、研究机构和军事设备承包商等单位连接起来，目的在于如果发生战争，网络的一个部分突然遭受攻击而瘫痪时，网络的其他部分还可以继续保持正常的工作。[1] 1990 年，瑞士高能物理研究实验室的伯纳斯·李（Tim Berners-Lee）最先开发了互联网技术，使得普通人也可以更加方便快捷地"上网"。到了 21 世纪初期，移动互联网的发展可谓日新月异，网络不再局限于单纯的"读""写"，而是向"共同建设"发展，由被动的接收信息迈向主动创造信息。网络已经成为"人的海洋"，也使得地球真正变成了"地球村"。毋庸置疑，这些新的网络技术会为中国网络的创新发展提供无限的可能性，推动中国网络进入一个全新的时代。

（一）新技术革命来临的征兆

人类历史上共有三次产业革命，分别是农业革命、工业革命和信息革命，三次革命分别引发了三次根本性变革，实现了人类社会由原始社会向农业社会、由农业社会向工业社会、再由工业社会向信息社会的转变。每次产业革命都从根本上改变了人类的生产方式和生活方式，将人类带入一个全新的世界。进入 21 世纪以来，我国网络呈现迅猛发展的态势，网络已经深入到我国经济社会的各个领域，逐渐成为社会生产、公共服务、社会创新、文化传播的重要载体和工具，不断推动我国向信息社会加速转型。同时，网民规模呈现日益增长的态势，人们正在充分享受着网络发展带来的改变。应当说，这种改变的背后是网络技术创新发展的支撑。当前，大数据、智能化、互联网以迅雷不及掩耳之势普及开来，并广

---

① 国家互联网信息办公室，北京市互联网信息办公室. 中国互联网 20 年·网络产业篇［M］. 北京：电子工业出版社，2014.

泛应用于生产、流通、分配、消费等各个领域，被视为划时代的变革。正如华为技术有限公司总裁任正非所言："未来二三十年内，世界一定会爆发一场重大的技术革命。第一，石墨烯等的出现，将使电子技术发生换代式的改变。第二，人工智能的出现，将造成社会巨大的分流。第三，生物技术的突破，将带来巨大的信息社会变化，而且这个边界也越来越模糊。"从新技术革命对人类生产生活改变和影响的程度来看，新技术革命并非所谓工业社会的延续和提升，同工业社会相比，它带来的改变同样是颠覆性的。从这个角度上讲，它足以与开辟了人类文明史的农耕革命和工业革命相并论，标志着人类文明经历了农业社会和工业社会后，开始进入一个全新的信息社会。

1. 新技术革命应当是一场信息革命

信息是物质与意识的中介，是对事物情况和状态的反映。人类社会发展至今，信息成为现代社会发展的核心资源。信息革命为人类提供了一个全新的生产手段，同时促进了生产力的大发展。例如，电子计算机特别是微型电子计算机的广泛应用极大地提高了信息传播和信息处理的速度，使得社会生产效率和管理效率开始成百上千倍地提高，各种工作开始广泛实现自动化，生产成本大幅度降低，生产出的产品也更加多样化和个性化。

2. 新技术革命应当是一场智能革命

在新的技术革命中，以网络为基础的智能化设备及应用开始崭露头角。智能化设备融合了前沿的新技术，使得许多新技术能够通过智能化设备更好地呈现。例如，2016年3月谷歌公司开发的AlphaGo智能程序与韩国世界顶尖棋手李世石之间展开的围棋对战引发了全世界的关注，掀起了人们对人工智能的热烈讨论，这也被誉为人工智能技术重大突破的里程碑。从未来发展来看，人工智能或许可以解决人类战争、疾病与贫穷的困境，同时人工智能生活应用产品与服务也将更加广泛地出现。

3. 新技术革命应当是一场经济革命

一方面，新技术革命会催生出庞大的新兴产业，如当前的网络经济已经成为我国经济新的增长点，网络通信、网络购物、网络金融等成为人们生活中的一部分。未来，网络经济仍有巨大的潜力可以挖掘。可以说，谁能够把握住网络经济带来的机遇，谁就会在激烈而残酷的竞争中赢得主动。另一方面，新技术革命会对传统产业带来深刻影响。传统产业是传统时代的产物，进入新的时代，传统产业要生存发展，只有主动升级改造，以适应新的变化。我国作为后起的经济体，传统产业的升级空间很大。

（二）技术交叉影响带来的新景象

新技术革命的到来为网络技术创新提供了强大的技术支撑，新技术不仅推动人们思维理念和生活方式的改变，而且其与网络技术的有机融合将会极大促进各种传统产业的升级以及各种新兴产业的出现。

1. 互联网成为推动经济社会发展的新引擎

在新技术革命和产业大变革中，网络与各领域的融合发展具备广阔的前景和极大的潜力，已成为不可阻挡的时代潮流，正对各国经济社会产生重大影响。充分挖掘利用我国网络资源优势，加快推进网络技术创新发展，实现新技术与网络的有机融合，有利于引领经济发展新常态，形成经济发展新动能，对于实现中国经济提质增效升级具有十分重要的意义。如何才能实现新技术与网络技术的有机融合？"互联网＋"提供了这种可能。"互联网＋"是把互联网的创新成果与经济社会各领域深度融合，推动技术进步、效率提升和组织变革，提升实体经济创新力和生产力，形成更广泛的以互联网为基础设施和创新要素的经济社会发展新形态。[①] 仅从互联网经济本身而言，我国存在巨大的发展潜力。一方面，"互联网＋"培育了新的经济增长点。在"互联网＋"时代，互联网已经跳出了一个局限性的行业范畴，不单单作为一个独立的产业而发展，更加开始注重与经济社会各领域深度融合，在此基础上培育出许多新兴业态，从而形成新的经济增长点。应当说，互联网与哪个传统行业相融合，哪个传统行业就会发生翻天覆地的变化。互联网已然成为国民经济和社会发展的创新引擎和效率引擎。另一方面，"互联网＋"改变了传统的社会结构。"互联网＋"作为一场全新的技术革命，从某种程度上改变了传统的社会结构，为当今社会注入了一股新生力量。由于网络

① 《国务院关于积极推进"互联网＋"行动的指导意见》，2015 年 7 月。

时代信息自由发布和获得的非等级化，传统意义上的金字塔形、块状的层级结构模式变为扁平化社会结构，在这样一种社会结构下，人们能够平等地获取相应的信息。共享经济、网络协同以及众包合作等带来的大规模、社会化协作的新模式、新业态的出现势必会导致一些全新的组织类型及个人与组织关系模式的出现，逐渐改变和替代传统的社会结构，进而发生一场解构与重构的革命，形成新的更加适应时代发展的社会结构，整个社会将维系于信息网络，呈现出多元网状结构。① 此外，"互联网＋"使很多不可能变成可能。如借助于云视频技术，可以远程预约各个医院的医生进行网上诊疗，节约患者大量的时间，提高看病的效率。同时，各种新的网络技术将成为破解交通拥堵、居家养老、社区管理等城市难题的有效手段。

2. 互联网成为推动文化产业发展的新载体

在互联网尚未普及的时代，文化产业的发展相对缓慢，发展形式相对单一，文化产业规模相对较小。伴随着互联网的发展，互联网将文化产业进行有效整合，形成了具有极大包容性的文化产业系统。网络影视、网络动漫、网络音乐和网络广告等产业开始出现并迅速崛起，加速了文化产业的发展，极大增强了中国文化产业的实力。据统计，截至 2015 年 12 月，我国网络音乐用户规模达 5.01 亿人，占网民总数的 72.8%；网络广告市场规模达到 2093.7 亿元，同比增长 36.0%。随着网络广告市场趋于成熟发展，随后几年的增速将逐渐平缓，预计到 2018 年整体规模有望突破 4000 亿元。② 持续扩张的网络文化消费很大程度上催生了新型产业的发展，直接促进了电信业务的大幅增长。网络文化产业已经成为我国文化产业不可分割的重要组成部分。

3. 互联网成为丰富社会生活的新工具

互联网已经成为人们社会生活中不可或缺的一部分，直接影响着人们的社会生活。互联网为越来越多的人创造了平台，成为丰富人们社会生活的新工具。人

① 佚名."互联网＋"带来社会变革［EB/OL］.（2016－05－27）［2016－10－20］. http://news. xinhuanet. com/politics/2015－05/27/c_127848403_2. htm.

② 艾瑞咨询. 2015 年中国网络广告市场规模突破 2000 亿［EB/OL］.（2016－04－07）［2016－10－20］. http://www. iresearch. com. cn/view/259999. html.

们可以通过互联网获取资源、丰富知识；可以通过互联网交流信息、传递情感，密切彼此之间的关系；可以通过互联网沟通娱乐、购物消费、调节压力、舒缓情绪。据统计，截至 2015 年 12 月，网上约车、网上外卖和网上支付人数持续增长。2015 年上半年，网络约租车市场中以网络预约出租车用户规模最大，为 9664 万人，在使用各种叫车服务软件的用户群体中占比为 84.8%；网络预约专车用户规模为 2165 万人，在使用各种叫车服务软件的用户群体中占比为 19.0%；网上外卖用户规模达到 1.14 亿人，占整体网民的 16.5%，其中手机网上外卖用户规模为 1.04 亿人，占手机网民的 16.8%；网上支付用户规模达到 4.16 亿人，较 2014 年底增加 1.12 亿人，增长率达到 36.8%。与 2014 年 12 月相比，我国网民使用网上支付的比例从 46.9% 提升至 60.5%。值得注意的是，2015 年手机网上支付增长尤为迅速，用户规模达到 3.58 亿人，增长率为 64.5%，手机网上支付的使用比例由 39.0% 提升至 57.7%。

（三）网络技术助推和引领新技术革命

在 20 多年的发展历程中，互联网在我国可谓日新月异，已经对人们的生产生活产生了深远的影响。在此之前，没有人预料到互联网究竟会给人们带来什么，究竟如何改变人们的生活。互联网发展到今天，我们仍然无法对其发展作出准确的判断和预测，但是有一点可以肯定，人类社会正在互联网的影响下发生着变化，正在逐步迈向网络社会。什么是网络社会？网络社会应当是依托网络及网络技术而构建的"信息网络"社会结构。[①] 在这样一个"信息网络"社会结构中，网络技术无疑会助推和引领许多新技术深入发展。从信息革命的角度来看，信息技术的快速发展及与传统产业的有机融合彰显了信息技术对于生产力的推动力，引起生产组织结构和经济结构发生质的飞跃，从而导致信息革命的发生；从信息化的角度来看，信息革命的发生是在信息技术发展的基础上引发了全球性的信息化进程，正如当年工业革命发源于英国，英国将其工业革命推向了全世界，而信息革命发源于美国，美国将其信息革命推向了全球；从信息社会的角度来看，工业革命和工业化开始把人类从农业社会带向工业社会，信息革命和信息化则必将会把人类从工业社会带向信息社会，而信息社会的重要特征就是数字化、

---

① 汪玉凯，高新民. 互联网发展战略［M］. 北京：学习出版社，2012.

网络化和智能化。如物联网就是以网络技术为基础产生的。物联网简单理解就是物物相连的互联网，物联网的基础和核心是互联网，是互联网应用的拓展。有了物联网，智慧城市和智能家庭就有可能实现。在智慧城市，物联网将所有的市政设施连接在一起，这些设施的信息汇集在一起就形成了有效的市政数据，哪里出现了问题都能够第一时间快速解决。在智能家庭中，所有物品都被连接到物联网中，极大方便了用户的使用。物联网还可以实现产业优化升级，使整个城市更加智能，人们的生活更加美好。

三、巨量的人才储备为网络技术可持续发展提供的智力足

习近平总书记在网络安全和信息化工作座谈会上指出，要聚天下英才而用之，为网信事业发展提供有力的人才支撑。应当说，网络空间的竞争归根结底是人才的竞争，没有人才就不可能掌握网络核心技术，掌握不了网络核心技术就会永远受制于人。要实现我国从网络大国向网络强国的转变，就必须牢牢扭住人才这个关键，不断推动我国网络技术向更高层次发展。近年来，基于国家对互联网发展的支持与重视，我国网络人才储备已经形成一定规模，将为网络技术的可持续发展提供强大的智力保证。

（一）庞大的工科大学生群体

当前，在新一轮技术革命的浪潮下，互联网发展进入了一个新的阶段，互联网推动经济社会发展的效益更加凸显，传统行业与互联网融合的程度加深，每年有大批毕业的工科大学生投身于互联网行业，为网络技术的可持续发展奠定了良好的基础。

1. 工科大学生群体的特点

工科大学生群体是高等院校培养的一支重要力量，其进入社会后对推动经济社会发展具有不可忽视的作用。工科大学生所学专业要求其必须具备相对扎实的专业知识、较强的理性思考能力和突出的科学研究能力等特质，这就决定了工科大学生具有独有的优势，且大部分工科大学生毕业后从事的是与技术研究相关的工作。

2. 工科大学生群体的数量规模

据统计，2014 年，普通本科工科招生数为 1 299 865 人，普通专科工科招生数为 1 578 346 人，毕业生总人数共计 2 587 874 人，在校生规模达到 9 740 995 人，占全国普通高等学校本、专科在校生总数的 38.2%。其中，普通本科工科在校生人数占普通本科在校生总数的 33.2%，普通专科工科在校生人数占普通专科在校生总数的 45.9%，比普通本科高 12.7%；普通本科工科招生数占普通本科招生总数的 33.9%，普通专科工科招生数占普通专科招生总数的 46.7%，比普通本科高 12.8%；普通本科工科毕业生人数占普通本科毕业生总数的 33.2%，普通专科工科毕业生人数占普通专科毕业生总数的 45.8%，比普通本科高 12.6%；普通本科工科专业布点数占普通本科专业布点总数的 32.3%，普通专科工科专业布点数占普通专科专业布点总数的 50.5%，比普通本科高 18.2%。[①] 应当说，这是一个庞大的潜在人才群体。

3. 工科大学生群体对网络技术发展的推动作用

国际调研咨询公司优兴咨询（Universum）2014 年的调查数据显示，工科大学生眼中最具吸引力和最理想的前三大企业分别是：第一名国家电网，选择它作为理想雇主的工科生比例为 8.1%；第二名谷歌，选择它作为理想雇主的工科生比例为 7.8%；第三名华为，选择它作为理想雇主的工科生比例为 7.5%。[②] 可见，工科大学生群体中，更多的人愿意选择互联网等技术企业作为他们的理想企业。也正因为如此，庞大的工科大学生群体能够为推动网络技术创新发展提供有力的人才支持，并推动网络技术不断向前发展。

（二）日益增多的"海归"

在我国互联网迅速发展，电子商务、互联网金融和"互联网＋"等新兴行业不断涌现的情况下，互联网对于经济的拉动力日益增大，互联网领域吸引了大量的资金和人才，越来越多的"海归"回到国内寻求发展机遇。

---

① 教育部高等教育教学评估中心，《中国工程教育质量报告》（2013 年度）.
② 佚名. 中国工科生眼中最具吸引力十大雇主［EB/OL］.（2013－07－03）［2016－10－21］. http://smartgrids. ofweek. com/2013－07/ART－290017－8500－28699359. html.

1. "海归"的数量规模

数据显示，2003 年中国留学人员回国人数首次突破 2 万人，达到 20 152 人。2008 年后的两年，受发达国家金融危机影响，留学回国人员猛增，年增长率均超过 50%。其中，2009 年回国人数首次突破 10 万人，达到 10.83 万人。2012 年，留学回国人员达到 27.29 万人，同比增长 46.57%。2013 年，我国出国留学人数达到 41.39 万人，同比增长 3.58%，同年留学回国人数达到 35.35 万人，同比增长 29.5%，两者相比，留学回国人员的增长速度要远远高于出国留学人员。[①] 1978 年至 2013 年底，中国留学回国学生累计达到 144.48 万人，是同期出国留学学生总数的 47.2%，接近一半的出国留学人员学成后选择回国发展。到 2015 年，我国出国留学人员达到 52.37 万人，而回国总人员达到 40.91 万人，与 2014 年相比增长了 12.1%。海外留学生中，超过半数学习的是商科专业，而在这部分商科专业学生中又有超过七成学习金融相关专业，他们成为推动我国网络产业创新发展的一支重要力量。

2. "海归"对网络技术发展的推动作用

当前，伴随着互联网经济的持续增长，"海归"回国创业的趋势日益明显。一方面，"海归"创办的企业大多属于高科技和高端服务领域，他们对国外先进技术和理念有一定了解，很多都是掌握最新科技成果的高科技人才。"海归"凭借先进的管理经验和海外合作关系，能够成为沟通国内市场与国际市场的纽带。另一方面，"海归"创业改变了国内产业生态，带来了以互联网为代表的新经济。如田溯宁、丁健创建亚信，将互联网带到中国；李彦宏开创了领先世界的搜索引擎，极大地提高了国人的信息搜索效率；邓中翰带领的中星微及武平带领的展讯分别打造出具有自主知识产权的"中国芯"等。在中国的"硅谷"中关村，"海归"创业成为一种现象。新浪、搜狐、百度、新东方……一批明星企业见证着中国高新技术产业的发展速度，中星微的邓中翰、启明星辰的严望佳……一批海外学成归来的创业者不断创造着新时代的传奇。今天，中国已然成为一个互联网大国，"海归"使中国在互联网技术以及互联网发展上同发达国家站在了同一起跑

---

① 王辉耀，苗绿. 中国海归发展报告（2013）. 北京：社会科学文献出版社，2013.

线上，甚至超过了许多发达国家。从这个意义上说，我国互联网行业的发展离不开"海归"的投入与努力，正是有了他们的加入，我国的网络技术才能发展得如此迅速。

（三）被市场吸引的"外援"

近年来，互联网的发展正在悄悄改变着传统的经济组织形式和经济发展方式。互联网与各行业的有机融合创造了巨大的经济效益，同时也成为拉动经济的新的增长点。互联网的发展形成了一个新的市场，这个市场无疑会吸引大量的人才群体进入互联网行业寻求发展机遇，同时推动互联网技术深入发展。

1. 互联网发展推动形成新的市场

新一代网络技术的出现特别是移动互联网技术的发展使得互联网进一步向人们的生产生活和经济社会发展渗透，网络技术推动的面向大众的网络创新形态渐渐受到人们的关注。网络创新形态的演变同时催生了以互联网为载体和核心的各种产业，如互联网教育、互联网金融、互联网医疗等。以互联网教育为例，其突破了时间、空间和人员的限制，较好地解决了大众共享优质教育资源的问题，是对传统教育模式的冲击和颠覆。从本质上看，互联网对教育的影响主要体现在教育资源的重新配置和有效整合上。互联网极大地放大了优质教育资源的作用和价值。传统上一个优秀教师只能服务几十个学生，影响力有限，教育资源的价值空间也受到限制。互联网和教育融合后，一个优秀教师能够服务于成千上万名学生，其影响力大幅度提高，教育资源的价值空间也得到更大程度的释放，传统的因地域、时间和师资力量导致的教育"鸿沟"将逐步被缩小甚至被填平，使传统教育滞后于社会发展以及教学内容陈旧、教学方式落后、教学效率低下的问题得到有效解决，培养的人才更加满足社会发展的需求。互联网教育已经成为未来教育发展的趋势，正在逐步形成一个具有很大发展空间的市场。

2. 新的市场对人才的吸引力增加

伴随着全球化和信息化进程的不断推进，网络技术更加深入、广泛地应用于各行各业，使网络经济规模迅速增长，其重要性也日趋凸显。依赖于巨额资本投资和劳动力扩张拉动经济增长的方式已经不能适应当今时代的发展要求，而互联网却能够在加快传统产业升级、促进新兴产业出现和刺激大众消费等方面为GDP增长提供新的动力。由于互联网能够使信息更加透明，有利于优化投资决策，让资本配置更为有效。它还可以有效推动劳动力技能提升，提高劳动生产率，最终有助于我国实现更加可持续的经济增长模式。以当前互联网的发展速度及与各行业的有效融合度计算，预计未来10年，互联网将推动中国GDP增长0.3～1.0个百分点，即互联网对中国GDP的贡献达到7％～22％。到2025年，这相当于每年4万亿元到14万亿元人民币的年GDP总量。

为了衡量各个国家互联网经济的规模，麦肯锡全球研究院推出了iGDP指标，iGDP指的是互联网经济占GDP的比重。2010年，中国的互联网经济只占GDP的3.3％，即iGDP指数为3.3％，落后于大多数发达国家。仅仅过了3年，到2013年，中国的iGDP指数升至4.4％，已经达到全球领先的水平。2014年，中国互联网经济占GDP的比重大幅提升至7％，互联网消费成为拉动GDP增长的新的强劲引擎。① 如果采取适当的支持措施，互联网必将带来更多全新的产品和服务，更加有效地进行资源的合理配置，形成良好的经济发展导向，甚至提升整个国民经济的总需求。所有这些因素预计可以创造几千万个新的工作机会，包括很多高技能职位。被互联网这个巨大的市场所吸引，很多潜在的群体会义无反顾地投身于互联网行业，以寻求更多的发展机遇。

四、网络技术应用创新与传统产业深度融合发展的潜力大

2015年《政府工作报告》提出，将制定"互联网＋"行动计划，受到社会广泛关注。在2015年中国发展高层论坛上，经济界人士围绕互联网与传统产业的融合发展进行了热烈的讨论。到底什么是"互联网＋"？"'互联网＋'代表的是一种新的经济形态，就是让互联网与传统行业进行深度融合，创造新的发展生态。"在新浪公司董事长曹国伟看来，互联网是基础设施的一个部分，具备普遍服务特征，且可以成为中国经济转型升级的驱动力。工业和信息化部副总长苏波解释说，从产业形态看，互联网与传统产业加速融合；从创新模式看，创新载体

---

① 宗文．麦肯锡：未来10年互联网经济助推效应凸显，每年为中国GDP增幅贡献0.3～1个百分点［EB/OL］．（2014－08－10）［2016－10－20］．http://tech.sina.com.cn/i/2014－07－25/10509516789.shtml.

由单个企业向跨领域多主体的创新网络转变；从生产方式看，新一代信息技术，特别是互联网技术与制造业的融合不断深化，智能制造加快发展；从组织形态看，生产小型化、智能化、专业化特征日益突出。在过去二十年中，互联网是怎样渐渐发展并一点点扩大影响的？曹国伟认为，在过去的第一个十年中，互联网萌生了很多经济形态，它们与传统行业依赖生存、和谐共处，而在后来的十年中，互联网改变着经济形态，甚至颠覆了许多传统的行业。这种改变大致可分为四个阶段：首先是使用互联网营销，然后是渠道的网络化，接着是产品的网络化，直到今天，互联网已经开始全面融入金融、教育、旅游、健康、物流等传统行业。

尽管当前互联网与传统产业正在快速融合，但是未来还有很长的一段路要走。"最近的数据显示，中国已经有85％的网民通过手机上网，但互联网经济在整个国民经济当中只占7％，因此，互联网经济的增长仍具有很大潜力。"曹国伟说。

该如何加速网络技术创新与传统产业的融合发展？可以从先易后难的策略、由表及里的路径和技术内生的逻辑三个方面探讨。

（一）先易后难的策略

先易后难的策略表现在如何用网络技术对人们日常生活产生纵深和全面的影响。

1. 由浅到深的渗透

先易后难的策略首先表现在日常生活中互联网由浅到深的渗透。当前互联网的发展已经不限于以往单一的互联网行业，网购不再新鲜，互联网金融和约车软件也开始成为生活中不可或缺的新元素，互联网正向更多传统领域渗透，"互联网＋"是传统行业与互联网的融合与重构。制造、广告、新闻、通信、物流、医疗、教育、旅游、餐饮……几乎所有的传统行业、传统应用与服务都在被互联网改变。传统行业向互联网迁移，带来资金流、信息流、物流的整合，形成新的平台，产生新的应用，带来产业或服务的转型升级。"互联网＋"模式将给各个行业带来创新与发展的机会，不仅在教育、医疗、物流、交通、旅游、娱乐等服务领域广为应用，而且日益渗透到工业设计和农业发展中①。2013 年，在互联网应用发展较快的服务业，互联网教育、互联网医疗、互联网物流等成为"互联网＋"模式最为活跃的领域②。

相关数据显示，2004 年国内网络教育市场规模约为 143 亿元，到 2012 年已达到 723 亿元，预计到 2015 年在线教育市场规模有望达到 1745 亿元。随着互联网渗透率进一步提升和在线教育消费习惯的养成，"互联网＋"在教育市场的规模有望加速扩大③。

医疗与移动互联网的融合逐渐成为一种新的趋势，越来越多的创业者进入移动医疗行业。据不完全统计，目前国内移动医疗智能应用已经达 2000 多款。中国口腔门诊门户创始人李俊表示：移动互联网为移动医疗提供渠道，移动医疗的价值不亚于移动社交，现在已经有很多开发者涉足医疗智能应用市场，这意味着移动互联网即将引发医疗行业新革命。国际数据公司（IDC）的报告显示，2012 年中国医疗行业 IT 花费为 170.8 亿元，较 2011 年增长了 16.6％。预计到 2017 年医疗行业 IT 花费将达到 336.5 亿元。

电子商务正在拉动物流行业向"互联网＋"转变。阿里巴巴利用互联网技术建立大数据应用平台，为物流公司、仓储企业、第三方物流服务商、供应链服务商提供服务，支持物流业向高附加值领域发展和升级。物流业的"互联网＋"一旦发展成熟，借助对客户数据的掌握，将有可能成为整合生产资源和价值链的重要力量。

2. 全方位多领域渗透

先易后难的策略还表现在全方位多领域的渗透，如互联网在交通、旅游、娱乐等传统领域的智能应用有力推动了信息消费和现代信息服务的发展。

在制造业服务化中，互联网应用正在渗透进入工业产品研发设计、生产控制、供应链管理、市场营销等环节。例如在 ARJ21 新支线飞机项目中，借助互联网实现异地设计、制作和供应商的协同，大大提高了效率和质量。海尔集团积极实施网络化战略，实现了面向差异化的人单合一④。

---

① ② ③　姜奇平. 走互联网与传统产业融合之路［EB/OL］.（2014 - 04 - 03）［2010 - 10 - 20］. http://finance. ifeng. com/a/2014 - 04/03/12044348_0. shtml.

④　创新发展新机遇，走互联网与传统产业融合之路［EB/OL］.（2014 - 04 - 03）［2016 - 10 - 20］. http://bt. xinhuanet. com/2014 - 04/03/c_1110084235. htm.

互联网还有力提升着传统农业。如果说产业化对农业的带动在于扩大规模和降低成本，互联网化则将提高农业的信息透明度，提高农产品精细化、特色化的产供销水平。我国目前已建成涉农网站 2 万个，乡镇信息服务站 2.5 万个，推动了现代农业的发展。

传统行业对互联网的利用不再局限于工具和技术层面，而深化到商业模式创新层面，在流通、金融、广告等方面较有代表性[①]。

金融业正逐渐超越对互联网的工具式理解，认识到互联网金融带来业务创新的机会。此前，银行对小微贷征信主要靠硬信息（资金往来信息），贷款额越小，成本越高。全球网与银行合作，借助在电子商务中形成的 260 多项软信息（非资金往来信息），通过自动监控经营者的水电气使用情况、违法记录等，有效甄别贷款者的信用状况，在降低征信成本的同时有效降低了贷款违约率。与互联网的结合，使银行营业员转变了业务模式，从不喜欢接零散小额业务，到尝到互联网"因小而美"的甜头后开始愿意用互联网的方式做联保。[②]

互联网金融将金融业与信息业融为一体。以阿里巴巴为例，其金融的实际核心竞争力来自信息方面，而非金融方面。借助大数据分析信用，截至 2013 年 7 月，阿里金融已累计为 30 余万家小微企业和创业者发放网络小额信用贷款 836 亿元。阿里金融的优势在于可以比金融业成本更低地掌握信用可获得性。数据业务主营化，将使信用的可获得性成为利润的源泉[③]。

当前，全球互联网金融的前沿发展正显示出数据业务主营化的巨大商机。分析人士已经认识到，"支付公司还可以利用现有交易产生的数据来驱动更多的交易"。如果一位客户在 Sports Authority（美国知名体育用品销售商）网站上买了一个网球拍，而在贝宝（PayPal）、盒子支付（Square）上留下交易数据，借助分析系统，支付公司就可以向这位顾客推荐一名网球教练的课程，从中获利。单是转化为效果广告的商机就十分巨大。全球知名的市场研究机构 eMarketer 最新发布的数据显示，亚马逊 2013 年的广告收入将达到 8.35 亿美元，较 2012 年的 6.10 亿美元增长 45.51%，预计这种高速增长仍将持续。

---

①② 创新发展新机遇，走互联网与传统产业融合之路［EB/OL］.（2014 - 04 - 03）［2016 - 10 - 20］. http://bt. xinhuanet. com/2014 - 04/03/c_1110084235. htm.
③ 凌纪伟. 推进互联网与产业融合创新发展［EB/OL］.（2015 - 10 - 08）［2016 - 10 - 20］. http://news. xinhuanet. com/tech/2015 - 10/08/c_128295192. htm.

与金融业的情况类似，传统流通业与互联网的结合推动了生产方式的转变。流通业受传统"中国制造"粗放经营的影响，在激烈的市场竞争中往往采取杀价竞争策略。阿里巴巴利用大数据帮助网商提高信息流量向成交量的转化率，促使一部分商家向差异化、多样化、个性化的方向发展，追求高附加值，实现"因小而美"。互联网与广告业的结合也推动了广告日益向精准、按效果付费的方向转变。

电信业是"互联网＋"发展到纵深阶段的一个典型。智能手机是一个明显的例子。人们一般知道智能手机这个名称，但不知道其确切含义。简单来说，只能打电话的手机是语音手机，而可以上网的数据手机是智能手机。

电信业作为传统产业，经营的主要是语音业务，而互联网产业经营的主要是数据业务。当二者在手机上融为一体时，传统的电信业就成了移动互联网业，经营移动互联网业的电信业就成了大互联网业，其核心特征是数据业务的主营化，原有的语音业务更多变成副业。

"互联网＋"在发展到纵深阶段时，会发生一种被称为"过顶传球"（OTT）的现象。OTT 是一个篮球术语，在移动互联网业特指数据业务方越过语音基础业务的"防线"，直接获得市场。例如在电信业、金融业中，数据业越过传统行业的"顶"，直接"传球"，获取市场收益。

在移动互联网业"过顶传球"的背后，人们可以发现两个对各行各业具有普遍意义的现象。首先，传统业务，如语音业务的绝对规模不仅没有减少，反而上升，只是传统业务在全部收入中的比重急剧下降，而数据业务的比重急剧上升。当前数据及互联网业务收入占非语音业务收入的比重达 52％，占全国电信业务收入的 28％，对整体收入拉动作用明显。这很像工业革命时期农业产量的绝对值在上升，但在国内生产总值（GDP）中的比重下降，从 100％一直下降到 6％。其次，导致新旧业务地位更替的直接动因是业务增长速度的差别。在传统电信业，语音业务的增长速度仅仅高于国内生产总值的增长速度，2013 年伊始，移动语音和短信户均业务量下滑明显，全国移动短信业务量同比仅微增 0.5％；而在互联网行业，数据业务以三位数增长已成常态。好像骑自行车的人与坐高铁的人赛跑，产业自然而然地发生了新陈代谢的更迭过程。

我国目前是全球智能手机第一大国。我国电信业 2013 年一季度移动数据及互联网业务实现收入 397.1 亿元，同比增长 56.2％，拉动收入增长 5.7 个百分点，日益成为收入增长的关键。我国电信业已经认识到，"主要依靠语音业务的发展模式已不能适应移动互联网时代的要求，面对数据流量迅猛增长的机遇，电信运营商必须尽快积极求变"。

互联网产业内部也在发生从传统业务向数据化业务的转变。亚马逊就是互联网企业向大数据转型的代表。亚马逊在过去的十几年间追踪了上亿网购用户的浏览、搜索和购买记录，通过大数据，将商品信息在合适的网站、合适的时间展现给合适的消费者。

市场研究公司 Constellation Research 分析师雷·王（Ray Wang）把亚马逊整合数据和传统业务的新商务称为"矩阵商务"。他说，"在矩阵商务领域，网络渠道、来自大数据的需求信号、来自物流的供应链情况、来自各个接口的支付技术、来自数字签章的无缝促成因素等，它们就是未来。"通过"＋通信""＋媒体""＋娱乐"等，将越来越多发端于线下的传统行业植入互联网中。互联网与传统行业的结合，从产品形态、销售渠道、服务方式、盈利模式、主营业务等多个方面打破行业原有的业态，衍生出很多新的机会。

（二）由表及里的路径

由表及里的路径分为真正以用户为导向、改造和重构生产环节和流程、对流通环节的改造和模式创新及着力对企业组织体系进行改造和创新四个方面。

1. 真正以用户和消费者为导向

通过互联网技术对传统的设计研发环节进行改造、创新。互联网在企业与用户间架起桥梁，使之可以实现良性快速沟通互动。企业员工与用户均可直接参与产品研发设计，个性化定制，还可实现研发的"众包式"变革，带动创新，使得企业对市场需求的把握更加准确，能够实现快速响应。这个过程实际上是将"微笑曲线"两端有机结合的过程，是需求变现的过程。

2. 改造和重构生产环节和流程

与研发设计和众筹变革密切相连、环环相扣的，是由大规模标准化生产向大规模柔性定制的生产变革。随着用户个性化定制需求的日益增强，生产模式向柔性定制方向转变。企业可通过互联网技术和软件控制对生产要素与生产流程进行动态化、智能化的配置管理，实现定制化生产。例如海尔公司推出的个性定制服务，允许用户选择材质、容量、样式、附加功能等多个项目，实现了家电的量身打造，是家电行业的创新性探索和尝试。有的企业通过批量生产线重新编程、组合，能够实现同一产品不同型号、不同款式、不同面料的转换，实现流水线上不同数据、不同规格、不同元素的灵活搭配，以流水线生产模式制造个性化产品。

3. 对流通环节的改造和模式创新

流通环节由过去采购、物流和销售各个环节高成本、高库存、低效率、信息不对称向信息加速交流和推广转变，通过电子商务平台带动线上线下互动，为企业的采购、销售注入新活力。在这个过程中有多种选择，可创建企业自身垂直电子商务平台、行业网络交易平台以及综合性电子商务平台等，重点提供高效、低成本的快捷服务，实现商流、物流、资金流和信息流真正的"四流"合一。

4. 着力对企业组织体系进行改造和创新

向扁平化、网络化组织架构变革，将提高企业组织对市场需求的快速反应和研发创新能力，以及随时应变的生产和制造能力。有了广泛而完善的销售网络，有了筹集资金的能力需求，企业组织架构开始改变。

（三）技术内生的逻辑

网络技术按照某种逻辑和规律在一定程度上螺旋式上升和不断创新演进，技术的进步推动经济的发展，经济的发展又催生了技术的不断更新和演进。

1. 技术的创新是内生的

技术的进步在一定程度上可以理解为是对现有技术的一种变革和创新，是对一定知识和经验的终结和发展，这是一个内生演进的过程。根据熊彼特的思想，创新是一个不断试错的过程（Trial and Error），很容易受到各种偶然因素的影响（如信息的不确定、技术变动的不确定以及市场变化的不确定等），其过程和结果都是高度不确定的，因而给人的感觉好像是突变的、外生于社会的。但在各种创新中却有着一定的规律性，在一定程度上可以解释技术相对稳定的演进模式。

所有创新，无论大小，一般均是几条线索集成的过程：一是消费者需求提供的线索；二是同类技术线索；三是科学研究成果的应用。在市场经济中，对某类产品的需求是新技术产生和应用的基础和条件，无利可图的技术在市场上是无法存在的。弗里曼和佩雷斯在《结构调整危机：经济周期和投资行为》一文中指出：某些新技术在经历了一个酝酿和顶形的长时期后，为新市场和新的有利可图的投资提供了这样一个广泛的机会，当社会和组织机构的情况有利时，企业家有足够的信心开始扩张性投资的长期浪潮。这说明，一项技术当且仅当是人们所需要的时，才是一个可操作的、有实际应用价值的创新，需求对技术的创新和应用以及技术的进步至关重要。但对一项新技术的采用并不是在一个稳定的静态均衡条件下进行的，任何技术在采用之前其结果大多是不确定的。"任何技术，当你在没有经过它时，你就不会知道它的结果。"对其采用的根据仅仅是对结果的概率估计和收益的预期，以及对新技术小范围试验的结果，因此其具有不确定性。相对于整个社会而言，需求是由内部产生的，在这个意义上对技术的创新也是内生的。

技术的创新是由现有的同类技术发展而来的，即是在现存技术条件下的创新。在一个社会中，技术创新主要来源于企业的研发和研究机构（包括高校）的发明创造。这两类创新都要受到社会现有的技术水平和社会整体科技水平的影响。对企业而言，假设存在一个新的技术创新，企业的任务就是找到并且模仿它，这包括企业对技术的本地搜寻和模仿。本地搜寻是当一个给定的、不变的技术可能性集合被逐渐探明和发现时所产生的技术进步，这个技术可能性集合就是那个假定存在的新的技术或创新。模仿主要指一个企业要看其他企业在做什么，找到一种概率与那种技术在一定时期内的产出在全行业总产出中所占的比例成正比的特定技术。假设模仿都可以集中在"最佳实践"上，即企业只对实践中产生结果最优的技术感兴趣。当然，在这个模型里，什么是"最佳实践"对于企业而言是不明显的，但广泛使用的技术是引人注意的。技术的进步只是内生依存于现有技术基础之上的。技术进步在这个线索上是对现有技术的模仿和改进的过程，一项新的技术的产生会为另一项技术创新提供契机和基础，由此进行内生的循环，并遵循量变质变规律，技术变化积累到一定程度就会产生技术大的进步。

科学研究成果的应用是给人们造成技术外生错觉的主要根源，但这些科学和研究成果却是内生于经济和社会中的。一项新的技术是依据原有知识体系而创造出来的新的知识成果，而知识是可以累积的，这种知识通过与其他不同知识的对话（甚至冲突）和融和就会产生一种超越于这些知识的创新，当这种创新的积累达到一定程度后就会超越当前社会的技术和知识水平，产生巨大的进步。这种累积效应使得整个人类历史的技术演进轨迹在时间序列上是一个连续的、永不停息的内生的发展过程，一轮新技术的产生和应用会造成另一轮知识和技术的创新和发明。

2. 经济发展和社会进步是一个动态的过程

经济的发展和社会的进步是一个动态的过程，技术的进步推动经济的发展，而经济的发展又催生了技术的不断更新和演进，两者间相互作用和影响的关系在近几十年的经济发展轨迹中得到了很好的验证。技术内生于社会，其进步存在很强的规律性，存在着技术进步的轨迹和模式，在相对比较长的时期内，技术有一个明显的发展和进步的路径。

3. 网络技术依据技术内生逻辑螺旋式上升发展

网络技术应用创新与传统产业的结合也不例外，也是依据技术的内生逻辑螺旋式上升发展。从早期的边缘化，如信息发布、门户、索引等，到后来的网络技术创新与传统产业的衔接，依托互联网平台拓宽传统产业的受众群体和销售渠道。现如今，网络技术创新和传统产业互相补充，开创着新企业的融合时代。那些以大投资、大批量、高劳动生产率为基本特征的工业化时代的产物，曾荣耀一时的钢铁、汽车等产业在网络科技面前也要发生扭转。网络科技的不断发展改变了人们的生产、生活方式。网络科技也正在超出传统的信息技术领域，以飞快的速度创新带动着互联网产业和传统产业的共生。

技术是内生的，可以通过各种手段和激励政策促进发明和创新，使网络技术在经济发展中起到越来越重要的作用，从而促进经济的连续、快速发展，提高社会的整体福利。因此，应该注意对整个社会内部创造能力的鼓励和培养，加强教育，加强对新技术的应用，使网络技术为经济的发展和人类福利的提高做出越来越多的贡献。

五、技术创新对接经济社会民主与信息化管理的耦合度高

网络技术的创新发展也遵循着历史唯物主义的基本规律。在网络经济条件催生下，传统产业的生产资料和劳动者出现了一体化的发展趋势，由于生产资料与劳动者结合方式的变化，特别是劳动者在整个生产力系统的地位日益凸显，过去那种以生产资料所有制为中心的生产组织和管理方式随之发生了以生产者为中心的转变，整个社会的组织和管理方式也必须适应以富有创新精神的个体为中心的民主化要求。网络技术创新的泛在化和即时性助推社会涡轮化转变，传统的社会组织与管理方式快速地由科层的单向性向网络化、多主体、无中心发展，社会生产和生活方式的信息化与民生化相互激荡，成为网络拉动技术创新的持续动力。

（一）历史唯物主义的逻辑

根据马克思主义政治经济学经典理论，生产力和生产关系是生产中的两个方面，它们有机地构成一定的生产方式。网络经济时代，信息和知识扩大成为传统产业生产力要素的重要组成部分，并通过直接或间接作用对传统产业生产关系发生着深远的影响，同时传统产业的生产关系又反作用于传统产业的生产力，从而构成一幅新型生产力和生产关系相互作用、对立统一的矛盾运动图景，促使传统产业生产方式发生根本性转变。在马克思看来，生产方式主要是指生产的技术条件与社会条件。所谓生产的技术条件，是指生产过程中的技术水平，主要包括三方面内容：劳动者的生产技能；生产资料的规模和技能，主要是所使用的劳动资料的性质及规模；科学的发展水平及其在生产中应用的过程，主要是技术的性质和规模。所谓生产的社会条件，即生产过程的社会结合或生产的组织形式，其内容主要包括生产组织的性质、规模和生产资料的聚散程度及与劳动者的结合方式。在网络经济影响下，传统产业生产资料与劳动者产生了一体化的发展趋势，传统生产组织形式产生新型化发展趋势。

生产关系不是消极和被动的因素。生产关系一旦形成，就会积极地反作用于生产力。同生产力相适应的生产关系会促进生产力的发展，同生产力不相适应的落后或者超前的生产关系会阻碍生产力的发展。生产关系一定要适应生产力的性质和发展要求，这是人类社会发展的客观规律。

1. 通过传统产业生产关系全球化推进生产力发展

网络经济的发展使传统产业的生产打破了以往的经济体孤立分散发展的状态，使传统产业生产不仅能在不同地域间顺畅进行，传统产业生产关系全球化发展，而且传统产业生产关系全球化也有助于推动传统产业生产力的发展。全球经济一体化的同时，传统产业可以借助计算机信息网络技术降低生产成本和沟通交流成本，跨国公司等国际性大企业在新的经济时代下更趋向于利用先进的通信工具交流沟通，从而推进国际贸易的发展。高新技术手段可以快速地传播，先进的技术手段能够促进经济、文化、政治打破地域界限在不同国家和民族间交流。因此，网络经济促进传统产业生产关系全球化进程不断加快，主要表现在能够借助先进的计算机信息网络实现社会生产中的生产、分配、交换和消费等环节在全球范围内方便、快捷地运作。这种全球化的生产关系有效地推进了传统产业生产力的发展，具体表现为网络经济促进传统产业生产要素结构的优化、劳动结构的知识密集化、投资结构的调整，从而形成依托网络经济进行传统产业经济结构优化的发展趋势。

经济全球化使生产力和生产关系的矛盾运动有更大的活动空间，发挥更大的作用。借助计算机信息网络技术，先进的生产力可以得到迅速而广泛的传播。在一些传统产业生产力落后的地区，通过对先进生产力的学习和应用，可以将生产力提高到先进水平，实现生产力的跨越式发展，而且先进的计算机信息网络技术自身就是一种先进生产力的代表。全球经济一体化发展，使生产关系作用于全球范围内，从而形成全球生产力互动的体系。

2. 通过传统产业网络化生产组织形式促进生产力发展

传统产业网络化组织形式是对劳动者这个重要生产力要素的合理组织，通过合理的组织结构，传统产业生产力也得到了极大的发展。不合理的传统产业生产组织形式在一定程度上限制或抑制了劳动者的积极性和主观能动性，从而阻碍了生产力的发展。通过传统产业网络化生产组织形式，可以有效地促进劳动者同其他生产要素的结合，极大限度地发挥个人在团体中的作用，提高生产效率，实现传统产业生产关系直接或间接地促进传统产业生产力发展的目的。

随着网络科技的发展，分工和协作的程度逐渐加深，网络化生产组织成为传统产业生产关系发展的一个重要途径。传统产业利用先进的网络化生产组织形式，调动个人积极性，充分发挥团体作用，从而加快科技创新进程，并通过良好的沟通和执行力快速形成实际的传统产业生产力。因此，传统产业通过发展网络化生产组织形式对生产过程进行合理组织，直接推动了传统产业生产力的发展。

3. 通过传统产业所有制变革推动生产力发展

网络经济的迅速发展使知识型生产力成为传统产业发展的主要驱动力，这要求传统产业的企业更加重视知识型劳动者，劳动者逐渐通过资本市场运作方式获得企业的部分所有权。网络经济使知识和信息成为劳动对象，知识型劳动者将成为企业的所有者，而分配所有权的依据则是将生产关系中的人力资本量化，使资本所有者和知识型劳动者形成利益共同体，从而促进生产有序进行，形成传统产业生产关系与传统产业生产力相互作用的良性循环。

(二)"涡轮现象"

"涡轮现象"是经济学领域的概念，同样适用于网络技术的创新发展，网络创新给人类带来福祉的同时也会带来某种程度上的"毁灭"。

1. 什么是创新的"涡轮现象"

"涡轮现象"又称创造性毁灭，创造性毁灭是奥地利经济学家约瑟夫·熊彼特提出的理论。他认为，科技创新不断推出更好的新产品，引发产业革命，同时也毁灭了很多旧产业。在一定时间内，这种创造性毁灭是毁灭大于创造的。从长期来看，科技创新最终会引发新的产业革命，带来人类社会更好的发展。人类历史上这样的创造性毁灭屡见不鲜。很多传统行业在新科技的冲击下消亡在历史的长河中，也有很多新行业在科技的孕育下产生、发展，直到最后被其他更新的科技毁灭。创造性毁灭是创造还是毁灭，有一个至关重要的因素，即科技创新的频率。

2. 网络技术创新也存在"涡轮现象"

今天，互联网带来新的商业模式、新的组织、新的服务以及新的源源不断的收益。在全球网络经济背景下，各产业部门正经历着从纵向整合到横向整合的聚集与转变。我们看到，习惯了种种常规性管理工具和竞争方法的企业在新技术、新管理经营模式的"威胁"下黯然失色，而新兴的创业者突然成为市场"新贵"；不断有工作岗位被创造出来，又有工作岗位被破坏，这就是"创造性毁灭"的表现。它使很多人的生活变得更好，也使那些习惯于旧生活和旧工作的人感到恐慌。

尤其是近两年，网络科技创新层出不穷，人类正在以前所未有的速度推动着科技进步。Uber，Airbnb 等共享经济给出租车行业、旅馆业带来了巨大的冲击。Tesla 等电动车巨头给石油产业带来巨大影响——原油价格已经一年多处于历史低位，这其中不乏电动车的原因。Google 等巨头领导的无人驾驶技术势必会革新整个交通行业。世界上几乎所有的科技公司，从科技巨头到创业公司，都在人工智能领域投入了巨大的资本。人工智能和机器人的发展未来或可能影响人类社会目前所有的重复性劳动。

（三）转型提供的动力场

管理模式特别是西方的科层管理体制已经存在了几十年，但是这种管理体制似乎只能适用于传统社会的生产力发展。网络技术的革新带来了新的冲击，传统的科层化管理模式也必须适应这一新的变化。

1. 网络技术创新给管理方式带来了强大的动力场

随着网络技术的创新，与之有着千丝万缕联系的管理的创新也势在必行。在网络技术创新日新月异的发展势头下，原来陈旧的管理模式已经逐渐不适应时代发展，网络技术创新带来管理方式创新强大的动力场。

近年来在 ERP、CRM 等企业管理软件之后，协同理念和协同软件在国际上成为新的热点，受到很多资本界、产业界和用户的追捧与青睐。究其原因，最重要的推动作用来自于管理创新的要求。

2. 网络科技持续的创新下企业的管理主要经历着三大变革

首先，相对固定的管理向跨组织协同管理转变。在新经济时代，企业管理的基础还是团队，但是团队的性质已经发生了极大的变化。现代团队已经由过去完全集中在一个办公室、物理的协作方式变为跨部门、跨企业、跨地区、跨时区、跨网络、跨系统的团队协同模式。过去，为完成一个新项目，需要从不同的部门、组织抽调组成新的团队，而现在，由于这类跨组织协作频繁，传统的团队管理方法已经不能满足现代管理的要求。

其次，相对集中的管理向松散型协同管理转变。在现代管理中，即使是一个组织内部，人员也已经从过去的固定场所变为分散的办公模式，像企业的销售人员、管理人员、记者等，他们的工作形态是松散的，经常有出差的要求。对这种松散型、移动型组织的协同需要全新的管理软件实现。

最后，固定流程管理向动态流程协同管理转变。信息技术的普及使得企业希望可以管理各类流程，市场竞争激烈变化也使企业的管理流程变化加快。企业需要对固定（规范）流程、可变（非规范）流程进行统一管理。而传统应用是基于固定流程，需要经历"需求分析、开发、实施、培训、维护"等过程，无论从时间还是从成本等方面都不适应动态流程管理的要求。

六、国家网络强国战略为网络技术创新提供的历史机遇好

习近平总书记在 2015 年主持召开的中央网络安全和信息化领导小组第一次会议上强调，网络安全和信息化是事关国家安全和国家发展、事关广大人民群众工作生活的重大战略问题，要从国际国内大势出发，总体布局，统筹各方，创新发展，努力把我国建设成为网络强国。面对新的历史机遇，技术发展应该选择怎样的路径、如何正确地把握政策成为下一步网络技术创新需要面对的重要课题。

（一）技术发展的社会选择路径

面对新的历史机遇，社会对网络技术同样作出选择，内在具有一定的逻辑和渊源。

1. 社会对技术选择的客观原因

社会对网络技术的选择有主观和客观两个方面，表现在客观方面，如震惊世界的"斯诺登"事件。"斯诺登"事件无论在全球互联网发展史上还是在全球网络安全历史上都是最重大的事件，也是影响最深远的事件，它标志着全球网络空

间的博弈真正成为各国战略核心问题。对于中国来说,"斯诺登"事件最大的影响就是战略觉醒,包括政府的觉醒、企业的觉醒和民众的觉醒,中国网络空间安全不设防的时代将从此终结。网络安全领导小组和国家安全委员会的成立都呼应了这场大转变的到来。短期之内,我们现实的目标还是加强"内功",加紧"补课",尽快结束不设防的现状,形成一定的防御能力。尤其是争取在最短的时间内,有效保护要害部门,及时侦测攻击行为,同时初步建立关键基础设施网络安全体系,初步形成自主可控的能力。"后斯诺登"效应还将持续发酵。2014 年 4 月 8 日,微软停止了对 Windows XP 的支持。这一事件表面上看起来似乎只是微软的一个产品问题,事实上却可能成为我国有史以来最严重的网络安全事故。首先,Windows XP 的用户群体主要在中国,涉及 2 亿多用户。其次,微软在 XP 之后实施了高度掌控用户电脑和数据的新架构,便于实施类似"棱镜门"这样的监控行为。目前党政军以及核心行业和企业都还是以 XP 为主,微软逼迫用户放弃 XP,很大程度上也在"逼宫"中国政府。

微软 XP 事件使我国在核心信息技术和信息基础设施方面受制于人的尴尬局面显露无遗。不解决自主可控和有效防御的问题,网络强国就是空中楼阁。这个问题不可能一蹴而就,也不能继续延误,必须有所作为。在核心技术方面,要下决心着力解决可替代的问题,初步解决自主可控的问题;在关键基础设施方面,采取产品安全审查、源代码托管、首席安全官、安全性攻防监测等一系列措施,建立基本的保障能力。

2. 社会对技术选择的主观原因

主观方面,近些年我国网民规模与互联网企业竞争能力的上升力量是建设网络强国最重要的驱动力。2014 年开年,余额宝取缔大论战,打车软件与微信红包引爆的腾讯和阿里巴巴公司的移动支付大战,将中国互联网金融的发展推向新的高潮。下一个十年,中国经济总量很可能将超越美国,军事实力也将跻身强国行列,文化和政治力量在很大程度上将借助互联网的力量在全球崛起。因此,把握互联网的发展趋势,抓住大好机遇,中华民族复兴之梦是可以期待的。互联网将成为中国崛起的催化剂、加速器和驱动力,网络强国战略的及时性和重要性显而易见。

（二）转型与升级中的政策支持

习近平总书记强调，要制定全面的信息技术、网络技术研究发展战略，下大力气解决科研成果转化问题。要出台支持企业发展的政策，让它们成为技术创新主体，成为信息产业发展主体。要抓紧制定立法规划，完善互联网信息内容管理、关键信息基础设施保护等法律法规，依法治理网络空间，维护公民合法权益。

未来中国如何由网络大国走向网络强国？考虑从以下四个层面着手。

1. 国家层面的网络强国建设

制定国家网络强国战略，加强顶层设计和组织领导。目前，全世界已有 30 多个国家制定了有关网络空间或互联网使用的政策，不少国家开始加强网络空间的防御和攻击能力，如建立相关理论、设立网络协调中心、加强协作能力、加大网络空间的兵力投送以及建设网络防御能力等。中央决定成立网络安全和信息化领导小组，其重大战略意义就在于从组织领导层面加强对未来网络安全和信息化的决策和领导，也为我国走向网络强国提供强有力的组织保障。

2. 组织国家力量打信息技术翻身仗

要组织国家力量打信息技术翻身仗。如何借助国家强大的组织能力和市场两种力量打好国家信息技术翻身仗，不仅是摆在国家领导人面前的大问题，也是我国所有信息技术企业面临的重大课题。可以预见，随着中央网络安全和信息化领导小组的建立，必将在这方面采取重要举措，组织国家力量打好信息技术的翻身仗。

3. 加强与网络强国相适应的基础设施建设

加强与网络强国相适应的基础设施建设，特别是宽带建设，包括大数据、云计算、移动互联网、物联网等新技术的基础设施建设和广泛应用等。对关键基础设施的保护是国家网络安全战略的一项重要内容，但不同国家对关键基础设施的界定不同，有的国家将基础设施的功能作为界定标准，有的国家将基础设施一旦遭到破坏后给国家带来的后果作为界定标准。例如，欧盟将其定义为"成员国的系统或资产，对维持极其重要的社会功能、卫生、治安、安全以及人们的经济或社会福利必不可少，对其干扰或破坏会给成员国带来严重后果"，属于前者；美国将其定义为"对美国极其重要的物理或虚拟系统或资产，一旦瘫痪或破坏将会对国家安全、经济安全、公共卫生或治安等领域带来削弱性后果"，属于后者。按照不同界定，美国共列出了 18 个关键基础设施领域。

4. 完善和建立与网络强国相适应的法律体系和制度框架

完善和建立与网络强国相适应的法律体系和制度框架。由网络大国走向网络强国，如果没有制度和法治体系保障是非常困难的。不管从立法还是从制度建设等方面，都要系统考虑如何由网络大国走向网络强国的问题。

（三）对"战略"的配合与把握

国家战略层面对"战略"的配合与把握首先要调整网络的全局战略结构，制定信息化发展的中长期战略规划；其次要利用好政策红利，保持良好的创新势头。

1. 调整网络全局战略结构

为实现网络强国目标，党和政府从推进信息产业结构调整和升级，满足消费者对信息产品日益增长的需求，促进信息产业的健康发展入手制定了一系列相关政策。党中央和国务院高度重视信息化建设，将其作为我国现代化建设全局的重要战略举措。2014 年 2 月 27 日，由习近平总书记担任组长的中央网络安全和信息化领导小组成立，该领导小组旨在统筹指导中国迈向网络强国的发展战略。2006 年，国务院依据我国信息化发展的基本国情和世界信息化发展的趋势制定了我国信息化发展的中长期战略性发展规划《2006—2020 年国家信息化发展战略》。规划中明确指出，信息化是我国构建社会主义和谐社会和创建创新国家的迫切需求和必然选择，同时明确了信息化发展的指导思想，确立了发展的战略目标和战略重点，制定了战略行动和保障措施等内容，如进一步优化软件产业和集成电路产业发展环境，提高产业发展质量和水平，培育一批有实力和影响力的行业领先企业。

目前我国正处在改革的攻坚期和"深水区"，中国共产党第十八次代表大会明确将"信息化水平大幅提升"纳入全面建成小康社会的目标之一,提出了走中国特色新型工业化、信息化、城镇化、农业现代化道路,促进"四化"同步发展,为信息化发展提供了良好的市场机遇,并从信息化基础设施建设、互联网对经济拉动、产业融合、云计算时代信息产业变革和移动互联网发展几个方面分析了我国信息化发展面临的机遇。

2. 利用好政策红利,保持良好创新势头

要利用好政策红利,又保持不拘一格的创新本质,不因政策而扭曲创新,利用政府和市场两轮驱动力促进网络创新。网络技术创新的成果只有在市场中实现,才会成为促进企业发展的动力,如果脱离了社会的需求,任何创新都是毫无价值的。美国微软公司能有今天的成就,依靠的就是需求的变化,通过技术上的不断更新和不断淘汰旧产品而不断发展。联系我国企业的实际情况,先进网络创新技术的研究开发要与企业结构、产品结构的优化相结合。要促进产品的改善和质量的提高,促进企业结构的优化,提高企业的技术组成。另外,还要注意调整产业结构,培育新的经济增长点,实现原有产业的提升和产业、产品的延伸。

第四章　我国网络技术创新面临的突出问题与挑战

以移动互联、云计算、大数据为代表的新一代信息通信技术在过去的十几年间深深地影响和改变了人们的生产、生活和思维，但正如中国工程院院士、光纤传送网和宽带信息网著名专家邬贺铨所指出的，无论是基础设施、技术、产业，还是网络安全和网络话语权，中国与发达国家之间相比还有很大差距。"我们现在还不算网络强国，建设网络强国的路还有很长的距离要走。"① 而要成为网络强国，除了科技创新特别是原始创新的引领，几无他途。当前，我国网络技术创新既面临重大的历史发展机遇，又有复杂而严峻的国际国内挑战，需要认真分析，研判利弊，采取切实有效的措施，坚持有所为有所不为的原则，迎难而上，突破瓶颈，以创新驱动实现网络强国战略。

综合我国近十年来网络技术研发的经验，对比发达国家特别是以美国为首的网络强国在网络技术创新领域取得的成绩，我们认为，当前和今后很长一段时间里，我国网络技术创新存在的主要问题是网络基础设施和核心技术的研发创新能力不足，需要以巨大的勇气突破来自文化环境、教育与科技体制等的制约，直面欧美技术壁垒带来的挑战。

一、　基础设施研发能力不足

互联网基础设施通常是指为了实现互联网应用所需的硬件和软件的集合。

---

① 邬贺铨. 中国网络强国之路还很长［EB/OL］.（2015 - 12 - 18）［2016 - 08 - 20］. http：//www. edu. cn/xxh/2t/hlw/201512/t 20151218 _ 1349242. shtml.

2015 年 12 月，习近平总书记在乌镇第二届世界互联网大会上就共同构建网络空间命运共同体提出 5 点主张，他首先强调的就是加快网络基础设施建设，促进互联互通。可以说，网络基础设施是国际互联网的硬件基础，而关键的网络基础设施则构成互联网的骨干，因此关键网络基础设施的研发和建设就成为建设网络强国最基础的一环。

（一）关键网络基础设施严重依赖进口

目前，关键网络基础设施已被各国视为重要的战略资源，而以立法的形式保护关键基础设施和关键信息基础设施的安全已经成为当今世界各国网络空间安全制度建设的核心内容和基本实践，关键网络基础设施的创新研发也成为各国在网络空间领域竞争博弈的主要战场。我国在关键网络基础设施方面的创新能力与建设网络强国的现实要求尚有不少差距，主要表现在关键网络基础设施和专用网络设备仍需要进口，这也造成了我国网络基础设施的安全保障面临风险。

1. 关键网络基础设施及其作用

关键网络基础设施是网络基础设施中维系关键基础服务持续运转的部分，是确保一国现代关键基础设施服务得以持续运转的不可或缺的重要因素。传统上关键网络基础设施主要由信息和电信部门构成，但随着互联网技术的创新应用及其在现代经济社会发展中的作用日益深化，计算机/软件、互联网、卫星、光纤等内容逐渐渗透其中并占据主导地位，因此国际社会中国家关键信息基础设施也通常用于泛指那些需要进行网络安全保障的国家关键网络基础设施。

某个基础设施或其某个组件之所以具有关键性意义，取决于它在社会中担任的角色或发挥的功能，相互依赖性问题则居于第二位。关键网络基础设施互相关联，将现代社会塑造成一个复杂、庞大的动态体系，为国防安全、经济运行提供了不可替代的物质和服务。关键网络基础设施为国家正常运转提供必需的产品和服务，是整个互联网结构体系中被强依赖的关键节点，存储或传输的信息数据大量集中或极其敏感，同时又是高危设施，其被攻击和破坏可影响整个社会的稳定，因此对其持续的研发和投入成为当代高技术领域竞争的新高地和新标杆。

2. 我国关键网络基础设施建设现状

2015 年我国移动互联网高速发展，4G 网络实现跨越式增长。截至 2016 年 6

月，主要骨干网络国际出口带宽数约 622 万 Mbit/s，网站总数为 454 万个，IPv4 地址数量为 3.38 亿个，拥有 IPv6 地址 20781 块/32①。2015 年 3 月，我国正式实施《宽带接入网业务开放试点方案》，宽带接入开始向民间资本开放。截至 2015 年 11 月，我国互联网宽带接入用户超过 2.1 亿户，其中光纤宽带用户占比近 54%，全国固定宽带用户平均接入速率达 19.4Mbit/s。2015 年 4 月，全国首家大数据交易所在贵阳成立并完成首批大数据交易。党的十八大以来，我国政府陆续出台了"互联网＋"行动计划、国家大数据战略、宽带中国战略、中国制造 2025、三网融合战略等，这些国家战略都强力助推了我国网络基础设施建设的发展。

我国网络基础设施虽然在近几年取得了快速发展，但正如中国国际经济交流中心总经济师陈文玲在"2016 新经济智库大会"上所说的："我们互联网硬件发展的水平比较低，与斐济、乌克兰、菲律宾的水平差不多。还不掌握世界互联网的关键设施，后台服务能力远远比不上美国，所以我们有巨大的潜在需求"。②

近几年我国宽带网络发展很快，已具备了较好的发展基础，但仍然存在网速相对较慢、网费偏高等问题，网络基础设施建设总体上还比较滞后，尤其是城乡、中西部存在"数字鸿沟"，仍然严重制约着网络经济的深入普及和应用。

国家"十三五"规划强调，要积极推进云计算和物联网发展，推进物联网感知设施规划布局，发展物联网开环应用；推进信息物理系统关键技术研发和应用；建立"互联网＋"标准体系，加快互联网及其融合应用的基础共性标准和关键技术标准研制推广，增强国际标准制定中的话语权。其中，包括高速宽带、5G 网络、IPv6 技术在内的各类网络建设与研发，以及大数据中心、云计算中心等各类数据中心的建设是我国关键网络基础设施研发创新的重点领域。

3. 我国关键网络基础设施的研发能力

2015 年"两会"期间，李克强总理在政府工作报告中提出制定"互联网＋"行动计划，推动移动互联网、云计算、大数据、物联网等与现代制造业结合；十八届五中全会正式提出国家大数据战略。百度、腾讯、阿里巴巴、中国电信等企

---

① 中国互联网络信息中心. 第 38 次中国互联网络发展状况统计报告 [R]. 北京，2016.
② 陈文玲. 互联网基础设施投资是未来方向 [EB/OL]. (2016－01－16) [2016－08－15]. http://finance. sina. com. cn/hy/2016－01/16/125024168670. shtml.

业也已经从日渐成熟的大数据市场中看到商机，开始加速其在大数据领域的布局；阿里巴巴与上海汽车集团组建合资公司，专注互联网汽车的技术研发；百度无人车在北京首次完成全自动驾驶测试；多家互联网企业凭借其在汽车导航、智能操作系统等方面的技术优势纷纷跨界汽车制造领域。"十三五"期间，我国关键网络基础设施研发将围绕下一代互联网基础设施互联互通项目建设、下一代互联网信息安全、下一代互联网应用融合、LTE 网络工程项目和下一代互联网示范城市创建五大领域展开。

目前，欧美国家正加快下一代互联网关键技术研发，思科、谷歌等产业巨头投入近百亿美元进行相关企业并购，布局未来网络研发。2014 年谷歌投入 92 亿美元建设全球骨干网，未来还将持续大规模投入；2015 年，AT&T 基于软件定义网络技术（SDN）实现的"按需网络"服务已经覆盖了 100 个城市，并计划到 2020 年其网络 75％由软件构成，届时 AT&T 将变为一家"软件公司"。尽管我国近几年加大了互联网基础设施研发和建设力度，但整体而言，我国的网络设施研发能力，特别是关键网络基础设施的研发能力还不是世界上最领先的，无论是政府的科研投入，还是企业自主创新能力，与互联网强国相比仍然有较大差距。从研发能力和成果来看，以"BAT"为代表的中国互联网企业尽管在云计算和大数据研发上取得了很大成效，但与美国的 Google、Apple、Amazon 相比在研发投入、科技成果、基础性和关键度上仍有不小的差距。

（二）网络设施安全保障能力不足

近年来，我国在关键网络设施领域，特别是在下一代互联网关键技术研发上频频发力，力争在 5G、IPv6、物联网以及量子互联网等互联网新技术新手段上赶超以美国为首的发达国家，但由于早期技术受制于人，引领互联网发展的基础理论与设施建设起步较晚，特别是一些关键网络基础设施及其核心元器件依靠进口，使得我国的网络设施安全保障能力受到日益严峻的挑战。

1. 中西网络基础设施安全建设比较

保障基础设施领域的网络安全，对于保证整个国家安全、社会稳定至关重要。美国政府已将网络攻击视为危害美国国家安全运行的重大危险之一。西方发达国家，如德国、英国等已经意识到网络威胁对国家基础设施领域产生的重大影响，正纷纷采取应对措施。美国前总统奥巴马 2013 年 2 月 12 日正式签署了名为《提高关键基础设施网络安全》的行政命令，宣布将投入巨额资金加强基础设施的网络安全保障建设，并于 2013 年 9 月正式部署基础设施保护网络部队。

近年来我国遭受境外网络攻击的情况十分严重，其中很大一部分攻击针对我国重要基础设施领域，特别是国防、通信、电力和金融领域的网络设施是境外网络攻击的主要对象。我国基础设施领域之所以频频出现网络安全问题，一方面是因为我国尚未制订完备的核心信息技术设备的发展战略和国家网络安全保障机制。许多网络技术只顾眼前利益，追求短期自主可控，长期看却无法实现自主可控，对以后的发展造成更大的被动。另外，由于我国基础设施网络建设起步晚、发展较慢而导致自身性问题，如我国工业、电力和能源领域许多设备过于陈旧，网络设备特别是核心知识产权及核心元器件进口替代较多，网络技术存在众多缺陷，加之操作规程失范，管理流程失序，导致网络安全问题屡屡发生。

2. 我国网络基础设施安全保障建设重点

作为网络大国，我国已开始全面加强对信息基础设施的安全保护和技术研发，学习发达国家经验，加快构建信息基础设施安全保障体系，提升网络安全态势感知能力。我国正全力构建国家网络基础设施的产品、服务安全审查制度，建立信息基础设施中信息技术与产品的准入机制，制定强制性技术安全认证及供应链审查标准，同时加快了制度和机制法制化进程，加紧制定信息安全立法，进一步强化信息基础设施的保护。

国家重大科技专项就是为了实现国家战略目标，通过核心技术的突破和科技资源集成积聚，在一定时期内完成重大科技战略产品、共性技术和重大工程。在我国强力推进网络强国战略之初，这些对国计民生和未来发展有全局性影响的网络基础设施的研发理所当然是我国科技发展的重中之重，因此要充分发挥国家科技资源调配和优化的优势，充分发挥政府和市场科技潜力，持续强力支持上自互联网新框架、量子互联网、互联网标准协议，下至云计算、大数据、物联网以及高端服务器、海量存储、中间件元器件等的研发，只有这样才有可能占领新一代互联网顶端，引领世界新技术革命潮头。

现代互联网的网络设备大多是软硬件的有机结合体，以致许多设施和设备区分不出属于硬件还是软件。目前应大力发展集成电路产业，鼓励软件厂商和硬件厂商互相认证、技术对接、协同发展。由于传统和体系机制方面的原因，目前我国"政产学研用"的对接还存在诸多问题，特别是产学研主体及其主管部门的相对分离导致我国在网络基础设施的研发和建设方面资源分散、人才浪费、成果碎片化、衔接不畅等，应尽快通过机制体制的调整和改革理顺关系，形成合力。

3. 我国网络基础设施安全保障能力建设

近年来，以美国为首的西方大国积极发展网络威慑能力，不断加大在网络空间的部署。"棱镜门"事件以来，我国加快实施信息基础设施国产化替代工程，加强了对信息技术和产品的技术可靠性审查力度。2012年美国对我国华为和中兴公司进行的长达一年的安全审查触及了我国整个网络安全产业，这一事件促使我国加快了新一代互联网框架体系的构建和核心技术的研发，如对G5技术、IPv6技术和量子密钥技术设备的研发。随着我国移动终端用户的大规模增长以及由此引发的移动互联网新业态的形成，关键领域网络安全保障难度进一步加大，促使我国以"BAT"为龙头的互联网企业加大了在云计算、物联网和大数据挖掘等方面的安全技术研发。

目前，制约我国网络基础设施安全保障能力建设的问题主要有：一是国家网络基础设施建设、网络安全风险评估、监测预警、应急处置、灾难恢复工作力度不够，具有自主知识产权的技术手段匮乏。二是信息基础设施仿真环境和攻防测试、安全验证平台建设滞后，网络基础设施漏洞、"后门"的防范和检测能力不足。三是网络基础设施自主防护技术水平不高，安全防护技术自主研发能力不足，核心安全技术、检测设备供应不够。四是尚未制订知识产权自主可控、能力自主可控、发展自主可控、满足国产资质的一整套规范的网络基础设施安全评估标准。

（三）网络专用设备研发供应能力滞后

网络专用设备是互联网得以连接和进行数据交换传输的节点、中转站和中枢，目前我国主要通信设备制造商基本可以满足国内企业所需，但其中关键元器件及其技术专利仍大多掌握在外国企业手里。随着下一代互联网的研发，国际上对适应更简单、更开放、更灵活要求的新型网络专用设备的研发竞争已经开始，正如华为公司总裁任正非所说的，多年的模仿和追赶使我们闯进了技术的"无人区"，在新一轮竞赛中，我国能否实现赶超，原始创新能力就成了制胜的不二法门。

1. 主要网络专用设备及其功能

中继器和集成器都属于 OSI 模型第一层的物理设备。中继器（Repeater）是一种用于信号传输过程中放大信号的设备，使用中继器可以使信号传送到更远的距离。集线器是一种信号再生转发器，可以把信号分散到多条线上。集线器的一端有一个接口连接服务器，另一端有几个接口与网络工作站相连，按尺寸、带宽、管理或扩展方式分成许多类型。中继器主要由美国国防部高级研究计划署（ARPA）及其众多承包商于 1976 年发明，最早在美国军方的阿帕网（ARPANET）上使用。

网桥和交换器属于 OSI 模型数据链路层设备。网桥（Bridge）能将一个较大的局域网分割成多个网段，或者将两个以上的局域网（可以是不同类型的局域网）互连为一个逻辑局域网。网桥的功能是延长网络跨度，同时提供智能化连接服务，即根据数据包终点地址所处网段进行转发和滤除。网络交换器（又称网络交换机）是一种可以根据要传输的网络信息构造自己的"转发表"，作出转发决策的设备，是扩大网络的器材，能为子网络提供更多的连接端口，以便连接更多的计算机。

路由器（Router）是连接局域网与广域网的设备，在网络中起着数据转发和信息资源进出的枢纽作用，是网络的核心设备。当数据从某个子网传输到另一个子网时，要通过路由器完成，路由器根据传输费用、转接时延、网络拥塞或信源和终点间的距离选择最佳路径。

调制解调器是能够使电脑通过线路同其他电脑进行通信的一种网络设备。电脑采用的是数字信号处理数据，而电话采用的是信号模拟传输数据，要利用电话系统进行数据通信，就必须实现数字信号与模拟信号的变换。

2. 主要网络专用设备的研发

1969 年 12 月，Internet 的前身——美国阿帕网投入运行，它标志着人们常称的计算机网络的兴起。20 世纪 80 年代初，个人计算机联网的需求逐渐增大，各种基于个人计算机（PC）互联的微机局域网纷纷出台。由于使用了较 PSTN

速率高得多的同轴电缆、光纤等高速传输介质，PC 网上访问共享资源的速率和效率大大提高。这种基于文件服务器的微机网络对网内计算机进行了分工：PC 机面向用户，微机服务器专用于提供共享文件资源。分层网络系统体系结构的产品之间一般难以实现互联，为此标准化组织 ISO 在 20 世纪 80 年代颁布了"开放系统互连基本参考模型"国际标准，这一标准的推行使国际计算机网络体系结构实现了标准化。1993 年美国宣布建立国家信息基础设施 NII，美国政府分别于 1996 年和 1997 年开始研究更加快速可靠的第二代互联（Internet 2）和下一代互联网（Next Generation Internet）。可以说，美国推动了网络互联和保障计算机网络高速运转的专用设备的研发。

我国网络专用设备生产目前已形成一个巨大的产业，每年产业调研网和其他独立市场调研企业都会发布各专用设备行业现状及趋势分析报告。总体来说，我国网络专用设备生产企业众多，产品种类齐全，数量丰富，但以华为、中兴等为代表的主要网络专用设备供应商的研发能力与水平总体处于世界的第二梯队。华为公司主要生产在无线通信、传输系统，能够提供本地服务，价格便宜，但在数字通信领域产品线不全，且为新产品，在网时间短。中兴公司主要产品为运营商的无线通信和传输系统，其网络设备研发投入不高，产品体系不全。

目前世界上可以独立研发和生产中继器和集成器等专用设备的大型企业很多，但关键的知识产权仍然掌握在美国企业手中。思科（Cisco）公司作为世界路由器、交换机等核心网络设备的自主知识产权的主要拥有者，以巨大的科技实力、深厚的技术储备以及政府背景等长期占据传统路由器和交换机等核心网络设备领域的制高点，其产品占据了全球 60% 以上的份额；而在芯片技术方面，英特尔（Intel）公司自始至终一直执研发之牛耳；移动通信技术方面，高通（Qualcomm）的 CDMA 技术风靡世界。[①] 我国网络专用设备研发企业与美国企业的差距主要表现在设备运行不够稳定，对行业理解不深刻，难以引领技术潮流，产品技术不过硬、不够先进，产品新颖度上也有不小的差距，市场表现为中低端产品恶性竞争，而高性能设备，特别是关键元器件（如高性能自主知识产权芯片）供应能力不足。据海关总署统计，截至 2016 年 11 月，我国在高端芯片上

---

① 田丽，张华麟．中美互联网产业比较［EB/OL］．（2016 - 08 - 09）［2016 - 08 - 19］．http://ex. cssn. cn/xwcbx/xwcbx_cmjj/201608/t20160809_3154528. shtml.

的花费达到同期进口石油的两倍。

二、核心技术自主创新能力滞后

近年来，我国在网络技术创新方面虽然取得了长足进步，但在很多核心技术上，欧美日等网络发达国家核心优势明显。"我国对核心关键技术的积累与国外巨头存在 10 年左右的差距，即便是华为、中兴等以创新能力突出著称的领军企业，依然存在不掌握核心技术的情况。"① 以目前的智能手机行业为例，美国控制着手机最核心的技术——操作系统。手机操作系统中最有影响力的三大系统——安卓（Android）系统、iOS 系统和 Windows phone 系统分别为美国的谷歌公司、苹果公司和微软公司所有。我国目前最有影响力的手机操作系统是阿里巴巴公司的 YunOS 系统，但其影响力和普及程度与上述三大系统相比还有很大差距。②

（一）网络技术创新整体处于跟进性梯度

近年来，一些国家和国际组织经常发布有关国家、行业等科技水平或创新能力的评价报告，其中也有涉及我国互联网创新能力的评价，但由于采用的指标体系和数据选择差别较大，加之报告大都是综合指标，因此中国的网络技术创新能力到底处于什么样的水平，人们莫衷一是。中国科学技术发展战略研究院发布的《国家创新指数报告（2015）》显示，中国创新指数综合排名由 2014 年的第 19 位上升至第 18 位。同时指出，世界创新格局基本稳定，美日欧引领全球创新，中国仍属于"第二集团"③。

1. 我国网络技术创新现状

随着中国距离互联网技术前沿越来越近，可模仿的空间逐步缩小，亟须进行

---

① 蔡跃洲."互联网＋"行动的创新创业机遇与挑战——技术革命及技术-经济范式视角的分析［J］．求是学刊，2016，43（3）．
② 田丽，张华麟．中美互联网产业比较［EB/OL］．（2016－08－09）［2016－09－11］．http://ex.cssn.cn/xwcbx/xwcbx_cmjj/201608/t20160809_3154528_1.shtml.
③ 齐芳．中国创新指数综合排名升至第 18 位［N］．光明日报，2016－06－30（10）．

网络技术自主创新。从研发费用的投入来看，我国 R&D 的比重逐年增加，但同期我国技术进步对经济增长的贡献率却依然不足，到 2013 年其贡献率依然不足 30％，远远低于发达国家的 60％～70％。这也说明了我国自主创新产生的技术进步明显不足，只重视数量的投入，不注重有质量的产出，投入与产出不成比例。我国现阶段的网络技术自主创新水平低，缺乏自主创新能力，网络技术要素对经济增长的贡献不足等问题的根源并不是投入的不足，而是技术创新的成果转化率较低。

由于历史原因，中央宣传部、国家信息产业部、科技部、教育部、文化部等都曾参与互联网的管理。但是随着互联网对社会经济文化和国家安全的影响加深，特别是较之于传统科技，互联网技术创新特点鲜明，其涉及的领域繁杂，方式多变、途径众多，因此在很长一段时间内形成了多头管理、职能交叉、权责不一、效率不高等弊端。

2010 年前后，中央集中调整"九龙治水"的管理格局。2014 年下半年，将成立于 1997 年 6 月的中国互联网络信息中心的上级主管部门从中国科学院调整为中央网络安全和信息化领导小组办公室、国家互联网信息办公室，将信息中心定位为技术服务机构，国家互联网信息办公室则定位为国家行政机构。国务院于 2014 年 8 月授权重新组建的国家互联网信息办公室负责全国互联网信息内容管理工作，并负责监督管理执法。成立于 2011 年 5 月的国家互联网信息办公室，其职责主要是落实互联网信息传播方针政策，推动互联网信息传播的法制化，指导、协调、督促有关职能部门对互联网信息内容进行管理等。2014 年 2 月 27 日，中央网络安全和信息化领导小组成立，标志着我国互联网管理及创新机制发展到新阶段。

我国政府和企业界在 20 世纪 90 年代就意识到创新特别是科技创新对国家经济社会发展的重要意义，国家领导人和企业领袖在不同场合和时间都强调和倡导科技创新。尤其是在我国劳动力红利逐渐消失、经济面临转型压力之后，国家政策加大了鼓励科技创新的力度。2006 年，党中央、国务院作出了建设创新型国家的战略部署和新时期我国科学技术发展的"自主创新、重点跨越、支撑发展、引领未来"指导方针，制定了《国家中长期科学和技术发展规划纲要（2006—2020 年)》和《中共中央、国务院关于实施科技规划纲要，增强自主创新能力的决定》。

党的十八大明确提出"科技创新是提高社会生产力和综合国力的战略支撑，必须摆在国家发展全局的核心位置。"2015 年 3 月 1 日，中共中央、国务院发布《关于深化体制机制改革加快实施创新驱动发展战略的若干意见》，从六个方面全面部署营造激励创新的公平竞争环境工作。2015 年 6 月 11 日，国务院发布《关于大力推进大众创业万众创新若干政策措施的意见》，在随后不到一年的时间内，国务院和发改委、科技部、人力资源和社会保障部、财政部先后出台 17 个文件支持创新。2016 年 5 月 19 日，中共中央、国务院印发了《国家创新驱动发展战略纲要》。

2. 我国网络技术创新能力分析

从互联网自身的结构来看，可以自下而上分为不同的层级，简要来说，即终端设备层、接入代码层和应用内容层。美国互联网产业的创新重点在于终端设备层和接入代码层，而中国的创新则集中于应用内容层。"目前，美国已从前几年的以谷歌、亚马逊、Facebook 等公司为代表的软件创新逐渐向以无人机、3D 打印机、可穿戴设备、虚拟现实终端等为代表的硬件创新转型。相比之下，中国的创新仍然停留于应用内容层，主要表现为客户端的开发、国外内容模式的本土化等。"[①] 目前，大部分基础硬件仍由美国制造或垄断技术。以芯片为例，中国的芯片设计企业大多仍只能进行中低端设计，2013 年前十大集成电路设计企业总销售额仅为 226 亿元人民币，而排名全球第一的高通公司营业额已达 131.8 亿美元（约 803 亿元人民币），是中国前十大芯片企业总销售额的 3.55 倍。

美国的谷歌等互联网巨头正在由软件向硬件创新转型，其实现这种转型，凭借的是强大的软件技术。在互联网与大数据技术移动通信技术上，高通（Qualcomm）的 CDMA 技术风靡世界；操作系统领域的微软（Microsoft）公司、智能手机领域的苹果（Apple）公司及搜索引擎领域的谷歌（Google）公司等均在各自的领域有着显著的技术优势。云计算、大数据、虚拟现实、物联网等新技术也在美国快速发展，并领先于世界水平。中国的互联网公司大都运用开源软件进行应用软件的开发，在基础软件上进行延展，因此在基础创新和原始创新上与发达

[①] 田丽，张华麟. 中美互联网产业比较［EB/OL］.（2016 - 08 - 09）［2016 - 09 - 15］. http://ex. cssn. cn/xwcbx/xwcbx_cmjj/201608/t20160809_3154528_2. shtml.

国家尚有不小的差距。

中国庞大的用户规模为中国互联网应用软件产业的发展提供了巨大的市场动力。庞大的市场规模与市场潜力使得中国的电子商务以空前的速度发展。在我国特殊的市场机制下，只要掌握足够数量的用户习惯，企业就能够以一种极为安逸的方式生存，而这种生存环境会使企业丧失创新动力，仅依托于市场红利发展互联网产业，只能从数量的层面促进其发展，质量的提升很难实现。可以预见，中国互联网产业简单依托市场优势的发展路径在不久的将来将面临转型。

我国互联网产业的创新能力快速提高，但距离美国产业创新的集中度还有很大差距。1994 年 4 月，我国全功能接入国际互联网，至今仅二十多年，目前构建起互联网体系的基础网络协议和框架都是由美国定义的，因此我国在互联网技术标准上的话语权有限。全球 13 台根域名服务器中有 10 台在美国。所有这些优势让美国在互联网方面可以使用"杀手锏"。在非常时期，美国可以让一个国家彻底从互联网上消失。

（二）领军人才的匮乏减弱了冲刺强度

科技创新离不开创新型人才，占领科技制高点靠的是领军性人才，这是世界共识。尽管我国多年来一直在倡导和鼓励科技创新，集国家和社会之力持续向世界互联网技术制高点冲刺，但时至今日仍处于世界网络技术的第二方阵，难以引领新技术革命浪潮，其最直接的原因就是人才不足，特别是领军性人才匮乏。

1. 网络技术领军性人才的含义

科技领军人才主要是指在自然科学和工程技术领域，包括基础（理论）研究、应用研究、技术开发和市场开拓的前沿地带，发挥学术技术领导和团队核心作用，推进科技向现实生产力转化，整合、优化社会资源，发掘、创造价值源泉，通过持续创新引领时代潮流，从而对经济社会的发展做出杰出贡献的人才。

网络技术领军人才往往是网络新技术、新领域的奠基者、开拓者，对网络技术发展起到引领和带动作用。他们了解世界经济发展、互联网最前沿最急需的理论和技术应用，了解目前世界上亟待解决的课题，对新技术、新应用的价值有敏锐的洞悉。

网络技术领军人才是在技术应用研究和技术开发实践中形成的。在某些方面，网络技术领军人才往往不像传统高科技领域那样，要求领军人才既要牢固掌握本专业的理论知识和实务技能，又要熟悉相关领域与相关学科的基础知识。有些网络应用研究、技术开发，特别是技术市场的开拓等，往往原来的"门外汉"做出了专家做不出的创新。许多网络众包的技术突破往往是由"门外汉"首议的，互联网的"互启""网化""联想"式思维是对传统的线性思维的巨大颠覆。互联网时代，极具前景的网络技术及其应用往往是最具人文关怀的价值理性、最能激发人类自我实现愿望的技术，因此网络技术领军性人才往往是具有人文关怀、对人性有独到和深入理解的人才。

在互联网时代，创新性人才的知识创新往往会即时转化为新的生产力，并通过互联网的融合、交互、转化迅速创造、放大新价值，进而形成新业态，引发社会全方位、全时空的新变局。因此，互联网时代的创新性人才的作用是传统的工业经济时代所无法比拟的。目前，我国经济社会正处于转型的关键时期，能否转型成功，在新一轮技术革命中抢占先机，实现"弯道超车"，关键在于我们能否抢占新一代互联网技术的制高点，而这很大程度上历史性地落在了网络科技领军性人才的肩上。领军性人才创造性的发明应用在转型时代具有关键的、主力的作用，他们开拓性的劳动能在更大范围内解决多学科、高难度、全局性的矛盾，也只有他们才能创造性地搭建互联网新体系，不失时机地把技术应用和经济模式的创新与人们内心对成功和自我实现的渴望有机结合起来，从而实现我国历史性的新跨越，助力中华民族的伟大复兴。

2. 我国网络技术领军性人才发展现状

随着我国互联网经济的快速发展，我国网络技术的领军性人才也在快速成长，但与国外特别是互联网强国相比，绝对和相对数量都很少。2014年年底，市值排名前十五位的互联网公司，美国占11席，中国占4席，苹果一家企业的市值2014年最高峰值达到7000亿美元，微软、亚马逊、IBM、思科几家公司市值均在千亿美元以上。中国互联网公司许多高层管理人员和技术总监都来自美国公司。

2012年《福布斯》发布了"中国30位30岁以下创业者"名单，美国上榜者平均年龄为26岁，而中国上榜者平均年龄比美国人大两岁。"美国年轻人在互联网、生物制药、新能源、媒体、餐饮等多个领域自由发挥创意，而中国年轻创业者集中扎堆互联网；美国创业者的产品和服务很多都具有全球性和高科技性两大特点，中国创业者绝大部分盘踞于中国市场，绝少有影响世界的创新项目；美国年轻创业者更擅长从技术、产品、服务创新入手，寻找打破行业固有格局的着力点，中国的年轻创业者更擅长从应用着手，寻找传统产业在网络平台的新应用。"①

据统计，我国流失的顶尖人才数量居世界首位，其中科学和工程领域 2013 年平均海外滞留率达到 87%。在领军人才方面，美国现有 10 位获得自然科学领域诺贝尔奖的华裔，国家科学院与工程院有超过 60 名的华裔院士，还有无数不在院士之列的华裔科学家。2009 年武夷山研究员根据 1997～2006 年 10 年间被 SCI 数据库收录论文的高引作者出生地信息，分析得出"仅在美国的华人高端人才就至少是中国大陆高端人才的 11.5 倍。然而，根据我国现行的外国留学生管理政策，外国留学生毕业后在中国无法继续居留，留在我国的外国留学生人才数量几乎为零（郑金连等，2015 年）。"②

与此同时，中国网络技术领军性人才在国内的流动频率远远高于美国等网络强国。许多互联网企业奉行人才上的"拿来主义"，只注重现在，忽视未来，偏重对现有人才引进和吸收的经济激励，弱化学术和技术创新土壤的培育及科研条件支持而进行的自主培养。

2014 年中国发表 SCI 论文 26.35 万篇，连续第六年排在世界第 2 位，占世界总量的 14.9%。2015 年，国家知识产权局共受理发明专利申请 110.2 万件，连续 5 年位居世界首位。国际科技论文（SCI 论文）和发明专利申请、授权量作为测度知识产出水平的重要指标，在一定程度上反映了国家高端人才的创新能力、创新活跃程度和技术创新水平。

尽管国内发明专利申请和授权量均居世界前列，但真正高水平的专利并不是很多。一些地方政府出于好的意图，为鼓励企业申请专利而设置了专门的奖项，但有些专利申请代办公司钻了奖励政策的空子，为企业提供"一条龙"服务，申请到没有质量的专利后，拿到奖励两家分了完事，"垃圾专利"大量存在。

---

① 古晓宇，王欢. 中美年轻人创业环境差异大，中国平均年龄偏大 [EB/OL].（2012-03-01）[2016-09-20]. http://js.people.com.cn/html/2012/03/01/84860.html.

② 郑代良，章小东. 中美两国高层次人才政策的比较研究 [J]. 中国人力资源开发，2015（21）：72-78.

3. 我国网络技术领军性人才的培育

中国网络技术领军性人才成长的特点主要表现在以下几个方面：一是具有高目标的成就动机。他们把科学技术研究目标确定在世界的、先进的、前沿性的一些科研项目。二是具有坚韧的个性心理品格。他们个性品格坚韧、意志坚定、毅力强，经受困难、忍受挫折的心理承受能力强。如阿里巴巴的马云成功之前做过多种工作，都不成功，倍受打击，但他深信"只有初恋般的热情和宗教般的意志，人才可能成就某种事业"，最终获得成功。三是具有优化而广博的智能结构体系。他们的认知结构不是传统的线性的或倒金字塔式的，而往往是蛛网式的结构，这种构架保证了创新的灵动和柔性。其知识结构的内层是本专业的前沿性知识，这使得他们对创新的方向有敏锐的感知能力；中间层往往是相关学科的综合知识，这是由互联网应用本身的广泛性和综合性决定的；外围层则由基础知识、人文知识和社会知识组成，这是网络创新技术最终能否赢得市场、赢得客户的本质力量来源。[①]

网络领军人才成长的特点决定了其成长规律：一是共生性，如我国的互联网人才主要集中在北京、上海、深圳、杭州等地。二是累积性，我国以"BAT"为标志的大公司都形成了从人才到高层次人才、再到领军人才甚至杰出人才的人才资源结构。三是"马太效应"，一个网络公司的创新水平越高、创新氛围越浓厚，领军人才的聚集度就越高。三星公司人力资源副总裁表示，三星公司只有5％的人符合苹果公司的要求。四是海归回流性。国际和国内的发展都证明，当一个地区的GDP达到中等发达国家以上水平时，网络人才回流创新的比例就会大幅提高，这也可以解释为什么北京、上海、深圳等发达地区能够大规模吸引"海归"。

遵循网络领军人才成长的规律，可以有针对性地建立健全我国网络技术领军人才的培养机制，主要有：一是加大网络技术专门人才的培养和培训，领军性人才是万里挑一的、站在人才金字塔顶端的人，没有"一万"和"塔基"，就没有"万一"和"塔尖"；二是理顺产学研合作机制，鼓励领军性人才到高校、科研院

---

① 叶忠海. 科技领军人才的意涵和成长特点［EB/OL］.（2016－08－12）［2016－10－05］. http://www.cats.net.cn/staticweb/info/lt/453.html.

所和企业讲学、访问和合作；三是创造条件吸引海归人才，鼓励他们到经济相对发达和活跃的地区开设创客空间，让创新性人才互相学习、相互砥砺，开阔眼界，提高胆识，加快成长。

（三）基础理论研究不足增加了跨越难度

只有突破基础理论，才可能掌握核心技术，但网络技术基础理论的突破不是一朝一夕就能实现的，往往需要二三十年的持续努力才可能达成。要实现网络强国梦想，国家的科研投入要面向更长远的、更基础的信息科学研究，建立重视产生思想、产生理论的学术氛围。我国在互联网基础理论研究上的先天不足固然为我们在传统竞争跑道上弯道超越增加了难度，但也促使我们决心改变思维、改造规则，开辟新天地，再战互联网的竞技场。

1. 信息科学的现代发展

1948 年，美国数学家香农（Claude E. Shannon）的著名论文"通信的数学理论"[1] 问世。文章从通信工程角度对信道的信息容量作了理论探讨，这是有史以来对信息作出的最早、定量的系统研究。同年，美国应用数学家维纳（Norbert Wiener）在他的《控制论》中第一个把信息提高到一种研究对象看待。自此，作为 20 世纪最流行的一种学术思潮，信息概念向其他学科的渗透渐渐拉开了序幕。1959 年，在美国宾夕法尼亚大学莫尔电子工程学院首次出现了"信息科学（Information Science）"的概念，但不是指一门关于信息的理论研究，而是作为一组计算机课程的称谓[2]。1963 年，美国西北大学举行了一次计算机方面的国际会议，会议名称采用了"计算机与信息科学（Computer and Information Sciences）"这一术语[3]。从此，"计算机与信息科学"在计算机科学界一直沿用下来，但它仅在形式上代表一种强大的信息科学流派。后来，在 20 世纪六七十年代的美国和苏联的图书馆学界，以及八十年代中后期中国的通信工程学界对信息的研究进一步使狭义信息论扩展到了一般信息论。除此之外，美国

---

① 克劳德·香农. 通信的数学理论［M］//沈永朝，译. 吴伯修，校. 上海：上海市科学技术编译馆，1965.

② Wellisch，Hans. From Information Science to Informatics：A Terminological Investigation［J］. Journal of Librarianship，1972，4（3）：157－187.

③ 信息与控制编辑部. 计算机科学——计算机与信息的科学［J］. 信息与控制，1978（z1）：3－4.

的语言学、逻辑学、人工智能学以及传播学对信息的研究又深化了信息科学的发展，使其交叉学科和新兴学科的特点更加显著。

信息技术（Information Technology，IT）是主要用于管理、处理各类信息的技术的总称，它主要应用计算机科学和通信技术进行设计、开发、安装和实施信息系统及应用软件。信息技术推广应用的显著成效促使世界各国致力于信息化，而信息化的巨大需求又促使信息技术高速发展。20 世纪 90 年代以来，信息技术的发展趋势是以互联网技术的发展及其应用为中心，从传统的技术驱动发展模式向技术与应用双驱动结合的模式转变。网络技术以信息技术为基础，其发展又深化了信息技术。网络技术代表着当今先进生产力的发展方向，其广泛应用使信息的生产要素和战略资源的作用得到了发挥，使人们得以更高效地进行资源优化配置，从而推动了传统产业不断升级，大大提高了社会劳动生产率和社会运行效率。

2. 我国信息科学理论研究现状

我国学术界从 20 世纪 80 年代中后期开始了对信息科学的研究。由于信息科学的交叉性和前沿性，目前学术界对信息科学内容的理解仍然有较大争议，有的认为信息科学以计算机科学、通信科学、自动化科学为主要内容，有的认为其以计算机科学和通信科学为主要内容，有的认为其用数学方法研究其他学科中的信息问题，如信息论、生物信息学中的算法理论等。[①] 目前我国学术界倾向于将信息科学理解为"1+3"的体系，1 指一般信息科学，3 指在其之下的三组基本信息学科群，分别是工程信息科学、自然信息科学和社会信息科学，再往下是更为具体的应用信息学科。

目前拥有大多数世界级科技领军人物的美国学界一般认为信息科学是由计算机信息科学和图书馆信息科学组成的，上下各层面的思考也是以此为基础的，这也是美国主导网络基础理论研究的一个主要原因。欧洲的信息科学研究者特别关心信息概念在自然科学中的应用，一些新思路推动了信息科学核心理论的建设。日本在信息科学研究整合方面做得比较好。总体说来，欧美受"科学-技术"体系的工程思想影响较大，而中国受管理科学、哲学等非自然科学研究的影响较

---

① 闫学杉，武健. 信息科学的历史、现状与未来［J］. 中国信息技术教育，2015（18）：5-6.

大，关注面和研究领域较为宽泛。①

我国在网络技术创新的基础研究方面关注和研究面过宽，在自然科学与工程技术研究领域聚焦不够。改革开放前的几十年间，西方信息科学正处于发轫和发展期，而我国科学界长期被隔绝于西方科学研究之外，加之我国近代自然科学研究本身基础薄弱，改革开放后我国科学和学术界急于学习和借鉴西方现代科技成果，但学术积淀显然不足，在信息科学基础理论研究方面以面代点、以宽代深，在信息科学方兴未艾之时学术界就急于总结形成一个全球统一、标准的信息科学，条件显然尚不具备，如此导致我国网络技术在传统互联网领域失去自然科学与工程技术基础理论的支撑，增加了我国网络关键技术和核心设备突破与跨越的难度。

信息科学与许多现代科学和学科有着密切的关系，甚至成为各学科的交融点，这对中国的网络技术创新来说有利有弊。弊端在于传统互联网技术创新方面，我国理论和学术积淀不足；有利的方面则在于我们多学科多层次的研究容易形成新思路，特别是在开创新一代互联网上，可以另辟蹊径、出奇制胜。近年来我国在下一代互联网研究上提出了许多新结构、新算法，突破性的成就有：以IPv6路由器为代表的关键技术及设备的产业化；融合仿生学、认知科学和现代信息技术，研制出拟态计算机；研制出全球首颗量子科学实验卫星"墨子号"，有可能实现卫星和地面之间的量子通信，构建天地一体化的量子保密通信与科学实验体系等。

三、技术创新发展氛围亟待改善

良好的创新氛围有助于激发创新主体的热情，发挥创新主体的潜能，是提升创新能力一个非常关键的因素。近年来，随着国家创新驱动战略的宣传和实施，我国的创新环境呈现较好的发展态势，但功利主义价值取向、封闭保守的文化心态、不良的创新氛围仍然严重影响和制约着网络技术的创新发展。

（一）功利主义的价值取向

社会大众在网络技术创新上的极端功利主义价值取向一方面极大地促进了网

---

① 闫学杉，武健. 信息科学的历史、现状与未来［J］. 中国信息技术教育，2015（18）：5-6.

络技术的应用、开发与传播，另一方面又妨碍了我国网络技术在基础理论研究、技术创新上的人文关怀，合作共享精神严重缺失，这种缺失最终反映在网络技术创新上就是难有突破性、原创性和颠覆性的发明创造，技术创新缺乏广泛而持续的动力，创新生态不能持续发展。

1. 功利主义价值取向在网络技术创新上的主要表现

我国长期积弱积贫，改革开放后，政府倡导以经济建设为中心，强调发展才是硬道理，一些人片面理解，逐渐形成了金钱至上的思想，表现在对网络技术创新的态度上，往往把能不能挣钱、能不能在最少的时间内挣最多的钱作为衡量网络技术和模式创新的标准。这种价值标准导致一部分人无论在人才引进还是资金投入上，也不管在模式创新还是技术研发创新上，都变得很"现实"，要求一切都必须尽快"兑现"，而真正的创新，特别是重大的、原始的、基础性的创新，不可能在很短的时间内有很大的突破，更难以即时"兑现"，这就导致大量的小公司只能被动地进行技术模仿，而一些有实力的公司也主要进行"应用研发"，强调"接地气"和产业对接。

实用主义、急功近利、只顾眼前不问长远也制约了我国网络科技，特别是基础理论及未来技术的研发。急功近利必然难以宽容失败，许多人心浮气躁，急于求成，少了坐"冷板凳"、潜心研究的耐心和毅力。急功近利必然鼠目寸光，难有开阔的眼界、登高望远的心胸。很难想象只盯着眼前、失去幻想会有什么开拓性的发明创新。

同人类的思想史一样，历史上许多有创见、有价值的创新由于各种原因在短时间内并不能被社会所认可。乔布斯的技术思想和实践就曾在很长一段时间里得不到同行和社会的认可。为什么美国盛产现代市场营销大师？事实上，许多时候普通人面对新发明和新创造，短时间内并不能有透彻的理解，而营销大师会告诉他们，这种新发明新应用如何地"善解人意"，如何能在关键时刻帮上他们的忙，如何能满足他们内心最隐秘的渴望等，而我国恰恰缺乏这种营销大师，所以很多时候，不是我们的发明不好，而是没有人意识到它的好，许多有激情有理想有价值的网络技术和模式创新就在成王败寇的价值判断下被埋没。

2. 网络技术创新上功利主义价值观的本质特点

功利主义价值观强烈地关注生活实际或实利的直接现实性，以事物或行为产生的实际效果作为其目的性价值的最高价值表现或标准，这决定了它常常游离于人的本质之外。无论功名利禄还是方法手段，都表现出人的外在性。用功利主义价值观去看待和衡量网络技术创新活动，并不能真正体现现时代人的价值和生命活动的意义。人的本质在于自主地选择和创造，而互联网无疑最大限度契合了这种选择和创新。按照马斯洛的需要层次理论，自由自主的创造活动是自我实现的最高体现，也是人的最高需要，这种需要是在摆脱了外在的、世俗的功利主义价值观的束缚下才得以实现的。

欧洲早期工业化进程中，把技术当作掠夺自然、获得财富的手段和工具，发展出功利主义的技术价值观。随着物质财富的快速创造，这种注重技术的经济价值、工具理性的价值观终于异化为极端功利主义的价值观。极端功利主义价值观把一切都"淹没在利己主义打算的冰水之中。它把人的尊严变成了交换价值。"[①]它把人的一切创新活动都纳入利益的考量之中，把人本身也当作工具。因此可以说，极端功利主义是西方近代工业文明工具理性泛滥的表现，而增进人类福祉的网络技术创新活动必须摈弃工具理性及极端功利主义的价值观，因为"人的幸福是第一性的，财富及其他价值是属于第二性的"。

3. 功利主义价值取向对网络技术创新的负面影响

功利主义的流行使得网络技术创新难以获得持续和深厚的基础理论研究的支撑，导致突破性、原创性、颠覆性和集群性的技术发明创造匮乏，难以形成新的技术革命。功利主义思想还会导致应用技术的开发碎片化、小众化、短视化。受功利主义价值观左右，技术创新往往只顾现实的物质利益，缺乏天才的想象和宏大的目标，最终导致创新精神逐渐消磨殆尽，这势必增加我国迎头赶上和引领世界智网文明的时间和难度。

人类从农牧文明到工商文明再到智网文明的发展史表明，一部世界史就是一部人类从零和博弈转向正和博弈的历史。互联网大大促进了人类由自利争斗向合作共享的转变。互联网之所以能前所未有地、深刻而迅速地改变人类社会政治经济文化，本质上在于互联网能把全社会所有人的智慧、想象跨时空地交互连接和共享，而功利主义价值观却使人各自为政、各怀心事，只顾现在、不顾未来，这

---

① 马克思，恩格斯．马克思恩格斯全集（第22卷）[M]．北京：人民出版社，1974：430．

与互联网的合作共赢共享的精神背道而驰。

人类每一次在技术上的突破性发展归根结底都得益于发明者对人性的深刻理解和把握。大机器把人从繁重的体力劳动中解放出来，计算机使人从繁重的脑力劳动中解放出来，而互联网构建的"众创时代"则以利他的初心、更多的个性化选择、更多的参与和共享满足了人类最高的精神需求，它使人们第一次真正体会到创造的乐趣，第一次感受到做自己和时代的设计者、参与者的快乐，使人们第一次真正体会到自己既可以是消费者也可以是生产者，既可以是设计师也可以是原料供给者，既是获得者也是给予者。总之，它第一次实现了把人从社会关系中解放出来的愿望。但功利主义价值观却把这一切看作攫取名和利、权和势的手段和形式，并以此判定人生的价值和意义，在这种价值观面前，人的自由与尊严全是"浮云"，互联网所倡导的人文情怀荡然无存。

（二）封闭保守的文化心态

我国在过去很长的历史时期内一直走在世界发展的前列，创造了光辉灿烂的中华文明，绵延几千年而不绝。到了近代，闭关锁国造成贫困落后而饱受欺凌，因害怕失败，又加重了封闭保守的文化心态。封闭保守的文化心态与当今开放、包容、共享、共建的互联网时代精神背道而驰，必须加以破除。

1. 文化上的保守主义

文化保守主义（Cultural Conservatism）是指保护一国文化或不受国家疆界划定的共享文化之遗产。中国近代以来形成的文化保守主义是西学东渐的产物。在经济全球化的时代，西方文化对我国的民族文化带来严重的冲击。面对近代西方文化的冲击，中华文化不能完全向着"全盘西化"的方向发展，中国的文化保守主义要在民族文化的传承中保留一块"地盘"。

历史的车轮滚滚前行，经济全球化的时代，文化领域也不能例外。在作古今中西文化比较取舍时，我们不是要借批判西化大肆吹捧回归儒学，回归封建的文化，像五百年前世界地理大发现时"海禁"那样实行"网禁"。固守文化保守主义立场难以实现中华传统文化的现代化转型。文化保守主义假借民族主义和文化本位主义，在向信息时代的转型中潜藏着巨大的暗流，不警惕、不辨识就可能成为阻碍我国向互联网时代转型的绊脚石。

2. 网络技术创新上文化保守主义的本质

文化保守主义归根结底体现的是文化发展观上的封闭与保守立场。对待古今中外不同的文化与思潮、价值与理想，保守主义者倾向于党同伐异。对未来和变革的呼声与要求，保守主义者本能地闭目塞听。这种文化立场既妨碍了新文化新思想的发展，更会泯灭我国网络创新的生命力。

网络技术创新中的文化保守主义在发展观上的自我封闭立场是与内向性思维方式相伴随的。凡事不假外物，向内而生，强调内省、自生，往往标榜为自强不息、内涵生长，但仔细分析就会发现，自强不息、内涵生长并不是自我封闭，拒绝交流与借鉴。现代思维科学已经证明，思维的发散性是创造的本质特征。

3. 封闭保守的文化心态对网络技术创新的影响

封闭保守的心态对创新的负面影响是不言而喻的。遇新事不钻研，而诉诸原有的经验，最终的结果只能是缘木求鱼、南辕北辙。最根本的封闭保守是观念的保守和陈旧，用旧观念对待新事物，用旧习惯对待新变革，固步自封，导致网络信息焦虑，无所适从。

全球化进程呼唤文化自觉，新的文化论争需要文化上的自知之明。在全球化进程中必须树立适应全球化时代的健康文化心态，秉持"创新、协调、绿色、开放、共享"的发展理念，积极主动地加入到世界互联网大家庭。

（三）不良的技术创新生态

技术创新不仅需要良好的文化，也需要适宜的生态。我国目前的技术创新面临着用户习惯不良、产品延展渠道狭窄、开发者环境困难等诸多问题，妨碍了我国网络技术创新向纵深拓展。

1. 用户习惯

2014 年百度搜索引擎关注度排名依次为社会、娱乐、汽车，"科技"的排序靠后，网民对小新闻、小发明、小故事关注度不够。我国网民关注的焦点、热点往往是与日常生活联系密切的事件。2015 年度，网民最关注的年度十大事件有大阅兵、天津爆炸、"二孩"政策放开、苹果发布会、发现另一地球等。虽然

"发现另一地球"这一"科技事件"排在第九位，但许多网民关注的并不是"发现"本身，而只是满足好奇心。网络技术发明者往往不是公众追逐的目标，更难以成为国民偶像，其社会地位自然不高。

为博取网络浏览中的眼球效应和点击率，"标题党"大行其道，反映出部分网民缺乏持续认真研究学习的习惯。从"跟帖"的内容可以发现，部分网民没有仔细分析作者用意，有的甚至根本不看内容，只凭标题就大发议论。调查显示，我国较多的网民对"调查类新闻、报道、推广"等平均关注时间仅为 48.2 秒，这种不求精确、只要"差不多就行"的用户习惯使得我国的网上科普步履维艰。

较多的网络受众免费主义习惯根深蒂固，使得网络技术方面的知识产权保护面临诸多困难，网络技术创新及推广特别是软件创新面临诸多制约，潜心于网络技术研发的人员很难在经济上实现周期性补偿。我国是制造业大国，中小型企业占多数，产业形态初级，对信息技术要求不高和认知度不够，IT 技能和水平普遍较低。我国的大数据应用之所以与欧美有较大差距，其中一个重要原因是网民的习惯和对数据的敏锐度不好。在云计算应用方面，面向中国用户的产品要更简单、更直接，价格也要更低廉。

2. 产品渠道

创新型技术能否成功，很大程度上不是技术本身的问题，而是市场的问题。新技术通常需要新市场，或者新的市场模式。部分网民消费习惯往往比较保守，习惯于"用习惯了"的产品，或者是老产品升级换代的产品。加之一般"破坏性"技术和产品在初始阶段质量和性能并不能尽如人意，急需获得改善升级的研发资金，但由于部分网民对于"破坏性"新技术、新产品的本能排斥，导致新产品和技术推广难度增加，后续研究无以为继。

2014 年是业内公认的 IP 元年，包括游戏、动漫、电影、文学等在内的各个相关娱乐行业一时间群雄崛起。但由于原创优质 IP 资源少，IP 的授权费疯涨，IP 资源被过早、过度开发，出现上下游产品连接不畅、产品不可持续等困境。我国网络产品和品牌在设计创新过程中急功近利和缺乏系统构建，当然是产品对接困难的主要原因，但不可否认，部分网民的品牌意识较差和对品牌的忠诚度不高、从众和跟风心理等也是导致产品持续延展困难的另一个重要原因。

和 IP 产业相同，由于原创少，中国的网络公司大都把精力集中投向了产业对接和商业模式创新，而对能够持续带来价值的前沿理论和基础软件研发投入大打折扣，这也是我国芯片产业一直不能自给的主要原因。一旦某一应用技术或模式开发取得成功，各企业蜂拥而至。一个团购网站火了，立刻引起"百团大战"；一个在线教育 APP 赚钱了，短时间内就会涌现无数个类似的在线教育 APP。如此，产品和模式创新价值很快消耗殆尽，下游产品推进进入"撤火"困局而难以为继。

3. 开发者环境

目前我国互联网开放程度仍然有限，国外的网络技术发明与趋势国内同行很难第一时间获悉和交流。部分搜索引擎平台的竞价排名妨碍了创新者对真实有用的资料、理论和思想的收集和交流，也增加了创新成本。另外，我国网络高端人才稀缺、国内大企业人才垄断、国外的高科技壁垒等都大大增加了我国网络技术创新的资料收集成本和研发难度。

计算机兴起于英语世界，目前的计算机和网络基础软件的源代码、技术产品绝大多数使用的都是英文。2013 年联合国发布的一份报告显示，目前全球互联网用户中英文使用者最多，所占比例为 27％，英文内容的网站比例高达 56％。以中文为母语的中国网络技术创新者依赖于翻译好的中文文档，这就比国外同行慢了节拍，加之翻译可能存在偏差等，都会带来信息交流阻滞与困难。

人民网舆情监测室调查数据显示，目前多数网站内容原创比例仅为 10％左右。缺乏有效的知识产权保护，使得网站、应用之间相互模仿、不正当竞争，也让网络创新发展举步维艰。

四、技术创新制度机制不健全

"没有规矩，不成方圆"。规矩也就是规章制度，用来规范参与者的基本权利和义务，有了它才能有良好的秩序。如果没有系统内的良性互动和有效运行，制度不仅难以发挥预期的作用，甚至在一定条件下还会产生相反的效果。网络技术创新不足，很重要的一个原因在于我国至今尚未建立起一套完备高效的创新制度机制，创新参与者责、权、利界限模糊，制度设计不协调，运行不畅，难以有效聚集创新动力。

（一）支持技术创新的政策不配套

近年来，中央和地方政府出台的支持互联网创新的政策很多，但总体来说，各政策之间不对接、不配套的问题依然突出，具体表现为产业扶持措施不配套、投融资渠道不畅、知识产权保护不力等，须下力气解决。

1. 网络技术创新产业扶持政策不配套

网络创新技术作为高新技术的一种，享受的税收优惠政策主要是优惠15％的税率、研发费用的加计扣除、减免转让技术收入等。一系列的税收优惠政策对网络创新企业的发展起到了积极的作用，但是这些政策文件本身也存在一些缺陷。一是重直接优惠轻间接优惠，特别是对高新区内的所有企业统一减免15％的税率，而大量不在高新区的网络创新企业几乎没有税收优惠，体现不出高新技术企业税收优惠的优势。二是高科技人才的收入并没有真正的个人所得税优惠，间接增加了企业的负担，使得企业实际利润率下降。中央和各地对网络创新业的税收优惠政策不对接，各地差别较大，税制漏洞多。

当前支持网络技术产业发展的财政法规和政策政出多门，财政资金投入方式繁多，投入渠道分散，政策手段单一。在财政补贴上，各地在补贴对象的认定、补贴标准的制定、补贴力度的大小、补贴在不同研发阶段的分配、补贴效率的评估等方面规定不一。和税收优惠措施类似，我国对网络创新企业的财政扶持和补贴也存在重国企轻民企、重直接轻间接、重公平轻效率等诸多问题，导致财政激励政策目标不明确，扶持效果不够显著。

在人才流动机制方面存在的主要问题是人才流动和开放度不足。开放式创新和"草根"创业正在成为创新创业的主流模式，"互联网＋"不仅为普通民众参与创新创业降低了门槛、提供了平台，更在关联技术应用实践中传递了以开放、平等、协同、共享等为特征的互联网思维。近几年，越来越多的"草根"大众能够有激情、有机会投身于创新创业的大潮中，正是得益于创新创业网络平台的建构和互联网思维的传播。

2. 网络技术创新的投融资政策不完善

我国进入互联网的时代背景与欧美有很大的不同，欧美早已进入后工业时代，传统的工业技术和资金积累深厚，金融高度发达，而我国尚未完成工业化，政府层面进入互联网产业的资金无论相对量还是绝对量都十分有限，支持互联网创新的绝大部分资金要么来自海外资本，要么来自民间资本，而民间资本相对弱势，风险承受能力远低于欧美老牌资本。

我国主要的国有银行大都不愿意贷款给创业型互联网企业。在西方早已成熟的知识产权质押，在我国要通过繁琐的评审；对于早期创业的互联网公司来说，由于未来的不确定性，融资租赁困难重重。目前支持早期创业互联网公司的资本主要来自于风险投资、天使基金等，由于这种投资主要押注公司的中短期市场收益，而基础技术、前沿技术研发风险过高，中国企业没有优势可言，这进一步加剧了这样一种情势：欧美互联网的核心优势来自于对全球网络关键资源和尖端技术的控制，而中国则主要凭借庞大的市场规模和市场潜力。

在欧美主要发达国家，投融资渠道多样，机制健全。而我国金融产业不够发达，金融产品和创新单一，金融主体以国有企业为主，体量大，经营保守，历史包袱重，对市场反应慢；政府基金少，企事业担保体系不成熟，政府对风险投资公司的优惠贷款和信用担保不多，没有实行盈亏相抵的税收优惠政策，特别是风险投资的进入与撤出机制不健全，具有良好前景但风险较高的网络创新项目、优质项目往往难以及时筹集到足够的资金。

3. 知识产权法律保护环境不健全

到目前为止，我国还没有形成统一、高效的知识产权行政管理部门，专利、商标、著作权分别由三个政府机构主管。这种多头管理的机构设置在实践中存在资源浪费、政出多门、责任不清等弊端。知识产权虽有类别划分，但类别之间存在有机联系，集中统一管理才能有效减少摩擦和冲突，才能高效应对国内外的新形势、新问题。因此，应加快我国知识产权行政管理体制改革，在统筹规划的基础上建立统一的知识产权行政管理机构，提高知识产权行政管理效能。[①]

知识产权服务贯穿网络技术创新成果的取得、使用、管理及权利维护各个环节，没有知识产权服务就没有技术创新成果的权利化、商用化和产业化。我国在

---

① 陈礼永. 新形势下我国知识产权制度的优化［J］. 枣庄学院学报，2016，33（3）：106.

知识产权发展过程中一直存在重法律制度建设、轻配套服务的短板。[①]

现阶段执行的技术创新与知识产权保护制度一方面未对技术创新开展全面的保护，另一方面又出现知识产权滥用和过度的倾向，浪费了有限的资源和经费，也助长了欧美知识产权强国利用技术垄断优势阻碍我国网络技术创新发展的气焰。

（二）科技资源配置低效

资源错配最大的恶果是不利于科技创新，不利于创新型企业的诞生和成长。在我国，由于国家的资源主要由政府支配，科技资源的错配不仅会造成有限资源的浪费，更可能导致网络技术创新举步维艰。

1. 科研项目的设置不尽合理

改革开放以来，我国进行了一系列科研体制改革，目前主要实行的是"科研项目课题制"，课题招标单位以国家、省（部委）、市等政府为主，由企业面向社会招标的研究课题占比较少。政府规划项目有利于基础性研究，但不太适用于创新性研究。企业面对市场，更了解市场需要，知道哪些创新具有真正的市场价值，也更需要进行研发。但目前我国企业的研发投入仍然偏低，个别研发投入强度较大的网络创新企业很少向社会发标，没有利用全社会甚至国际的科技研发资源，没能很好地发挥互联网"众创"的优势。

由于课题招标单位以国家、省（部委）、市等政府为主，中央以下的各级政府和各大高校、科研院所等课题数量巨大，存在设置不科学、低水平重复等问题，降低了有限的资金投入效率。一方面，一些热点问题的课题设置过滥，地方政府依此制定的高科技产业发展目标相近，形成恶性竞争；另一方面，某一研究领域的学者数量有限，导致一些著名学者承担很多课题，兼项过多，难以全身心投入，影响资金投入效果。

政府主导的面向市场的课题制需要处理课题资助方与课题组方以及两方与依托管理机构和管理单位的关系、与学术评议专家的关系、与其他课题参与方或涉

---

① 2012 年 11 月国家知识产权局、国家发展改革委员会等 9 部门联合印发《关于加快培育和发展知识产权服务业的指导意见》。

及方的关系，以及课题组内部课题主持人与成员的关系等。由于课题来源多元、项目数量与兼项增多、管理链条延长，涉及的关系多、事项繁，科研项目从立项、日常管理、经费使用直至结项验收等整个过程面临的问题多，处理难度大。科技计划多头管理，各管理部门之间缺乏沟通协调，互不隶属、条块分割，也造成科技资源的碎片化，致使科研项目不聚焦、多头申报，出现科研人员交叉申请、跑部门、要项目、争经费等现象。

2. 科研人才与设施的闲置和浪费

就数量而言，我国科技人力资源的总量已经超越美国，仅次于欧盟，成为名副其实的科技人力资源大国。一方面，大量高素质科技人才外流，虽然近年来回流的人数在增加，但外流和回流的比例并未根本改变，我国利用和留住创新人才的形势没有大的改观；另一方面，国内创新人才流向国有机关、企事业单位和外资企业、跨国研发机构的比例仍然高企，流向小型、创新型企业和乡镇企业的比例在减少。

我国目前还没有形成统一的科技人才市场，网络科技人才的流动只能依赖于各地的普通人才市场，大量国有企事业科研单位之间的人才流动仍然面临诸多限制和不便，人才流动固化现象依然严重。据统计，科技人员的流动率，美国为20%，日本为5%，中国为3%；美国科技人员一生中人均流动12次，日本为10次，中国不到1次。由于我国不同地区经济发展极不平衡，科技人才的分布与流动也存在巨大差异。根据2013科技统计年鉴的数据，科技人员主要集中于广东、江苏、北京、浙江、上海等经济发达地区，这五个地区科技人员数量高达141.5万人，占科技人员总体的44.5%。[①]

近年来，国家加大了科研条件类课题的立项，各级各类网络工程中心、网络实验室如雨后春笋般涌现，互联网设施与仪器的数量、经费投入也快速增长，但设施设备重复建造购置，部门化、单位化、个人化和闲置浪费现象较严重。由于条块分割，国家目前尚未建立起覆盖各类设施与仪器、统一规范、功能强大的专业化、网络化管理服务体系。绝大部分科研设施很少对外开放，加重了科技设施的闲置。许多购置或研发的高技术设备功能得不到有效的开发和利用，不能发挥

---

① 李彩丽. 我国科技人才流动状况及其对策研究分析［J］. 新经济，2015（9）：42.

其应有的潜能。

（三）科技创新制度机制不健全

科技体制机制问题带有根本性、全局性、稳定性和长期性，是经济社会发展的重要动力和根本保障。目前，我国的科技制度对于实施创新驱动和网络强国战略来说存在的主要问题是规划、计划较多，而真正的网络创新具有很大的不确定性。同时，拥有大量资源的国有高科技企事业单位创新动力不足，其研发成果与市场脱节现象依然严重。

1. 行政管理与网络技术创新不可预测性的矛盾突出

西方成熟的市场经济体制中，网络创新主体主要是私营企业，而在我国，目前国有企事业科研单位，特别是大型国有企事业单位仍然占据绝对支配地位。在人才引进、资金获取、项目承包、设备购置等方面，国有企事业科研单位拥有巨大的优势，但由于体制机制问题，很多时候优势反而变成了创新的障碍。从属于一个或多个主管部门的科研单位，从项目申请、经费拨款、经费匹配、组织论证、评审验收到鉴定评奖等，都需要经过行政主管单位或部门的批准和管理，行政干预严重影响了创新的效率。

创新是不可预见的。我们今天使用的新技术和新产品，二三十年前没有人预见得到。再往回推一点，200多年前瓦特发明蒸汽机、乔治·斯蒂芬森制造出蒸汽火车的时候很少有人觉得它们很重要，当时英国政府规定，火车的速度不可以超过马车的速度。130年前，卡尔·本茨发明汽车的时候，德国地方政府规定，汽车的速度不可以超过人步行的速度。创新的不可预见性意味着创新不可能由政府规划，只能由市场中具有创新精神的人尝试。计划不是创新，没有哪个创新是计划出来的。

2. 国有互联网企业创新动力不足

国有互联网单位或部门由于缺乏足够的替代性竞争压力，普遍感受不到强烈的生存压力和发展压力，其市场垄断地位或在本单位、本部门的不可替代性足以保证其获得丰厚的回报或宽松的生存条件。因此，相对于不从事持续的创新活动就无法在激烈的市场竞争中生存下去的民营创新公司而言，国有企事业单位更倾向于选择风险相对较低的成熟技术和成熟产品，而不是选择那些投资大、风险高、周期长的原始创新活动。

国有互联网企事业单位经营者创新激励少，员工创新积极性不足。作为个体的研发人员，其创新动力与企业家大致相同，既有获得个人报酬和职位升迁的动力，也有个人价值实现的精神需求。相对于民营企业和外资企业而言，国有互联网企业研发人员个人报酬整体水平不高，股权激励等激励机制尚不健全。

3. 作为创新主力的科研院所与市场脱节

理论作为技术基础的地位不容置疑，但从事理论研究的科研院所对技术的应用和理论应用的技术产品的社会经济效果关注不足。加之我国院校的基础理论研究水平与发达国家本就有一定的差距，仅有的理论研究因缺乏经济支撑而失去持续研究的动力。由于缺乏基础理论持续研究的支撑，我国网络技术创新鲜有重大原创性发明。事实上，网络技术是一项极其复杂的高新技术，单凭高校和科研机构的"单打独斗"很难有持续的发展创新。

实施"创新驱动战略"以来，国家在网络创新上的直接投入逐年增加，但并没有产生较好的经济社会效果。真正的创新就是要起于草根、发于民间、兴于市场，在试错中、在碰撞中、在用户的选择中脱颖而出。

五、创新文化教育体制不完善

现行文化教育体系与创新创业现实需求存在脱节，人力资本积累难以满足网络创新创业，特别是"互联网＋"创新创业的需要，突出表现在现有教育体系不利于网络技术创新，教育内容与方法相对落后和陈旧。

我国教育经过三十多年的改革发展，取得了举世瞩目的成绩。但随着我国经济社会的发展，日益暴露出许多深层次的问题。在众多原因中，首要的是体制机制问题。

网络时代，知识与智力的市场化是知识经济的本质要求，知识与智力资源是科技与创新的基础，若想在激烈的国际竞争中找寻自己的位置，国家必须建立起完善的知识与智力资源配置体系。

我国大中专院校的计算机科学与技术及网络工程等相关专业的课程体系总体

说来比较单一，教材内容更新缓慢，高校的实践课时普遍偏少，而职业院校的技术实践往往缺乏技术创新的针对性。这种情况培养出来的计算机和网络方面的大学生难有技术创新冲动和意识，对网络技术新方向、新动力辨识度差，与新知识、新思想交流碰撞少，创新"互启性"不高，不仅无助于网络技术创新，而且加剧了结构性失业。

进入 21 世纪，我国学科专业目录优化调整步伐加快，日益与欧美学科专业设置实现对接，但总体来说仍然难以适应我国经济社会发展需要，总体落后于技术创新和产业调整，这一点在计算机和通信领域表现尤为突出，主要是因为互联网技术与应用创新较快，而且创新的方向和领域难以"设计"和"控制"。要改变被动和落后的局面，除了增强学科专业调整的预见性、加大学科门类的综合性，以及进一步拓宽专业口径之外，更主要的是要靠扩大高校的办学自主权、专业调整权，鼓励和扩大高校与科研院所、网络高技术企业的人才培养对接，使高校人才培养与网络技术创新前沿以及应用市场开发同频振动、协同发展。

六、网络技术创新面临美国主导的国际垄断的围剿

互联网在促进世界经济和知识全球化的同时，以美国为首的国际互联网技术创新强国通过国际性的高技术垄断及不断延伸和强化的信息技术产品、服务的安全审查日益强化对技术创新的控制，扩大了世界创新能力差距和数字化鸿沟。中国作为后发展的世界网络技术大国，网络核心设备企业正遭受国外企业的"包围"，知识产权壁垒已成为制约我国网络核心技术创新和发展的阻碍。突破以美国为首的技术壁垒，保障我国的网络安全，正日益成为推进网络强国战略道路上一个无法回避的重大问题。

（一）欧美主导下的世界互联网

美国是全球信息网络技术的策源地，半个多世纪以来，美国的政府、科研机构和企业齐心协力，引领全球信息网络技术和产业的发展，一大批 IT 巨头如苹果、谷歌、微软、高通、思科、英特尔等控制着全球信息网络产业链的骨干，在通信网络、操作系统、搜索引擎、云计算、大数据技术、集成电路等关

键网络技术及设备领域占据明显的先发优势和话语霸权。

1. 互联网的创生

1969 年互联网肇始于美国，由美国国防部研究计划局在 ARPA 制定的协定下将美国西南部四所大学四台主要的计算机连接起来。这个协定由剑桥大学的 BBN 公司和 MA 公司执行。到 1970 年和 1972 年，又分别有 4 家和 7 家单位加入。1983 年，美国国防部将阿帕网分为军网和民网，渐渐扩大为现在的互联网。1994 年 4 月，我国实现与国际互联网的全功能连接，成为国际互联网大家庭中的第 77 个成员，至此我国开启互联网时代，但距美国创建互联网已经过去了 25 个年头。

1983 年，美国国家科学基金会创建了全美五大超级计算中心。为使全美科学家、工程师共享该设施，建成了基于 IP 协议的计算机通信网络 NFSnet。最初，NFSnet 使用电话线通信，但其传输速率不能满足需要，于是 NFS 在全美按区域划分计算机广域网，并将各区与超级计算中心连接起来，最后将五个超级计算中心互联，用高速数据专线把 NSFnet 连接成一个主干网。1986 年，NFSnet 取代 ARPA 网成为主干互联网。ARPA 网为主干网的互联网只对少数专家和政府要员开放，而 NFSnet 为主干网的互联网则向社会开放。到了 20 世纪 90 年代，随着 PC 的普及和信息技术的发展，互联网迅速商业化，并以其独有的魅力和爆炸式的传播速度影响了全世界。至今，互联网仍在迅猛发展，并在发展中不断更新，被重新定位、定义和解释。[①]

互联网在我国起步时间虽然不长，却保持着惊人的发展速度。全国目前已有中国科学技术网络（CSTNET）、中国教育和科研计算机网络（CERNET）、ChinaNET、中国金桥信息网（ChinaGBN）四大网络和众多的 ISP（入侵防御系统），中文网站也不断涌现。从 1994 年实现与互联网的全功能连接，到下一代互联网抢占网络技术发展制高点，二十多年来，互联网在我国的应用已经告别了早期公共信息传播与私人信息传播的初始模式，在自身蓬勃创新精神的主导下实现着从商业到制度再到文化三个层面的创新。其中，商业创新是二十多年来创新的

---

① 互联网发展历程［EB/OL］.（2013 - 05 - 28）［2016 - 11 - 23］. http://wenku. baidu. com/link? url = tbLHoSItc8LaTRPCiskxYX5ihuR-T1yRnunuClvwwyV1Hao7qvD7oIOdVFJZRgQ0ySQt5fMrHlj9y2-g9nwJdXu COLCoxSx8I98TyurduG.

主线，取得的成就也最大，这是我国推动"互联网＋"战略的主要基础。但总体来说，在网络技术研发和标准的制定上，特别是在核心技术和关键设备研发能力上，我国与欧美网络强国仍有一定的差距。

2. 欧美掌握着互联网核心技术

芯片技术是建立在计算机技术基础之上的互联网分布式技术的核心，全球信息产业革命以半导体芯片技术发展为主要驱动力。成立于 1968 年的美国英特尔公司及其生产的中央微处理器芯片（CPU）始终居于技术的制高点和产业的核心地位。数十年来，英特尔芯片技术的研发基本遵循着摩尔定律并保持技术的世界领先地位，同时带动其他半导体元器件和设备的技术变革，摩尔定律也因此成为全球 IT 硬件技术的基本规律。

1986 年，思科公司推出第一款名为多协议路由器（Access Gateway Server）的联网设备，可以使斯坦福大学中不兼容的计算机网络连在一起，这就是如今被喻为"网络交警"的路由器（Router）的前身。随着互联网的兴起，路由器成为网络节点中必不可少的设备，成为连接局域网与互联网的桥梁，连接各种局域网络内部、局域网络与局域网络以及局域网和互联网。目前思科公司掌握着 70％的路由关键技术。

在美国 IT 巨头和政府的共同推动下，云计算、大数据等技术发展为全球网络信息技术的前沿。其中，IBM 是云计算技术的主要倡导者，谷歌则是大数据技术的主要推动者和创新力量。2011 年 2 月，美国发布《联邦云计算战略》，要求美国政府每年总计约 800 亿美元的 IT 开支中有 1/4 左右的部分可以迁移至云计算。2012 年 3 月奥巴马政府正式宣布"大数据研究和发展倡议"，计划携手六个政府部门投入 2 亿美元资金，实现在科学发现、环境保护、生物医药研究、教育以及国家安全等多个领域的技术突破。[①]

3. 欧美控制着互联网关键基础设施

海底光缆系统是支撑全球网络空间的关键基础设施。目前全球的通信流量大

---

① 惠志斌. 美国网络信息产业发展经验及对我国网络强国建设的启示［EB/OL］.（2014－11－23）［2016－12－01］. http://news. youth. cn/gn/201411/t20141123_6107486. htm.

部分经过美国，目标数据流很容易流入或流经美国。1988 年 12 月，第一条跨洋海底光缆（TAT - 8）进入商业服务，从那时起直到 2008 年，欧美公司几乎垄断了全球的光缆市场。海底光缆普遍发端于欧美发达国家，或者以欧美发达国家为中枢桥接点。目前，全球网络空间的海底光缆线路是以美国为核心节点连接起来的。一个数据点从一边到另一边，一定经由美国，美国可以随时截取获得信息数据。①

全球支撑互联网运转的域名根服务器共有 13 台，其中 1 台主根服务器设在美国弗吉尼亚州的杜勒斯，12 台辅根服务器中有 9 台分布在美国，被美国完全控制，另外 3 台分别设在美国的盟国英国、瑞典和日本。实际上，掌管这些域名根服务器，就掌握了全球互联网的主动脉。从技术上讲，域名根服务器是可以多元化的，只要在不同的域名组织间制定连接规范就可以达成，然而美国一直反对域名根服务器的多元化。②

全球定位系统是美国从 20 世纪 70 年代开始研制的，历时二十余年，于 1994 年全面建成，是具有在海、陆、空进行全方位实施三维导航与定位能力的新一代卫星导航与定位系统。全球定位系统以全天候、高精度、自动化、高效益等为特点。目前全球定位系统使用的是美国第二代卫星导航系统，使用者只需拥有 GPS 终端机即可使用该服务，无需另外付费，因而全球使用者众多。虽然免费使用，但美国只向外国提供低精度的卫星信号。该系统很可能有美国设置的"后门"，一旦发生战争，美国可以关闭对某地区的信息服务。

为打破美国对全球定位系统的垄断，欧盟于 1999 年启动建设"伽利略"卫星定位系统。该系统从 2014 年起投入运营。与美国的 GPS 相比，"伽利略"系统更先进、更精确，也更可靠。

（二）技术标准话语权的垄断

1. 网络标准的控制

由于计算机硬件设备不断更新，生产硬件设备的厂家标准不一，型号不同，在进行全球性互联时需要统一互相认可的标准，网络协议和网络模型应运

---

①② 杜雁芸 . 美国网络霸权实现的路径分析［J］. 太平洋学报，2016，24（2）：68.

而生，其中最主要的应用模型是开放式网络互联七层模型和 TCP/IP 模型。美国最早提出了信息高速化发展的概念，在此阶段，光纤技术、多媒体技术和智能网络技术得到了很大的发展，全球从工业社会开始向信息社会过渡，网络技术走进人们的生活，对社会和经济产生了深远的影响，推动着全球化进程不断加快。

当前，全球通用的互联网技术标准是美国制定的，体现的是美国网络治理的理念，这种理念在网络普及中逐步推广到其他国家，潜移默化地成为全球的网络规范。目前，承担互联网技术标准研发和制定任务的依然是 1985 年年底成立的互联网工程任务组，其两个监督和管理机构即互联网工程指导委员会和互联网架构委员会则共同归属于互联网协会管辖。[①] 以美国为主的西方发达国家牢牢掌握着互联网的管理权。互联网协会虽然偏重具体技术问题，并对外宣称其组织成员不代表任何国家利益，但其技术成员大多来自发达国家，其技术解决方案基本倾向于维护发达国家的利益。[②]

美国有意主导全球网络空间制度的建设。一方面，美国通过建立网络同盟迫使其他国家遵从其网络空间全球治理的"美版规范"，力求依照美国的标准、利益和意志制定对其有利的世界网络"游戏规则"。美国对其亲密盟友进行界定，盟友可以与美国信息共享。另一方面，美国对潜在的"违规者"暗中予以劝阻、威慑，对现实的反抗者则通过网络进行政体颠覆、发展遏制。

2. 网络核心资源的掌控

域名系统是整个互联网稳定运行的基础，域名根服务器（Domain Name System，DNS）是整个域名体系最基础的支撑点，通信中使用的网址最终由处于网络顶端的域名服务器决定。美国控制着 IP 地址分配，管理着国际互联网的根域名，主导着网络产业链的关键环节，这使其在网络空间拥有绝对的压倒性优势，这种优势转化成一种巨大的权力，表现为其不受节制地大范围窃听和监控，以此实现自身的网络信息霸权。

网络世界中语言运用的广度和深度代表一个国家在网络世界的软实力，深层

---

① 郎平. 全球网络空间规则制定的合作与博弈［J］. 国际展望，2014（6）：142.
② 申琰. 互联网与国际关系［M］. 北京：人民出版社，2012：6 - 7.

次隐藏的则是民族、国家的文化和价值观念。自互联网诞生以来，在这个独特的虚拟世界里，美国通过主导网络语言控制着网络话语权。在全球网络空间中，通行语言是英语，互联网中 70％以上的内容是由英语传播的，全部网页中 81％的页面是英语页面，其他语种加起来不足 20％。美式商业文化和价值观通过互联网这一通道源源不断地传向全世界。①

美国等西方网络强国以互联网为平台，通过社交网站 Facebook、Twitter、YouTube 和 Flicker 等平台大力宣扬美化西方的价值观，并推广西方政治模式，将互联网当作其海外推进民主的重要工具。美国中情局甚至认为，运用互联网手段输送美国价值观，远比派特工到目标国家或培养认同美国价值观的当地代理人更容易。② 2011 年，美国政府抛出"网络自由战略"后，不仅把互联网当作其价值观的推广工具，还将网络空间纳入传统的公共外交范畴，视作其推广外交政策的工具。

（三）安全审查筑起的技术壁垒

作为互联网的缔造者和网络战的始作俑者，美国的网络技术绝对领先，霸主地位业已形成。在此情况下，美国依然构建了完备的网络安全审查制度，影响世界，示范他国，控制产业。对于对其网络霸权构成威胁的中国，美国一方面限制本国网络核心技术和产品的出口，另一方面对中国网络通信公司的产品和设备进行非限制安全审查，企图以此维持其网络霸权。

1. 美国的高技术出口限制

高技术（High Technology，Hi - tech）的概念源于美国。美国从 1981 年开始出版了以"高技术"命名的专业刊物，1983 年出版的美国《韦氏第三版新国际辞典增补 9000 词》中收入了高技术的词条。高技术是一个发展着的概念。目前，美国对高技术的定义可以概括为：高技术是建立在现代自然科学理论和最新的工艺技术基础上，处于当代科学技术前沿，能够为当代社会带来巨大经济、社会和环境效益的知识密集、技术密集技术。随着网络时代的到来，美国

① 杜雁芸. 美国网络霸权实现的路径分析 ［J］. 太平洋学报，2016，24 (2)：67.
② 王更喜. 美国输出价值观的新"武器" ［EB/OL］. (2012 - 03 - 23)［2016 - 12 - 10］. http://paper. jyb. en/zgjyb/html/2012 - 03/23/con - tent_61971. htm.

政府把网络核心技术和关键设备包括在高技术及其产品范围，把代表网络技术未来发展方向和前沿的网络基础软件、应用和安全设备作为重点扶持和保护的产业。

美国高科技出口管制是其维护国家安全和实施对外战略的重要手段之一。美国在其国内法和国际组织的基础上建立了一套严密的技术出口管制制度，成立了专门的组织机构对本国高技术的出口和国际技术出口事务进行监督。苏联解体后，美国高技术出口管制政策主要针对中国。美国占世界高新技术产业贸易的1/3以上，但进入21世纪以后，中国自美国进口的高技术产品占同期中国进口高技术产品的比重逐年下降，美国对中国在高性能计算机、资讯安全系统等方面严格的出口管制政策成为美国扩大对中国出口难以逾越的鸿沟。

2. 美国的网络设备安全审查

2012年10月8日，美国国会发布报告称"华为、中兴为中国情报部门提供了干预美国通信网络的机会"，并建议相关美国公司尽量避免同华为、中兴合作，以避免造成知识产权方面的损失。在通信领域，华为已经成为具有全球影响力的跨国企业。华为、中兴已经进入了非常多的国家、市场，但只要美国这个成熟的市场之门没有真正打开，中国的网络通信企业的国际化之路就仍只是在半途中。多年来，华为、中兴在美国、印度等国家的市场拓展一直受到歧视性待遇，当地政府常以安全审查为由阻挠中国电信企业的发展。在企业间并购、订单的获取等市场行为中，中国的网络公司一再受阻。

美国等西方国家倡导"互联网自由"，积极开展"网络外交"，对其他国家行使信息主权、依法管理网络信息的行为进行干预和施压，但是这些西方网络强国的"互联网自由"却采用双重标准。他们热衷于利用国际人权法的有关规定鼓吹"互联网自由"，主要着眼于限制其他国家根据本国法律对相关网络信息和网络活动进行管理的权力，但对其自身，这些国家则在维护网络安全的名义下不遗余力地谋求对别国进行大规模网络监控和窃密，甚至采取单边军事行动等。

3. 其他西方网络强国的网络技术壁垒

法国国家图书馆馆长认为，Google公司于2015年建成的全球最大的网上图书馆有可能加强美国压倒性的话语权，导致未来的孩子可能都会跟着美国人的语言环境进行思维，因此欧洲人必须对这种资源垄断进行反击，让世界了解欧洲的智慧、历史以及文化科学。欧洲数字图书馆（Europeana）在 2014 年年底已经有 2300 个机构参与，集聚了 3000 万件元数据。2014 年该馆发表了 2015—2020 年战略发展规划，服务重心面向创意产业。该馆还和 Google、Wikipedia、LinkedOpenData 等合作，提供更便捷的数据传播环境。欧洲图书馆是欧洲最大的数据资料库，是强化欧洲在大数据时代优势的一次巨大努力。

欧盟及其成员的知识产权保护在一定意义上比美国还要严苛，它们往往通过在"与贸易相关的知识产权协议"（TRIPS）之外增加各种自由贸易协定，包含大量限制和保护主义的 TRIPS 附加知识产权条款，不断对发展中国家施压，迫使发展中国家接受一些甚至比发达国家更为苛刻的标准。

我国互联网的产生虽然比较晚，但是经过几十年的发展，已经从模仿发展到寻找真正适合自己的生存方式；尽管受到世界网络强国的打压和技术"围剿"，但依托于国民经济和体制改革的成果，已然显示出巨大的发展潜力。我国已经成为国际互联网的一部分，从互联网用户数量、互联网普及率、互联网连接的速度、域名数量、受欢迎的网站、网页浏览器、操作系统等来说都是无可争议的网络大国，只要我们敢于直面困难，破除陈旧的体制机制束缚，坚持创新驱动战略，科学制定创新战略，就一定能够实现网络强国目标。

第五章　我国网络技术创新的战略选择

在信息化、网络化的当今社会，是否掌握和拥有自主可控、先进可靠的网络技术，直接影响着一个国家的网络状况与信息化水平，并在很大程度上决定着一个国家能否保持安全与稳定，甚至关乎一个国家的生存与发展。为了实现由网络大国向网络强国的跨越，确保"两个一百年"奋斗目标顺利实现，推进中华民族实现伟大复兴，必须建立明确的网络技术创新战略。

一、网络技术创新战略定位

当前和今后一个时期，是我国经济社会实现大变革大发展的关键时期。按照创新、协调、绿色、开放、共享的发展理念转变经济社会发展模式，推动我国经济社会实现融合发展与跨越发展，建设富强民主文明和谐的社会主义现代化国家，是实现我国发展的总要求和大趋势。实行网络创新战略，推进网络强国建设，带动全社会兴起创新创业热潮，促进我国经济社会发展，是网信事业适应经济社会发展的大趋势、更好地造福国家和人民的必然选择。

（一）经济转型的新引擎

习近平总书记在网络安全和信息化工作座谈会上的讲话中指出："我国经济发展进入新常态，新常态要有新动力，互联网在这方面可以大有作为。要着力推动互联网和实体经济深度融合发展，以信息流带动技术流、资金流、人才流、物资流，促进资源配置优化，促进全要素生产率提升，为推动创新发展、转变经济发展方式、调整经济结构发挥积极作用。"伴随着网络技术创新和应用而出现的"互联网＋"，是互联网对传统行业的深度渗透和有机融合，在优化资源配置的同时打破了传统产业发展模式和经济增长方式的瓶颈，激发出无数新的增长点、增长极、增长带和新的增长动力，正成为经济转型和发展的一大新引擎。

1. 优化资源配置

经济增长一般要经历要素驱动、投资驱动和创新驱动三个阶段。在我国经济已经进入新常态、要素驱动和投资驱动遭遇瓶颈的情况下，以互联网为载体的"互联网＋"成为创新驱动的最佳模式。随着网络技术的创新和渗透，知识、信息等逐渐成为新的生产要素，时间、空间转换效率日益成为竞争力的新来源，"互联网＋"所具有的优化资源配置等功能对经济转型和发展的驱动作用日渐突出。

网络的本质在于互联，信息的价值在于互通。"互联网＋"是以互联网为主，包括云计算、大数据技术、物联网、移动互联网等的一整套信息技术在经济、社会生活各部门的扩散、应用过程。从一定意义上讲，"互联网＋"是一种优质高效的资源优化配置机制。"互联网＋"为各种经济主体构建了平等、实时的交流渠道，解决了传统经济活动中广泛存在的信息不对称问题，形成各种信息交流和资源配置平台，使各种资源以最快的速度和理想的方式到达最佳位置，不仅可以有效地加速经济运转和资源流动，而且能够成功地降低资源流通和交易成本。因此，"互联网＋"对我国经济转型升级和企业创新发展的最大价值在于，以互联网、云计算、大数据和物联网为基础，通过新一代信息技术与经济社会的融合创新，利用互联网在生产要素配置中的优化和集成功能，真正建立起以市场为基础的资源配置机制，建立以市场为导向、以客户为中心的企业经营运转模式，从而提升实体经济的创新力、生产力和经营效率，发展壮大新兴业态，推进新的产业增长，为大众创业、万众创新提供有力支撑，并通过强化新的经济发展动力最大限度地促进产业结构调整和升级，成为经济社会实现创新、协调、绿色、开放、共享发展的重要途径。

2. 推动创新发展

我国虽然已经是世界第二大经济体，但经济质量与发达国家相比还存在着不小的差距，品牌竞争力也存在着明显的不足。特别是当前我国正处于经济转型升级的关键时期，增长放缓、生产过剩、外需不振等挑战纷至沓来，传统产业遭遇增长瓶颈，对经济发展的驱动力下降，国民经济面临下行压力。解决这些问题的关键在于坚持创新驱动发展，以新的方式开拓发展新境界。

当今时代，以信息技术为核心的新一轮科技革命正在孕育兴起，互联网日益成为创新驱动发展的先导力量。面对经济发展中存在的困难和问题，世界各国纷纷推出以技术创新驱动经济发展的新方略，如德国的"工业4.0"战略、美国的"工业互联网"战略等，不约而同地把信息技术创新作为推动经济发展的驱动力量。在这种形势下，我国顺势推出的"中国制造2025"战略，其中一个重要内容是通过信息技术与传统制造技术的结合，以信息技术创新带动传统技术升级，实现由中国制造向中国创造的转型。"互联网＋"作为信息技术创新和应用的集大成者，恰逢其时地成为我国以技术创新驱动经济发展的重要战略抓手。通过"互联网＋"推动移动互联、云计算、大数据、物联网等与各行各业的深度融合，实现现代信息技术与传统产业更深层次的对接或创新，必将进一步刺激产业创新、促进跨界融合，打造新的经济增长点，带动传统产业与传统生产方式的升级，助力我国经济实现转型发展和"弯道超车"。

3. 加速结构调整

调整和优化我国的经济结构，是当前和今后一个时期内必须解决的重大课题。为此，要坚持供给侧结构性改革，在去产能、去库存、去杠杆、降成本、补短板的过程中淘汰一批落后的产业、产品和企业，孕育新的经济驱动力和增长点，培植、发展和壮大一批新产业，从而实现经济结构优化和产业升级，提高我国经济的全球竞争力。

经济结构调整的重中之重是产业结构的调整和优化，调整和优化产业结构需要充分发挥"互联网＋"的作用。以"互联网＋"为代表的新一代信息技术不仅可以促使基于新技术、新模式的新兴产业不断出现，直接催生出一批新的经济增长点和富有生命力的新兴产业，而且赋予传统产业新的信息技术内涵和生命力，从而加速实现传统产业的改造、调整和优化。仅就传统产业而言，"互联网＋"经济模式可以将互联网技术和信息要素直接融入传统产业，以信息、知识、技术等要素为主导，创新传统产业的组织形式和运行方式，优化重组传统产业的生产、流通、交换和消费各环节，推动传统产业市场分工不断深化和产业链重构，提升经济运行的效率与质量，不断调整和优化传统产业结构，进而实现不同产业间的总体协调，加速推进我国经济结构的调整、优化、升级。

4. 转变增长方式

主要依靠投入和消耗大量资源推动经济增长是一种低质量、低效率、高消耗、高污染的粗放型经济增长模式。这种增长模式虽然是落后国家开启工业化进程的一种自然选择，却也是在技术水平低下困境中一种不可持续的无奈之举。随着经济体量的增大、资源与环境压力的加剧，这种曾经长期推动我国经济实现快速增长的模式已经难以为继。要践行创新、协调、绿色、开放、共享的发展理念，顺利实现由中等收入国家迈进高收入国家行列的目标，经济增长方式就必须由粗放型转向集约型，走出一条科技含量高、经济效益好、资源消耗低、环境污染少、以信息化带动工业化的发展道路。

网络技术创新是推进我国经济增长方式转变的重要杠杆与媒介。网络技术创新不仅可以推动互联网这个新兴行业及其相关行业的更大发展，而且可以实现互联网与其他产业的深度融合，以"互联网＋"的形式实现各类产业的在线化、数据化、智能化，以信息技术带动生产、分配、交换、消费各环节的技术创新与技术进步，实现经济活动的网络化、智能化、服务化、协同化，在提高经济增长质量和效率的同时降低资源的投入与消耗，在不断激发经济活动内在活力的过程中达到节能、减排、增效的目的，从而有效地推动我国经济增长方式由粗放型向集约型转变，带动经济活动的运行机制、组织形式和生产方式的演进与变革，引领经济增长和经济发展不断走向集约化与高端化，在中高速增长中实现可持续发展。

(二) 民主政治的催化剂

依法实现所有公民政治上的自由和平等，切实保障人民当家做主的权利，是社会主义民主政治的基本目标与基本价值。纵观人类社会发展的历史不难发现，社会大众民主权利的真正实现必须以一定的技术条件为支撑。网络技术以其特有的强大功能在信息发掘、存储、加工、传递和应用等方面为民主政治进程开辟了一个前所未有的空间，通过不断扩大社会公众的知情权、参与权、表达权与监督权等方式，对进一步健全和完善民主政治的组织形式与运行方式，提升人民群众当家做主的政治意识，激发公众的政治参与热情，拓展公众行使民主权利的空间和渠道，推动我国民主政治不断发展和完善，发挥着不可替代的巨大推进作用。

1. 促进了公众政治参与的自由和平等

自由和平等既是社会主义核心价值要素的重要组成部分，也是社会主义民主政治的最高理念，其实现程度直接体现着社会主义民主政治的发展水平。通过民主政治落实公众自由平等的民主权利，既是一种制度安排，又是一种治国理念，更是一种价值目标。网络技术以低廉的成本和方便快捷的方式为公众自由平等地行使民主权利提供了一种全新的通道。

"自由是做法律所许可的一切事情的权利"。[①] 公民依法享有言论自由的权利是我国宪法明确规定的，平等参与政治进程是社会主义民主政治赖以存在和发展的前提。考察民主政治发展的历史可以发现，言论自由和政治平等不仅是政治权利问题，也是技术保障问题，需要一定的物质技术基础作支撑。由于传统技术手段和基本国情的局限，在法律法规、方针政策制定过程中，一般民众缺乏自由表达和意见被采纳的有效渠道，平等参与国家和社会事务管理的权利只能由少数精英代表其行使，在社会主义民主政治中所享有的权利被大打折扣。网络技术以其开放性、即时性与交互性等特点打破了过去由权力机构和少数精英所垄断的言论传播和政治决策渠道，实现了言论自由表达权的扁平化，使原本集中于少数精英的话语权逐渐回归普通民众。无论身份地位、文化程度和个人财富如何，每个人都可以成为信息的自由发布、接受和参与者，公众可以畅所欲言地依法表达自己的政治意愿和政治主张，更加平等地参与国家和社会事务的管理。

2. 激发了公众政治参与的自信心和积极性

以马克思主义民主理论为基础的中国特色社会主义民主政治，从根本上否定了资本主义社会中作为"富人游戏"的"钱袋民主"，铲除了极少数人压迫广大人民群众的不合理的政治制度，人民群众从此获得了彻底解放，实现了当家做主，成为民主政治的真正主体，政治参与的热情极为高涨。但是民主政治决不可

---

① 孟德斯鸠. 论法的精神（上）[M]. 张雁深，译. 北京：商务印书馆，1997：154.

能孤立发展，它总是受到一定的经济社会发展状况制约，其所采取的形式与能够达到的高度终归是由相应的经济社会发展水平所决定的。直接建立在半殖民地半封建社会废墟上的社会主义民主政治不可避免地受到经济文化发展水平相对落后、社会大众的民主意识和民主能力普遍不足等因素的制约，再加上地域广阔、人口众多、经济文化发展不平衡，城乡差别、区域差别、脑力劳动与体力劳动差别的客观存在，公众通过传统的途径和方式参与政治活动，不仅存在着程序繁琐、渠道有限、组织不便等局限，而且还存在着制度化程度低、参与成本高、效果差等问题，从而使普通群众政治参与的自信心和积极性受到不同程度的影响。

网络技术的发展和向政治生活领域的渗透为公众的政治参与提供了崭新的技术手段，触发了网络政治这样一种新的政治参与方式。以网络技术手段为支撑，很大程度上解决了广大公众在传统政治参与中的局限和问题，公众可以通过网络轻松、便利地表达自己的政治立场和政治诉求，独立自主地发表自己的政治意见和政治主张，不受干涉地捍卫自己的民主权利与利益诉求，最大限度地参与政治进程和政治决策，方便快捷地参与政治管理和政治监督。网络政治参与基本不受时间空间和身份地位的限制，较好地突破了传统政治参与的局限，可以简便易行、成本低廉、不拘一格地满足普通民众的民主权利需求，在不断激发公众民主政治热情的过程中有效地增强了人民群众政治参与的自信心和政治责任感。

3. 拓展了公众政治参与的知情权和监督权

公众只有在知情权得到切实保障的情况下才能参与到国家和社会事务的管理中，充分行使当家做主的权力。公众知情权的实现程度直接影响着公众的政治参与程度，决定着民主政治的运作方式和发展水平。因此，知情权是公众政治参与的基础，努力保障和不断扩大公民知情权是推动民主政治进步的前提条件。知情权从表面上看是一种政治权利，实际上却与信息传播技术和媒介的发展演变直接相关，信息传播技术和媒介的发展水平在很大程度上决定着公众知情权的实现程度。在传统信息传播技术条件下所形成的单一传播渠道和单向传播方式很容易被人为操纵和控制，公众的知情权因而也就很容易受到有意和无意、这样或那样的限制。网络技术所具有的开放性、散点连接的技术要求和高度共享、实时互动的传播特性极大地降低了信息发布与获取的传统技术局限，使各种信息流日益呈现出大众化、"草根"化和多元化的特点，使得社会和政治生活的透明度日趋提高，不仅为公众提供了了解国家和社会事务的便捷通道，保障公众能够更好地行使当家做主的民主权利，还为权力机构主动倾听民声、及时掌握民情、更好汇聚民智提供了更直接与便捷的平台，使政治决策的科学化、民主化程度大大提高。

社会大众对公共权力的有效制约和监督既是防止权力腐败和权力滥用的一种有效方式，也是民主政治的一项重要内容和公民权利。其中，通过媒体对公共权力进行监督，把权力的运作过程置于"阳光"下，是公众行使监督权的一种重要方式。由于传统媒体存在着易受权力操控的局限，普通民众既无法真正知情又难以通过媒体发出自己的声音，导致监督权的实现程度和效果大打折扣。当传统媒体演化为以网络技术为基础的全媒体后，不仅权力运作的信息发布与传播机制发生了革命性变革，为将权力运作的过程与细节公开并接受公众监督创造了技术条件和社会基础，而且在人人都是信息发布者与传播者的情况下，公务人员的一言一行都可能被置于公众的视野之中，被网络这一无形的网所覆盖，使其腐败行为难以遁形。网络技术的大规模运用不仅为公众行使监督权力运行的权利提供了条件，而且成本低、效果好，基本不受时间空间限制，操作便利、易于执行，较好地克服了过去长期存在的监督成本过高、操作过程复杂、监督效果较差等容易使公众监督流于形式等问题。

网络技术也是一把"双刃剑"，既可为民主政治发展提供有力的技术支撑，也可能对民主政治发展产生不同程度的副作用。如果处理不好，很可能在促进"程序民主"的同时使民主政治丧失其应有的核心价值。这主要因为，在网络技术基础上所产生的"程序民主"的掩盖下，特定利益主体或利益集团会通过雇佣、操控网络推手与网络"水军"等方式营造特定的网络舆论氛围，裹挟一时不明真相的社会公众形成扭曲的网络舆情，干预甚至扭曲正常的政治进程，在网络民主的大旗下滋长网络无政府主义、情绪式民主等极端民主化倾向。另外，"数字鸿沟"使人们在网络技术的掌控与应用能力上存在着明显的差别，客观上影响甚至决定着不同民众在网络技术条件下享有民主权利的程度，从而在政治生活中造成一种新的不平等。如何更好地发挥网络技术推进民主政治进步与发展的作用，同时避免网络技术应用过程中可能出现的民主政治陷阱，是新形势下网络技术术创新和民主政治发展需要大力解决的一个重要的时代课题。

（三）文化发展的助推器

网络技术的创新、发展和应用既为中华经济腾飞、政治发展开辟了广阔的前景，也为中华文化的发展与创新提供了技术支撑，推进中华文化在内容和形式、深度与广度上得到发展与突破，为中国特色社会主义先进文化的不断发展和走向世界提供了功能强大的推动力量。

1. 赋予中国传统文化新的生机与活力

在长达五千年的文明史中，中华民族创造了光辉灿烂的中华优秀传统文化，代表着不同历史时期各种环境下先进文化的精华，也蕴含着先进文化在中华大地发展进化的基本规律，是中华民族在世界文化激荡中站稳脚跟的根基。"中华文化积淀着中华民族最深层的精神追求，代表着中华民族独特的精神标识，是中华民族生生不息、发展壮大的丰厚滋养。"[①] 当然，任何文化的产生与发展都具有浓厚的时代烙印，产生于不同时代的中华传统文化经历了长期的历史沉淀，虽然其中的精华能够跨越时代的局限，与时俱进地为中华民族的生息、繁衍与发展提供不竭的精神动力，但是其中的糟粕也会对现代社会产生消极影响。因此，对待中华传统文化的科学态度应该是有扬弃地继承，正确处理好继承和发展的关系，实现中华传统文化创造性转化和创新性发展。网络技术可以为中华传统文化创造性转化和创新性发展开辟新境界、提供新助力。

通过研究人类文化发展史可以发现，任何文化的创新与发展都离不开一定的技术作支撑。信息传播技术的发展水平与发展状况直接影响甚至在一定程度上决定着文化的创新与发展。原始社会人们只会利用简单的语言进行信息交流，人类的文化也就只能处于原始的萌芽阶段。奴隶社会和封建社会人们能够运用比较复杂的语言、文字及艺术品等技术交流信息，人类文化则处于低级阶段。进入电气化时代，人们利用电话、电视等复杂技术传播信息，人类文化发展进入了快车道，进入了文化快速发展甚至繁荣的新时期。电气技术虽然为信息传播开辟了新途径，却在信息的存储、查询、交流、互动等方面存在着诸多限制。网络技术创

---

① 中共中央宣传部．习近平总书记系列重要讲话读本［M］．北京：学习出版社，人民出版社，2014：100.

造性地克服了原有传播技术难以大量存储、便捷查询、实时交互等局限，以极具开放性的形式将任何组织与个人通过网络连接在一起，为文化的传播和发展提供了形式多样、内容丰富、易于检索、个性突出的信息交流手段，为信息传播、获取、存储、交流等搭建起一个功能强大的共享和交流的平台，古代文化典籍、传统文献等借助网络技术以低廉的成本转化为大众读物，使普通民众既可以快捷地查阅学习古典文献，又可以便利地通过各种网络工具理解感悟原本生涩难懂的古代典籍和蕴藏于其中的文化内涵，在提高民众文化素养的同时激发其学习研究兴趣，为传统文化去粗取精、去伪存真、古为今用、与时俱进提供了前所未有的技术基础，为中华文化实现创造性转化和创新性发展开辟了技术和现实空间。

2. 推进中国特色社会主义文化繁荣发展

中国特色社会主义文化具有中华传统文化的丰厚底蕴，代表着广大人民群众的文化需求和我国先进文化的发展方向，反映了人类文化发展的基本规律和时代要求，是一种民族的、科学的、大众的先进文化。在长期的历史进程中，中华民族虽历经磨难但民族精神永续，其根源就在于中华文化始终根植于丰厚的多民族文化土壤之中。随着新中国成立和社会主义制度的建立，特别是进入改革开放的新时代，各民族文化迎来了繁荣发展的新时期，国家经济繁荣、政治稳定，为民族文化开创了空前发展的新局面。但是由于时空与地域的阻隔、传播交流技术的局限和民族语言及风俗习惯等因素，不少民族文化仍然在不同程度上被封闭在各自的民族区域内；同时，受传统文化传播技术制约，无法充分满足人民群众丰富多彩且日益扩大的多样化文化需要，难以最大限度地调动人民群众自发参与社会主义先进文化建设的积极性和创造性。

网络技术的创新、发展和应用打破了文化传播、交流与发展的传统局限，为中国特色社会主义文化的发展开创了新天地。一是突破了原有文化传播与发展的制约，使包含各民族文化在内的中华传统文化能够最大限度地传播与交流，境内各个民族、不同群体中的任何人都可以成为信息共享与交流的文化主体，平等地接受、掌握、享用中华文化优秀成果，在满足各自不断扩展的文化需要的同时更好地实现中华传统文化的创造性转化和创新性发展，为中国特色社会主义先进文化提供更加丰富的民族文化营养。二是彻底打破了传统技术条件下世界各国各民族文化相对单一、封闭的局面，极大地推进了不同文化之间的传播、交流、激荡、嬗变、创新、发展，更加有利于增进了解和全面掌握其他文化体系，拓展中华文化的"全球视野"和"全球意识"，借鉴吸收世界上其他民族创造的人类文化成果，为中国特色社会主义先进文化创新发展汲取更多的营养元素，更好地推动中国特色先进文化的大繁荣、大发展。三是网络技术创新开辟了"互联网＋文化产业"这一促进文化发展的新模式，通过信息技术与各种文化资源的跨界融合，催生出层出不穷的新兴文化业态和消费模式，以前所未有的力度、深度和广度推进着文化产业与其他相关产业的融合与演进，以满足客户需求为导向的新兴文化市场与文化产业群不断孕育、发展和完善，在加速传统文化产业转型和新兴文化产业升级的同时不断创造出未来文化产业新的增长点，为中国特色社会主义先进文化的创新、发展和繁荣注入了不竭的推动力量。

3. 推动中国先进文化走向世界

文化既是人类文明发展的产物与体现，也是不同国家和民族之间文化交流与融合的结晶。如同生物的多样性既是一种客观存在，又是生物物种保存与发展的前提一样，文化的多样性既是一种客观存在，也是人类文化交流与发展的前提。人类多样性的文化推进了人类文化交流的需要，不同国家、民族间的文化交流与融合推动了人类文化的共同发展和进步。因此，在中国特色社会主义文化建设中既要大力实现优秀的民族文化的创造性转化和创新性发展，又要主动参与国际文化交流，吸纳其他文化的优秀成果，在建设具有民族性、体现时代性的先进文化的同时还要积极地把中国特色社会主义先进文化推向世界，为人类文化进步和人类文明发展做出贡献。在人类文明演进的历史进程中，长期处于领先地位的中华文化既包容和吸纳了大量其他民族文化的优秀成果，又对其他民族的文化进步和人类文明发展做出了突出贡献：以四大发明为代表的技术文化世人皆知，不言自明；以儒学为代表的思想文化不仅辐射东亚、东南亚等众多国家和民族，而且成为欧洲各国启蒙运动的重要思想来源。然而，随着工业文明在西方国家的率先发展，西方文化迅速崛起，相比其他文化占据了明显的优势地位。但是任何一种文化都存在着这样或那样的局限，西方文化同样如此。伴随着西方文化的强势扩张，不仅拜金主义、享乐主义和极端个人主义成为人类社会的痼疾，而且滋生出大规模的生态恶化、能源危机、恐怖主义等严重威胁人类生存与发展的各种问题。

人类文化发展史已经表明，文化的全球化决不能是文化的单一化或同质化，各种文化也只有在相互交流和碰撞中才能发展与进步。网络技术以其固有的开放性、"去中心化"等特点打破了西方文化单向传输和强行垄断的局面，在为不同文化传播交流创造出新空间的同时，也为中国特色社会主义文化走向世界提供了契机。中国特色社会主义文化以马克思主义为指导，坚持各个国家和民族一律平等，拥有自由选择适合国情的发展道路和发展模式的权力；强调不同国家和民族应和睦相处、共同发展、共同繁荣、利益共享，通过对话与合作等方式解决国家与地区间的分歧；主张人与自然和谐相处，所有国家和民族都应爱护环境，走可持续发展之路；关切合作解决人类发展中出现和存在的重大问题，呼吁发达国家和地区在应对气候变化、恐怖主义威胁和解决落后国家发展困境等问题上承担相应责任……中国特色社会主义文化反映了人类社会和人类文化发展的基本规律，代表了大多数国家和民族的共同利益和共同心愿，在网络技术的支持下，必然打破西方文化的强势围剿与封锁，超越地理和文化界限走向世界，实现与其他国家和民族文化间更直接的传播、交流、融合，从而促进人类文化的进步与人类文明的发展，同时向世界人民展现我国的良好形象，充分发挥中华文化软实力在国际交往中的作用，增强中华文化的向心力和中国模式的吸引力。

网络技术在助力文化发展的同时对文化健康发展的消极作用也不容忽视：网络已经成为意识形态和价值观念斗争的新阵地，国际反华势力及其代理人借助西方一些国家所拥有的网络优势极力诋毁我国的意识形态，攻击我国的主旋律文化，"妖魔化"我国形象的气焰嚣张；得到反华势力支持的"三股势力"借助互联网蛊惑人心，大肆散布其歪理邪说等反动言论；网络中充斥着拜金主义、享乐主义、无政府主义、极端利己主义、纵欲主义、恐怖主义等各种不良思潮和消极文化，对人们的伦理原则和道德选择造成了严重挑战；多元、多样、多变的网络价值观念冲击着社会主义核心价值观的培育与巩固，对中国特色社会主义文化建设产生了难以估量的消极影响……对此，决不能掉以轻心并任其发展蔓延，必须通过建立健全相关法律法规和各种政治、经济、文化、外交等手段，确保网络文化阵地的主动权和主导权，努力为中国特色社会主义文化建设创造良好、宽松的环境。

二、基本原则

随着信息技术创新速度的日趋加快，以数字化、网络化、智能化为特征的信息化浪潮以前所未有的态势席卷人类社会。信息技术通过与生物技术、新能源技术、新材料技术等深度交叉融合，正在引起以绿色、智能、泛在等为特征的新技术群体性突破。在以信息技术为代表的新一轮科技革命的大力推动下，互联网日益成为创新驱动与发展的先导力量，推动信息、资本、技术、人才等要素在全球范围内加速流动，以巨大的能量推动着产业变革与社会发展，促进着工业经济向信息经济快速转型，改变着人们的生产、生活方式，带来了生产力质的飞跃，引发了生产关系重大变革，成为重塑国际经济、政治、文化、社会、生态、军事发展新格局的主导力量。在这种情况下，全力加快互联网技术创新，实现网络技术融合发展、安全发展与跨越发展，就成为引领经济发展新常态、增强社会发展新动力、释放信息化发展新潜能应该坚持的主要原则。

（一）融合发展

当前，互联网与经济社会各领域的融合发展日益展现出无限潜力和广阔前景。我国正在全力推进的"互联网＋"行动，就是要最大程度发挥信息化的驱动作用，实现互联网的创新成果与经济社会各领域深度融合，最大限度地推动技术进步、效率提升和组织变革，提升实体经济创新力和生产力，推进优势新兴业态向更广范围、更宽领域拓展，形成更广泛的以互联网为基础设施和创新要素的经济社会发展新形态，全面提升我国经济、政治、文化、社会、生态文明和国防等领域的信息化水平。

1. 坚持网络技术与经济社会融合发展

在信息技术已经成为经济社会发展重要推动力量的当代社会，"信息就是生产力"的理念已成为广泛共识。信息作为生产要素中最重要、最活跃的战略性资源，在资源配置、生产组织和价值创造中发挥的功能日趋显著。由于互联网具有实现信息共享、降低交易成本、优化资源配置、提升劳动生产率、促进专业化分工等特点，通过与网络技术的深度融合，经济社会各领域能够确立新的思维方式、行为模式、组织形式和运营机制，使个性化生产、服务型制造等传统条件下难以实现的新型模式不断涌现，"互联网＋"日益成为各个领域不同主体跨界融合、协作共赢、创新创业的重要载体。全面推进"互联网＋"行动计划，大力发展信息经济，实现网络技术与经济社会融合发展，必将为新常态下我国经济社会的发展与转型升级提供重要的机遇。

根据《国家信息化发展战略纲要》，坚持网络技术与经济社会融合发展，在当前和今后一段时期内必须围绕供给侧结构性改革的推进，发挥信息化对全要素生产率的提升作用，为我国经济向更高级的形态、更优化的分工、更合理的结构演进创造新动力。为此，一要以智能制造为突破口，普及信息化和工业化融合管理体系标准，推动工业互联网创新发展，推进信息化和工业化深度融合。二要通过建立健全智能化、网络化农业生产经营体系和提高农业生产全过程信息管理服务能力等途径加快推进农业现代化。三要通过支持互联网服务模式创新、推动现代服务业网络化发展、构建繁荣健康的电子商务生态系统、建立网络化协同创新体系等推进服务业网络化转型。四要通过转变城镇化发展方式、分级分类推进新型智慧城市建设、以信息化推动京津冀协同发展等促进区域协调发展。五要通过增强网络应用基础设施服务能力、推进公共基础设施的网络化和智能化改造、推动新型商业基础设施建设等夯实发展新基础。六要通过完善互联网企业资本准入制度、组建"互联网＋"联盟、深入推进"简政放权、放管结合、优化服务"、设立国家信息经济示范区等优化政策环境。

2. 坚持网络技术与治理体系融合发展

网络技术使信息传播的方式更加开放、范围更加广泛、成本更加低廉，不仅为社会大众了解公共信息、参与公共决策提供了便利，而且有利于政府更加全面地掌握各种决策信息，实现政府决策的科学、高效和透明。借助互联网这个便捷的信息平台建立完善电子政务系统，政府不仅可以利用网络技术广泛开展网络问政，还可以在充分保障社会公众对公共决策的知情权、表达权、参与权的同时更好地实现公众对落实政府决策的监督权，利用社会监督提高行政效率，并遏制权力腐败。因此，坚持网络技术与治理体系融合发展，以网络技术创新推进国家治理体系和治理能力现代化，是更好地用信息化手段感知社会态势、畅通沟通渠道、辅助科学决策、提升行政效率、提高治理能力的必然选择。

按照《国家信息化发展战略纲要》，坚持网络技术与治理体系融合发展，一是通过提升党委决策指挥的信息化保障能力、运用信息技术提高管理和服务的科学化水平、加强信息公开与畅通民主监督渠道、加强党内法规制度建设信息化保障、提升各级党的部门工作信息化水平等服务党的执政能力建设；二是通过完善部门信息共享机制并建立国家治理大数据中心、增强宏观调控和决策支持能力、深化财政与税务信息化应用、推进人口与企业基础信息共享、推进政务公开信息化并提供更加优质高效的网上政务服务等提高政府信息化水平；三是通过建立健全网络信息平台密切人大代表同人民群众的联系、加快政协信息化建设、实施"科技强检"、建设"智慧法院"推动执法司法信息公开等服务民主法治建设；四是通过提高公共安全智能化水平、构建基层综合服务管理平台推动政府职能下移，依托网络平台保障公民民主权利、推行网上受理信访、完善群众权益保障机制等提高社会治理能力；五是通过推进便利化服务与实现服务前移监管后移、建立全国统一信用信息网络平台、建设重要产品信息化追溯体系、加强在线即时监督监测和非现场监管执法等健全市场服务和监管体系；六是通过面向企业和公众提供一体化在线公共服务、推动电子政务服务向基层延伸等完善一体化公共服务体系；七是通过建立强有力的国家电子政务统筹协调机制、鼓励社会力量参与电子政务建设、鼓励应用云计算技术整合改造已建应用系统等创新电子政务运行管理体制。

3. 坚持网络技术与社会文化融合发展

网络技术为人类提供了一个自由、平等、包容的文化传播网络化载体，与传统的报刊、书籍、广播、电视相比，网络载体的开放性、便捷性、互动性等大众化特色非常鲜明，打破了以往的信息单向传输局面，为大众参与、万众创新开辟了无穷潜力和广阔空间，既是传播人类优秀文化、弘扬正能量的重要载体，又是创造与传播大众喜闻乐见的各种形式的文化产品、满足人民群众日益增长的多样化文化需求的重要平台。为了更好地发展文化事业，推动中国特色社会主义文化走向繁荣，必须坚持网络技术与社会文化融合发展，始终坚持社会主义先进文化的前进方向和正确的舆论导向，遵循网络传播规律，推进网络传播技术的创新与应用，弘扬主旋律，激发正能量，发展积极向上的网络文化。

依据《国家信息化发展战略纲要》，坚持网络技术与社会文化融合发展，一是通过实施网络内容建设工程、加快文化资源数字化建设、整合公共文化资源与构建公共文化服务体系、引导社会力量积极开发满足人们多样化需求的网络文化产品等提升网络文化供给能力；二是通过完善网络文化传播机制与构建现代文化传播体系、推动传统媒体和新兴媒体融合发展、实施中华优秀文化网上传播工程等提高网络文化传播能力；三是通过做大做强重点新闻网站与规范引导商业网站健康有序发展、推进重点新闻网站体制机制创新、加快党报党刊与通讯社及电台电视台数字化改造升级、建立多元网络文化产业投融资体系、培育一批具有国际影响力的新型文化与媒体集团等加强网络文化阵地建设；四是通过综合利用法律法规与行业自律等手段规范网络信息传播、坚决遏制违法有害信息网上传播、加大网络文化管理执法力度等规范网络文化传播秩序。

4. 坚持网络技术与生态文明融合发展

生态文明事关人民群众的生存环境与福祉，影响着中华民族的长远发展和未来大计，生态文明建设是建设中国特色社会主义现代化国家的重要一环。对生态环境进行全方位的实时、动态监测监察执法，本来是推进生态文明建设的基础和前提，却因传统技术条件下成本太高而难以全面落实，而以网络技术为代表的信息技术能够为生态环境全方位的实时动态监测监察执法提供强有力的技术支撑。其中，云计算的动态存储计算能力为生态文明建设搭建了信息化平台，物联网技术实现了生态文明中各主体要素和各环节的充分、实时的感知，下一代互联网为生态文明中各主体要素的信息交流和传递开辟了更加便捷的空间，人工智能技术为生态文明建设中的科学决策提供了实时高效的技术保障，虚拟现实与可视化技术促进了数字世界和自然世界的融合，多媒体技术为全方位展示生态文明创造了便利条件，3S集成技术与北斗卫星导航系统为生态环境的远程、实时、动态感知奠定了技术基础，移动通信技术缩短了生态文明建设中人与人、人与物之间的距离，网络安全技术为生态文明建设提供了基础的技术条件。[①] 因此，只有坚持网络技术与生态文明融合发展，才能有效破解生态文明建设中长期存在的现实困境，更好地解决资源约束趋紧、环境污染严重、生态系统退化等问题，构建基于

---

① 国家林业局信息办公室. 十大信息技术与生态文明——信息革命与生态文明系列谈(5)[EB/OL].
(2013 - 06 - 20)[2016 - 08 - 15]. http://www.forestry.gov.cn/portal/xxb/s/2516/content - 609938.html.

信息化的新型生态环境治理体系。

参照《国家信息化发展战略纲要》，坚持网络技术与生态文明融合发展，一是通过开展自然生态空间统一确权登记、优化资源开发利用的空间格局和供应时序、完善自然资源监管体系、探索建立废弃物信息管理和交易体系与再生资源循环利用机制等创新资源管理和利用方式；二是通过健全环境信息公开制度、实施生态文明和环境保护监测信息化工程、提高区域流域环境污染联防联控能力、推动建立绿色低碳循环发展产业体系、利用信息技术提高生态环境修复能力等构建新型生态环境治理体系。

5. 坚持网络技术与公共服务融合发展

随着经济社会的发展，人们对于教育、医疗、养老、交通等公共服务的需求不断提高，致使上学难、看病难、买票难、打车难等问题日益突出。创新公共服务手段、提升公共服务质量已经成为亟待解决的重大现实问题。随着新一轮信息技术的不断涌现和广泛应用，互联网与公共服务由低度结合到高度融合的转变得以实现，"互联网＋公共服务"成为公共服务创新与发展的重要抓手。以网络创新技术为支撑，人们不仅可以方便地通过网络享受教育、医疗、订票、打车等公共服务，还可以大大节约时间和成本。因此，坚持网络技术与公共服务融合发展，大力推进社会事业信息化，优化公共服务资源配置，降低服务成本并提高服务效率，为公众提供用得上、用得起、用得好的信息服务，促进基本公共服务均等化等，就成为破解公共服务的供需矛盾、增加公共服务内容、拓展公共服务手段、提升服务质量的有效解决方案。

依照《国家信息化发展战略纲要》，坚持网络技术与公共服务融合发展，一是通过完善教育信息基础设施与公共服务平台、建立网络学习空间与网络环境下开放学习模式、吸纳社会力量参与大型开放式网络课程建设等推进教育信息化；二是通过构建公开透明的科研资源管理和项目评价机制、建设覆盖全国资源共享的科研信息化基础设施、加快科研手段数字化进程并构建网络协同的科研模式等加快科研信息化；三是通过完善人口健康信息服务体系、探索建立市场化远程医疗服务模式和运营管理机制、探索医疗联合体等新型服务模式、运用新一代信息技术满足多元服务需求等推进智慧健康医疗服务；四是通过推进养老和医疗等信息全国联网、建立就业创业信息服务体系、加快社会保障一卡通推广和升级、加快政府网站信息无障碍建设等提高就业和社会保障信息化水平；五是通过构建网络扶贫信息服务体系、开展网络公益扶贫宣传、建立扶贫跟踪监测和评估信息系统等实施网络扶贫行动计划。

（二）安全发展

网络技术不仅给人们带来极大便利，成为推动人类社会走进信息时代的重要驱动力量，也带来了极大的风险和隐患。大到国家民族，小到团体、家庭和个人，时刻处于严重的网络安全威胁之下。特别是当世界各国纷纷推出以网络技术创新为依托的发展战略、将网络技术与社会各领域深度融合作为推动发展进步的重要动力源之后，网络安全风险更是被放大到前所未有的程度。当前我国正在大力推进的网络强国战略，就是要通过"互联网＋"行动计划，将网络技术与传统产业深度融合，实现传统产业的在线化、数据化，彻底改变传统产业相对封闭的原有格局，以最小的成本优化资源配置与产业结构，从而更好地推动经济发展与社会进步。作为新形势下我国信息化的升级版，"互联网＋"行动计划必将在我国掀起一轮大众创业、万众创新的新高潮，为经济社会发展带来空前的机遇。机遇往往与风险共生相伴。"互联网＋"在带来发展机遇的同时也会带来安全风险，使我国面临极大的网络安全威胁。"没有网络安全就没有国家安全"，网络安全已经成为国家安全战略的重要内容。

1. 高度重视威胁网络安全的各种因素

网络安全问题随着网络技术的产生和应用而出现，并随着网络技术的迅猛发展和普及而不断恶化，已经成为滋生于网络空间挥之不去的梦魇。从一般情况来看，威胁网络安全的因素很多，概括起来可以划分为人为因素和技术因素两种。其中，威胁网络安全的人为因素主要有三个方面：一是人为的无意识行为产生的风险。系统信息配置不规范或存在安全漏洞，管理或操作人员缺乏安全意识，技术行为能力不足，无意中的操作错误等，都会对网络安全造成人为的危害。二是人为的安全管理不到位带来的风险。主要是保障网络安全的法律法规不健全，网络安全管理措施不完善或执行不力，未能营造出确保网络安全的优良环境，以致各种网络安全问题层出不穷。三是人为的恶意破坏行为造成的网络安全风险。通过系统漏洞、预置"后门"或网络病毒等手段，以有线或无线注入等方式影响、破坏或瘫痪他人系统运行，盗窃或删改他人网络信息等行为，属于人为的网络恶意破坏行为，往往会对网络安全造成严重甚至致命的危害。

威胁网络安全的技术因素主要有网络系统缺陷和计算机病毒入侵等。首先，互联网系统自身存在严重的安全缺陷。互联网中各个节点的相互连接与数据交换是通过网络通信协议（TCP/IP 协议）实现的。TCP/IP 协议规定了网络设备连接与数据传输的技术标准，保证了不同网络节点之间的互联互通，在互联网中发挥着重要的基础性作用。但是为了保证设备连接与数据传输的高效性，TCP/IP 协议排除了安全性设计，对数据流采取了明文传输方式，使网络系统自诞生之初就存在着与生俱来的严重安全缺陷，并因此造成了源地址或 IP 欺骗、源路由选择欺骗、路由选择信息协议攻击、鉴别攻击、TCP 序列号欺骗、TCP 序列号轰炸攻击等各种类型的网络安全威胁。其次，计算机病毒入侵对网络安全构成了严重威胁。随着网络技术的发展，计算机病毒的技术含量日渐提高，其种类也在疯狂地扩张和不断地演变，并以名目繁多的途径入侵网络系统。计算机病毒通过独特的复制能力不断蔓延，成功侵入后便潜伏在计算机核心位置和内存中，以不同的方式和程度控制被感染的计算机，破坏、盗取计算机数据和用户信息，轻则降低系统的工作效率，重则给网络用户造成严重的损失。

2. 牢固树立"互联网安全＋"的战略理念

与其他大国相比，我国面临的网络安全风险更加严峻。除了威胁网络安全的一般人为因素和技术因素之外，我国在网络建设和应用过程中存在的一些特殊因素使网络安全风险更加严重。从技术因素来讲，由于互联网技术发源于美国，并由美国向全球扩散，加上我国现代科学技术长期落后于西方大国，客观上存在着互联网技术储备不足、创新能力不强等问题，只能走引进发展的技术路线，不仅核心技术受制于人，一般技术往往也需要从国外引进。国内用于网络构建的基础设备、服务设施、终端装备等大多引进自国外，操作系统、应用程序等也多数来自于国外。据微软公司 2013 年的安全报告披露，XP 系统中国大陆用户数量所占比例仍高达 57.8%。据国内统计，我国各部委、大型国有企业中 XP 系统应用比例最低超过 60%，最高甚至接近 95%[①]，我国网络安全的"命门"完全掌握在他

---

① 左晓栋，王石. 加快技术创新 应对操作系统安全风险 [J]. 信息安全与通信保密，2014 (2)：22-25.

人手中，随时存在着安全风险。从人为因素来看，我国的互联网安全意识一直比较薄弱，重技术引进轻技术安全、重实际应用轻安全管理等问题长期存在，国内网络安全法律法规不健全、规章制度成摆设等问题得不到有效解决，进一步放大了网络技术安全风险。加上我国又是一个经济社会快速发展、综合国力迅速增强的大国，以美国为首的西方国家对我国防范甚至敌对的意识极为强烈，如"棱镜门"一样的网络攻击不仅无时不在，而且相当长一段时期内只会加强不会削弱，使我国的网络安全处境雪上加霜。

在网络强国上升为国家战略并加速推进的情况下，"互联网安全＋"必须成为维护我国网络安全的坚固盾牌，为"互联网＋"行动计划提供安全保障。"互联网＋"以互联网为平台，以网络技术创新为支撑，不仅要实现与各行各业的深度融合，而且要将经济、政治、文化、科技、国防、外交等各领域融合为一个整体，达到"万物互联可控""无网而不胜"的状态，既可为经济发展、社会进步开辟一条现实可行的快捷通道，又可能给国家安全带来巨大的现实风险，为敌对势力对我国的颠覆、破坏提供机遇。因此，"互联网安全＋"与"互联网＋"在网络强国战略中犹如一体之两翼，缺一不可，必须将二者置于同等重要的地位，同时成为实现网络强国的战略性选择，切实把网络安全的战略理念转化为实现网络安全的具体行动，坚持网络安全与建设发展并重，在推进"互联网＋"的同时启动"互联网安全＋"，并将网络安全能力纳入国家治理体系和治理能力现代化建设，确保"互联网安全＋"在战略层面和执行层面都落实并形成良性互动。[①]

3. 努力开辟以创新为驱动的安全路径

面对我国日趋严峻的网络安全形势，为了有效应对纷繁复杂的各种网络安全风险和网络安全威胁，固然需要健全和严格落实网络安全法制，以消除人为因素造成的网络安全问题，同时充分利用检测与防范网络安全风险的现有网络技术，如计算机病毒防护技术、网络加密技术、网络防火墙技术、网络入侵检测技术、虚拟网络技术、可信计算技术等已经存在，并随着网络安全风险的演变而不断更新发展，取得了明显成效的网络技术，以现有技术的高效推广、应用、更新为基

---

① 秦安. 在国家总体安全观和网络强国战略的大视野下树立"互联网安全＋"的大思维［J］. 信息安全与通信保密，2015（4）：16 - 19.

础构建我国的网络安全环境。但是这些举措仅仅能够部分满足我国当前网络安全的现实需要，只能作为构建我国网络安全屏障的立足点与出发点。在网络强国已经上升为国家战略的情况下，伴随着"互联网＋"行动计划的大力推进，更需要牢固树立"互联网安全＋"的战略理念，根据网络技术发展演变的趋势和新一代互联网可能出现的安全风险，进行安全技术创新，及早研发出下一代网络安全技术，以创新为驱动全面夯实"互联网＋"时代我国网络安全发展之路。

解决网络安全问题不能依赖国外技术，必须走自主创新发展之路。美国的"棱镜门"事件、微软公司的 XP 操作系统"黑屏事件"等已经多次对我国网络安全发出了警示：国外敌对势力或其他组织可以方便地利用系统漏洞与"后门"轻松地窃取国内的网络信息，操控国内用户的网络设备。为了保证我国网络空间安全，必须彻底摒弃过去不加任何防范地引进国外网络技术与设备的做法，以网络强国战略为牵引，对网络安全进行战略性规划与顶层设计，由国家集中调配网络安全领域的资源，对核心技术进行重点突破，并以此为基础对下一代网络技术开展原创性研究，力争掌控未来网络核心技术与网络安全的主动权。与此同时，还应以维护国家安全为目的，以护航"互联网＋"行动计划为抓手，进一步完善我国的网络安全管控体系。在统一协调各层级不同类型信息安全资源的基础上，重构国家安全管控机制，构建国家网络空间安全预警平台，以大数据、云计算等技术为支撑，通过网络数据的大规模采集、深度分析和综合处理，及早发现、跟踪、预警危害国家安全、社会稳定、公众利益的潜在威胁，为相关机构与组织进行事件研判、态势评估、紧急应对等提供信息与技术支持。[①]

（三）跨越发展

在人类社会发展进步的历史征程中，任何重大的科技进步都会在不同程度上加速人类社会前进的步伐，并为落后国家赶超先行国家的跨越式发展提供历史机遇。发端于 20 世纪中后期以网络技术为代表、以互联网普及为标志的信息技术革命至今方兴未艾、生机勃勃，不仅改变了信息传输、存储、获取、利用的固有方式，而且渗透到社会、经济、生活的各个行业与各个角落，深刻地改变了资源配置方式和传统产业的运行模式，催生出一系列集群性暴发的新兴经济增长点和

[①] 陈明奇，洪学海，等．关于网络安全和信息技术发展态势的思考［J］．信息网络安全，2015（4）：1-4.

新兴业态，并使经济和社会组织方式发生了深刻变革，为后发展国家的跨越发展开辟了广阔的空间。

1. 信息化建设为跨越发展积累了技术基础

20世纪90年代中期，随着互联网蓬勃发展和全面接入我国，尤其是CHINANET全国骨干网建成并正式开通后，互联网在资料检索、科研交流与合作等方面日渐显现出巨大潜力，成为我国科学技术研究与发展的助推器。在政府与社会各界的大力推动下，我国的网络设施快速实现了从窄带接入到低速宽带、再到高速光纤接入的升级，在网络基础设施规模、宽带用户数、移动宽带覆盖率等方面均迅速跃居全球领先地位，互联网已经成为我国经济社会乃至整个国家运行的重要物质技术基础。网络技术的大胆引进、快速普及和迅猛发展不仅大大加快了我国迎头赶上世界信息革命浪潮的步伐，而且对我国信息化进程的开启与信息化成就的取得发挥了巨大的推动作用。

我国是国际互联网的接入者、早期网络技术的引进者，与发达国家之间存在着明显的差距。不过，作为一个不懈奋进和快速发展的大国，经过20多年的努力，我国在推进信息化的过程中已经在一定程度上实现了网络技术和网络人才的积累，并逐渐开始了由早期的技术引进、消化向今天的技术创新、推广转变。一方面，改革开放营造出的有利的社会氛围与市场环境使我国顺利地接受了发达国家因全球产业分工而向外转移、扩散的资金和技术，迅速成为全球资金和技术转移的重要市场。在国家信息化战略的强力推动下，我国顺利实现了一般网络技术的引进、消化、吸收、利用，使现代信息技术产业从无到有、逐渐发展壮大为新兴信息产业群，完成了由资金技术转移的信息市场向世界信息产品制造基地的演变。以此为基础，又实现了由掌握一般技术逐渐向掌握应用部分核心技术的演变，在移动通信技术、光通信技术、量子通信技术和芯片技术等领域取得了群体性突破，国产技术装备在经济社会各领域得到广泛应用。经过对网络技术的引进、吸收和逐渐走向创新，我国已初步培养造就了一支年龄结构相对合理、具备一定创新能力的网络人才队伍，为实现网络技术跨越发展积累了厚实的技术和人才基础。

2. "互联网＋"为跨越发展增添了无穷潜力

在新一轮科技革命和产业变革中，网络技术创新及其与经济社会各领域的深度融合已经成为推动经济发展、引领社会变革的时代潮流。"'互联网＋'是把互联网的创新成果与经济社会各领域深度融合，推动技术进步、效率提升和组织变革，提升实体经济创新力和生产力，形成更广泛的以互联网为基础设施和创新要素的经济社会发展新形态。"① 加快推进"互联网＋"行动计划，既能够推动互联网技术与经济社会各领域的深度融合，对于重塑我国创新体系、激发经济社会创新活力、推进传统产业转型升级、培育新的增长模式和新兴业态、增加公共产品和创新公共服务模式、打造大众创业万众创新局面等发挥不可或缺的战略性和全局性作用，又能够解决传统企业网络意识和能力不足、互联网企业对传统产业理解不深入和网络技术储备不足等问题，在满足经济社会发展层出不穷的网络技术需要的过程中激发出无穷的网络技术创新活力，推动我国的网络技术实现跨越发展。

国务院《关于积极推进"互联网＋"行动的指导意见》不仅规划了以互联网与经济社会各领域深度融合创新为牵引的 11 项重点行动，在为全面推动经济发展与社会进步增添动力充足的新引擎的同时，赋予互联网技术普及、应用和创新发展以新的内涵与使命，而且将"坚持引领跨越"作为"互联网＋"行动的一项基本原则，要求"提升我国互联网发展优势"，"引领新一轮科技革命和产业变革，实现跨越式发展"，提出了推进我国互联网发展与创新的主要措施：组织实施新一代信息基础设施建设工程，构建天地一体化互联网络和未来网络创新试验平台；完善无线传感网、行业云及大数据平台等新型应用基础设施，实施云计算工程，建设跨行业物联网运营和支撑平台；着力突破核心芯片与高端服务器及存储设备等技术瓶颈，加快推进云操作系统、工业控制实时操作系统、智能终端操作系统的研发和应用，大力发展高端传感器、工控系统、人机交互等软硬基础产品，构建以骨干企业为核心、产学研高效融合的技术产业集群和国际先进、自主可控的产业体系；提升互联网安全管理、态势感知和风险防范能力，提高"互联网安全＋"核心技术和产品水平，加强"互联网＋"关键领域重要信息系统的安全保障，建设完善网络安全监测评估、监督管理、标准认证和创新能力体系……可以预期，伴随着"互联网＋"行动的持续推进，我国的网络技术创新必将开创

① 国务院关于积极推进"互联网＋"行动的指导意见［EB/OL］.（2015－07－04）［2016－08－27］. http://www. gov. cn/zhengce/content/2015－07/04/content_10002. htm.

出一个跨越发展的新局面。

　　3. 技术创新态势为跨越发展提供了历史契机

　　众所周知，互联网互联互通的功能需要通过连接实现，互联网的发展实质上就是连接的演进。从连接这一维度分析，自 1994 年全面接入互联网以来，我国在互联网领域经历了从引进吸收到普及应用再到创新发展的跨越。前 Web 时代是终端网络时代，其关键是终端的连接，我国通过互联网的接入和技术引进为人与人的网络对话奠定了基础；Web 1.0 时代是内容网络时代，其重点是内容的连接，我国通过网络技术的消化与普及实现了网络媒体与传统媒体共同发展；Web 2.0 时代是关系网络时代，其核心是人的连接，我国通过网络技术的吸收与创新顺利跨入了人人皆为网络传播主体的自媒体时代。[①] 以此为基础，我国不仅已经具备了"万物皆媒"的新媒体时代的技术基础，而且利用"互联网＋"行动计划加快实现"万物互联可控"，着力创建由在线购物、在线教育、在线医疗、在线金融等构成的新一代网络——服务网络，以技术创新为手段全力打造以信息的连接为标志的 Web 3.0 时代。

　　有人曾非常形象地说，Web 1.0 好像图书馆，人们可以将其作为信息源，却无法添加或改动其中的信息；Web 2.0 好像一个庞大的朋友圈，人们既能够从中获取信息，又可以参与其中，成为信息的提供者，并获取更加丰富多彩的体验；Web 3.0 如同庞大的数据库，能够把信息与信息联系在一起，并有针对性地准确回答用户提出的各种问题。有人认为，只要发出一个简单的指令，Web 3.0 时代的互联网就可以为用户完成其想要完成的所有工作。显然，这是一个全新的智能化网络。面对新一代智能化网络，经过 Web 1.0 的技术引进与消化、Web 2.0 的技术吸收与创新，我国在数据通信、移动通信、光通信、量子通信等网络技术上持续不断地进行着突破和创新，在网络智能化技术等方面的自主创新能力显著增强。例如，在数据通信领域，我国企业于 2014 年在全球率先发布了 T 级路由器；在移动通信领域，经过 2G 引进跟随、3G 突破创新、4G 同步发展，我国早已全

---

① 彭兰. 互联网在中国 20 年：连接与跨越［EB/OL］.（2014 - 03 - 13）［2016 - 09 - 02］. http://media. people. com. cn/n/2014/0313/c382740 - 24630095. html.

面启动了 5G 研发和标准化工作，正在争取实现 5G 引领的新目标①；在量子通信领域，随着量子科学实验卫星的成功发射与运行，我国已率先实现卫星与地面之间的量子通信，成为该领域技术的引领者。经过网络技术的引进、追随到突破、创新的跨越，我国已经夯实了网络技术与网络产业基础，在有些方面已经完成了对网络强国的技术追赶甚至超越，下一代互联网也正在加速布局中，网络技术的跨越发展正在逐渐变成现实。

三、主要步骤

自 20 世纪 90 年代我国接入互联网以后，在短短 20 多年的时间内，我国已经由当初的引进跟随者成长为名副其实的互联网大国。互联网在我国不仅落地生根，成为人们获取和交流信息的主要渠道，而且极大地改变着人们的思维方式与生产生活方式，成功融入国民经济与社会各领域，成为驱动经济发展和社会进步的新引擎。作为互联网领域的后来者，受历史发展的局限和技术能力的制约，我国目前还仅仅是互联网大国，而不是互联网强国，但是我国已将网络强国上升到国家战略，由网络大国向网络强国进军的号角已经吹响，全国上下、各行各业正快速前进在迈向网络强国的征程中，实现网络强国目标的距离已经不再遥远。

（一）全面跟上来融进去

在 1994 年刚刚接入互联网的时候，很难想象，作为一个工业化还远未实现、科技水平严重落后的发展中国家，我国能够乘着改革开放的东风和经济社会快速发展的时代快车，由一个弱小后来者快步走出"跟随者"的影子，在短短的 20 多年逐渐发展成为举世公认的互联网大国。

1. 从网络"菜鸟"到网络大国的演进

中国网络空间研究院编写的《中国互联网 20 年发展报告（摘要）》显示：在过去的 20 年中，我国互联网的发展从总体上经历了基础初创期、产业形成期、

---

① 周婉娇，董碧水. 中国互联网技术产业实现创新跨越发展[EB/OL]. (2015 - 12 - 15)[2016 - 09 - 02]. http://news. cyol. com/content/2015 - 12/15/content_11940258. htm.

快速发展期三个阶段，目前已经跨入融合创新期。①

1993～2000年为基础初创期。这是我国互联网发展的启蒙期，以此为开端，拉开了我国互联网由引进跟随到迅速普及的序幕。在这一时期，我国以引进技术和设备为依托，从基础网络设施和关键资源建设起步，逐步建成了中国教育和科研计算机网、中国公用计算机互联网、中国科技网、中国金桥信息网四大骨干网，初步具备了互联网国际出口能力；建立了国家顶级域名运行管理体系，开始提供".CN"域名注册和解析服务；以网易、搜狐、新浪等门户网站为代表的一批互联网企业相继创建并投入运营，人民网、新华网等新闻网站陆续上线，政府机构、企事业单位与各种社会组织的网络纷纷建立，各领域各阶层的民众争相"触网"，掀起了我国互联网发展的第一波热潮。

2001～2005年为产业形成期。这是我国互联网开始走上中国特色发展道路的时期。在这一时期，逐步建立了中国特色的互联网信息服务业体系，以搜索引擎、电子商务、即时通信、社交网络等服务为主要业务的互联网企业迅速崛起，初步形成了网络接入、网络营销、电子商务、网络游戏等主要领域的商业模式；经济社会各领域中有代表性的互联网企业快速成长，基本建立了全产业链共同发展的产业格局；2005年网民总数已超过1亿人，网民数量跃居世界第二位，互联网服务的用户规模效应已经初步形成。

2006～2013年为快速发展期。这是将宽带网络建设上升为国家战略的时期。在这一时期，我国网民数量继续保持快速增长，与此相对应的网络零售与社交网络服务成为产业发展亮点，伴随着移动互联网的兴起，互联网发展进入新阶段；微信等社交网络服务日益融入民众的日常生活，"无社交不生活"已经成为网民生活的新常态；移动互联网和智能终端应用快速普及，互联网"泛在化"势不可挡，线上线下融合不断向纵深发展，信息消费的规模和效益日益突出。与此同时，互联网发展和互联网治理在我国也被提升到了前所未有的新高度。

2014年至今为融合创新期。这是吹响建设网络强国号角的时期。在这一时期，融合创新成为推进我国互联网发展的主要驱动力，必将为我国互联网的发展创造重大战略机遇。党和政府高度重视网络安全和信息化工作，将网络强国提升

---

① 中国网络空间研究院. 中国互联网20年发展报告[EB/OL]. (2016 - 01 - 21)[2016 - 09 - 04]. http://www.cac.gov.cn/2016 - 01/21/c_1117850404.htm.

为国家战略，从战略高度推出了"互联网＋"行动计划，作出了完善互联网领导管理体制等一系列重大战略决策；互联网治理进入融合创新的阶段，立足于国家安全和长远发展加强顶层设计，进一步健全完善网络治理体系，依法治网的各种举措正在深入推进，全面加强网络安全保障、努力构建清朗网络空间的效果日渐显现。

2. 国际互联网大国地位的实至名归

中国互联网络信息中心（CNNIC）2016 年 7 月发布的第 38 次《中国互联网络发展状况统计报告》显示，我国已经成为当之无愧的网络大国[①]：从基础数据来看，截至 2016 年 6 月，中国网民规模达 7.10 亿人，半年中新增网民 2132 万人；互联网普及率为 51.7％，分别超出全球和亚洲平均水平 3.1 个和 8.1 个百分点；农村网民规模达 1.91 亿人，占网民总数的 26.9％；手机网民规模达 6.56 亿人，手机上网人群占网民总数的 92.5％；通过台式电脑接入互联网的比例为 64.6％，使用笔记本电脑上网的比例为 38.5％；平板电脑上网使用率为 30.6％，电视上网使用率为 21.1％；域名总数为 3698 万个，其中".CN"域名总数为 1950 万个，占我国域名总数的 52.7％，".中国"域名总数为 50 万个；中国网站总数为 454 万个，其中".CN"下网站数为 212 万个。

从个人应用数据来看，截至 2016 年 6 月，在基础应用方面，我国网民中即时通信用户达 6.42 亿人，使用率为 90.4％；手机即时通信用户为 6.03 亿人，占手机网民总数的 91.9％。搜索引擎用户达 5.93 亿人，占网民总数的 83.5％，半年中增长 2635 万人，增长率为 4.7％；手机搜索用户数达 5.24 亿人，占手机用户总数的 79.8％，半年中增加 4625 万人，增长率为 9.7％。网络新闻用户达 5.79 亿人，占网民总数的 81.8％；手机网络新闻用户为 5.18 亿人，占移动网民总数的 78.9％，半年中增长 3635 万人，增长率为 7.5％。

在商务交易方面，网络购物用户为 4.48 亿人，半年中增加 3448 万人，增长率为 8.3％；手机网络购物用户为 4.01 亿人，半年增长率为 8.3％。网上预订火车票、机票、酒店和旅游度假产品的网民为 2.64 亿人，分别占比 28.9％、

---

① 中国互联网络信息中心. 中国互联网络发展状况统计报告［EB/OL］. (2016 - 08 - 03)［2016 - 09 - 16］. http://www.cnnic.net.cn/gywm/xwzx/rdxw/2016/201608/W020160803204144417902.pdf.

14.4％、15.5％和6.1％；手机预订机票、酒店、火车票和旅游度假产品的网民为2.32亿人，半年中增长2236万人，增长率为10.7％。

在网络金融方面，购买互联网理财产品的网民达到1.01亿人，半年中增长1113万人，占网民总数的14.3％。使用网上支付的用户规模达到4.55亿人，增长率为9.3％；手机网上支付用户达到4.24亿人，半年增长率为18.7％。

在网络娱乐方面，网络游戏用户为3.91亿人，占网民总数的55.1％；手机网络游戏用户为3.02亿人，半年中增长2311万人，占手机网民总数的46.1％。网络文学用户规模达到3.08亿人，半年中增长1085万人；手机网络文学用户为2.81亿人，半年中增长2209万人，增长率为8.5％。网络视频用户为5.14亿人，占网民总数的72.4％。网络音乐用户达到5.02亿人，占网民总数的70.8％；手机网络音乐用户为4.43亿人，占手机网民总数的67.6％。

在公共服务方面，在线教育用户达到1.18亿人，半年中增长775万人，增长率为7.0％，在线教育用户占网民总数的16.6％；手机在线教育用户规模为6987万人，半年中增长1684万人，增长率为31.8％；手机在线教育用户占手机网民总数的10.6％，半年中增长2个百分点。网络预约出租车用户规模为1.59亿人，占网民总数的22.3％；网络预约专车、快车和"顺风"车用户为1.22亿人，占网民总数的17.2％。在线政务服务用户达到1.76亿人，占网民总数的24.8％；使用政府微信公众号的网民占14.6％，使用政府网站的网民占12.4％，使用政府微博的网民占6.7％。

根据中国网络空间研究院《中国互联网20年发展报告（摘要）》等披露的信息，中国已成为全球最大的4G移动通信网络用户，7.10亿的中国网民数量比欧盟人口总数还多，一个"双11"的网络交易额就达近千亿元，远超美国"黑五"；互联网经济在GDP中的比重持续上升，2014年占比已达到7％；互联网企业规模迅速扩大，328家互联网相关上市企业的市值为7.85亿元，占我国股市总市值1/4以上；全球市值前10强的互联网企业中我国占了4席，市值前30强中我国占了10席，在价值创造、模式创新、产业融合等方面走向世界前列。

（二）突破关键核心技术

经过20多年风雨兼程的追赶，我国在国际互联网络领域已经实现了由小到大的跨越。无论是互联网的推广普及、网络技术的应用创新，还是网络产业从无到有、发展壮大，或者是以互联网引领社会进步、推动经济增长，我国在各个方面均取得了巨大成功，已经快速成长为毫无疑义的互联网大国。不过，人们不应仅仅陶醉于成长的快乐，还应清醒地面对"成长的烦恼"。互联网不仅带来了推动经济社会发展、优化生存与生活方式等红利，还可能导致扩大矛盾与冲突、颠覆秩序与安全、混乱思维与价值等一系列问题。特别是在错综复杂的国际国内环境中核心技术受制于人的情况下，国家、民族乃至个人将面临各种无法估量的严重隐患。

1. 网络大国面临的现实网络问题

从国际权威机构发布的网络发展数据来看，我国在全球排名中仍然比较落后。国际电信联盟 2014 年的《衡量信息社会发展报告》披露，在信息通信技术发展指数（IDI）全球排名中，我国仅处于第 86 位；世界经济论坛 2014 年《全球信息科技报告》显示，在网络就绪指数（NRI）全球排名中，我国排在第 62 位；联合国经济和社会事务部 2014 年《全球电子政务调查报告》表明，在电子政务发展指数全球排名中，我国只排在第 70 位。三项国际权威指标均表明，在网络整体质量上我国仍然属于发展中国家，与以美国为代表的网络强国相比还存在着相当大的差距。[①] 这种客观存在的现实差距必然导致我国在国际互联网领域主导权和话语权方面的弱势地位，使我国在网络信息安全和网络舆论争夺中始终面临着严重的风险与巨大的压力。

从国内的实际情况来看，制约我国由互联网大国走向互联网强国的问题有以下几个方面。一是"数字鸿沟"问题严重。根据 CNNIC 第 38 次《中国互联网络发展状况统计报告》，截至 2016 年 6 月，我国网民中城镇网民占比 73.1%，规模为 5.19 亿人；农村网民占比 26.9%，规模为 1.91 亿人。以 2015 年年末农村常住人口大约 6.19 亿人为基数推算，农村居民网络普及率不足 30.9%。不少农村地区还未接入宽带，甚至还有少数地区没有接入 2G，网络基础设施建设在东西部和城乡之间严重失衡。二是国内网络无序现象严重。由于法规制度不健全、管理措施落实不到位，网络病毒蔓延，网上盗窃、欺诈、恐吓、谩骂等现象严重，

---

① 轩传树. 正确认识网络强国建设所面对的成就、问题和影响［J］. 网络空间战略论坛，2015（2）：37-39.

各种有害信息屡禁不止，侵犯甚至倒卖公民信息等行为猖獗，制造和传播谣言等行为屡屡发生。三是我国网络发展还面临着许多瓶颈需要突破，包括：网络核心技术研究和突破力度不足，芯片、操作系统等方面自主、可控能力较低，重要部门的关键设施严重依赖国外技术；网络安全意识薄弱，信息安全防护措施和防护能力建设滞后；网络信息管理人员的知识结构比较单一、履职尽责能力亟待提升，高素质复合型网络信息管理人才严重缺乏；不少网民的网络素养相对较低，操控和驾驭网络的能力跟不上网络发展的需要。

2. 大而不强的关键在于缺乏核心技术

科学技术是第一生产力，网络强国建设必须以自主可控的网络技术为基础。经过 20 多年跨越式发展，我国在互联网领域不仅已经进行了相当程度的技术积累，在物联网、大数据、云计算、移动互联网等领域能够紧跟全球网络技术发展的步伐，而且在移动通信、光通信、量子通信和芯片技术等领域取得了群体性技术突破，站在世界技术的前沿，基本具备了建设网络强国的技术条件。但是在网络技术中最关键、最基础的核心技术上，我国还未能打破美国等西方强国及其跨国公司的垄断，关键核心技术受制于人的问题依然存在，这既是我国已成为网络大国却还不是网络强国的根本原因，也是我国在国际互联网领域博弈中经常陷于被动的关键所在。

首先是美国等外国企业对硬件技术的垄断。硬件是互联网构成与运行的物质基础，其核心技术大多被发达国家掌控。其中，芯片作为控制设备运行的"大脑"，其核心技术仍然被国外网络寡头垄断：网络终端与服务器的 CPU 技术长期被美国企业如英特尔和 AMD 垄断，手机芯片技术则被高通、三星等少数企业控制，交换机芯片技术领域占据垄断地位的则是美国的思科与博通。工业和信息化部在《2014 年集成电路行业发展回顾及展望》中披露，与国际龙头企业相比，在先进工艺方面我国芯片制造业至少相差 1～2 代。国务院发展研究中心《二十国集团（G20）国家创新竞争力发展报告》认为，我国芯片 80％依靠进口，关键核心技术对外高度依赖。同时，部分高端网络设备依赖国外技术。其中，关键设备高端服务器被美国 IBM、惠普等企业长期垄断，我国"浪潮天梭"高端服务器虽然冲破了国外技术垄断，但短期内无法扭转此类设备严重依赖进口的局面。在核心路由器领域也存在同样的问题。目前，我国的核心和骨干路由器基本上由思科和 IBM 控制。事实上，包括高端的数据交换设备、地址翻译设备等也面临着国外垄断的困境。华为、锐捷、中芯国际等一批网络设备制造企业虽然在市场竞争中呈现出良好态势，但与国外强势企业相比，其产品的技术水平仍存在明显差距。

其次是西方企业对软件技术的垄断。西方国家对软件核心技术的垄断不亚于硬件技术，尤其是对操作系统、数据库等基础软件的垄断更加明显。微软视窗操作系统的市场占有率长期保持在 90％以上，在个人电脑领域处于绝对垄断地位；源自美国的 Android 系统、iOS 系统和 Windows Phone 三大操作系统 2015 年占据全球智能手机市场份额的 99.4％。与操作系统相类似，数据库软件作为互联网领域的一种基础性软件，直到目前国外产品在我国市场仍然占据主导地位。在网络应用软件方面，我国也未能摆脱对西方技术的依赖，只是在依赖形式上有所差异：通常都是由西方国家引领技术发展的潮流与趋势，扮演技术先行者和模式创新者的角色，国产软件往往只能被动地成为技术和创意的追随者与模仿者。[1]

3. 以技术创新实现关键核心技术突破

核心技术主要包括基础技术与通用技术、非对称技术与"杀手锏"技术、前沿技术与颠覆性技术三个方面。与世界先进水平及网络强国目标相比，我国在互联网创新能力、基础设施建设、信息资源共享、产业实力等方面仍然存在着不小的差距，其中核心技术上的差距最大。习近平总书记指出："互联网核心技术是我们最大的'命门'，核心技术受制于人是我们最大的隐患。""我们要掌握我国互联网发展主动权，保障互联网安全、国家安全，就必须突破核心技术这个难题，争取在某些领域、某些方面实现'弯道超车'。"[2]

实现网络大国向网络强国的跨越，必须拥有自主可控的核心技术。核心技术作为最重要的战略性资源，对任何国家和组织都是最高机密，花钱引进的路是走不通的，除了技术创新别无他途。毫不动摇地走技术创新之路，坚定不移地实施创新驱动发展战略，"要准确把握重点领域科技发展的战略机遇，选准关系全局

---

① 赵惜群，李搏．网络强国建设的国际境遇［J］．当代教育理论与实践，2016（1）：182-184.
② 习近平．在网络安全和信息化工作座谈会上的讲话［EB/OL］．（2016-04-26）［2016-09-12］．http://news. xinhua net. com/new media/2016-04/26/c_135312437. htm.

和长远发展的战略必争领域和优先方向，通过高效合理配置，深入推进协同创新和开放创新，构建高效强大的共性关键技术供给体系，努力实现关键技术重大突破，把关键技术掌握在自己手里"。①

通过关键核心技术的创新与突破实现网络强国建设目标，对于我国是一条主动进取、切实可行的现实途径。在互联网领域，我国在核心技术上虽然同强国之间存在着一定的差距，但由于网络技术是一种日新月异的新兴技术，与其他领域相比先行者的技术优势更容易被打破。经过20多年的发展我国与西方强国已基本处在同一条起跑线上，通过超前部署、集中攻关、重点突破完全可以打破先进国家的技术垄断，实现从"跟跑"到"并跑"再到"领跑"的跨越。我国已经成为一个网络大国，拥有相对完善、基础较好的信息技术产业体系，在一些领域已经突破先进国家的技术封锁，掌握了一批接近或达到世界领先水平的网络技术和产品制造工艺，具有广阔的市场空间，因此有条件与能力在核心技术上取得更大、更多的创新和突破，加快我国从网络用户大国走向网络技术大国的步伐，推进我国尽快实现由网络大国向网络强国的转变。

（三）参与"游戏规则"制定

在通过创新驱动实现核心技术突破、占领互联网领域技术制高点的基础上，根据科学技术发展的基本规律和发展趋势，坚持"创新、协调、绿色、开放、共享"的发展理念，跳出模仿西方国家技术发展模式的思维定式，从我国国情和自身需求出发，在借鉴与参考的基础上革新源自西方国家的现有网络技术体系，发展具有中国特色的网络技术标准和网络技术体系，快速推进我国网络技术全面发展。与此同时，以完善的基础设施筑牢网络强国根基，以自主的可控技术提升网络强国地位，以健全的法规制度营造网络强国环境，以先进的网络文化引领网络舆论导向，以创新型人才队伍提供网络智力支撑，以共赢的合作理念推进网络国际共治，力争在最短的时间内将我国全面建设成为网络综合强国，引领国际互联网发展潮流，为顺利实现"两个一百年"奋斗目标保驾护航。

---

① 习近平. 在中国科学院第十七次院士大会、中国工程院第十二次院士大会上的讲话［N］. 新华每日电讯，2014－06－10（2）.

1. 以完善的基础设施筑牢网络强国根基

完善的网络基础设施是互联互通和互联网发展应用的基石。实现从网络大国向网络强国的跨越，必须以普及完善的网络基础设施为前提。由于种种原因，我国的网络基础设施建设与互联网进一步发展的需要还存在着不小的差距，已经成为推进"互联网＋"行动计划的瓶颈与短板，尤其是网速、资费等硬性基础设施亟待改善。工业和信息化部披露的资料显示，截至 2016 年一季度，我国固定宽带家庭普及率仅为 52.6％，移动宽带用户普及率仅为 58.1％。据 Akamai 2015年统计，就互联网平均下载速率而言，我国尚不及韩国的1/5、美国和日本的1/4。[①] 特别是广大农村地区，网络基础设施还非常薄弱，存在着覆盖面小与技术水平低等问题。正因为如此，习近平总书记曾强调指出："面对新形势，我们应该加快完善基础设施建设，打造全方位互联互通格局"。"十三五"规划纲要也明确提出：实施网络强国战略，加快构建高速、移动、安全、泛在的新一代信息基础设施，推进信息网络技术广泛运用，形成万物互联、人机交互、天地一体的网络空间。

加快推进宽带和 4G、5G、IPv6 网络等各类网络和大数据中心、云计算中心等建设，加快建设高速畅通、覆盖城乡、服务便捷、质优价廉的宽带基础设施和服务体系，已经成为未来几年我国网络建设的一项重要内容。"十三五"规划纲要明确规定，要着力构建泛在高效的信息网络，以完善的基础设施筑牢网络强国根基。一是完善新一代高速光纤网络：构建现代化通信骨干网络，提升高速传送、灵活调度和智能适配能力；推进宽带接入光纤化进程，城镇地区实现光网覆盖，提供 1000Mbit/s 以上接入服务能力；98％的行政村实现光纤通达，半数以上农村家庭用户带宽达到 50MB 以上；建立畅通的国际通信设施，优化国际通信网络布局。二是构建先进泛在的无线宽带网：在深入普及高速无线宽带的同时加快第四代移动通信网络建设，实现乡镇及人口密集的行政村全面深度覆盖；加快边远地区及岛礁等网络覆盖；加快空间互联网部署，实现空间与地面设施互联互通。三是加快信息网络新技术开发应用：积极推进第五代移动通信和超宽带关键

---

① 伏霖. 以互联网基础设施建设为抓手，打造"十三五"增长新引擎［N］. 中国经济时报，2016－03－08（A07）.

技术研究，并启动 5G 商用；超前布局下一代互联网，全面向 IPv6 演进升级等。除此之外，还要通过开放民间资本进入基础电信领域竞争性业务，形成基础设施共建共享和业务服务相互竞争的市场格局，深入推进三网融合，开展网络提速降费行动，完善、优化互联网架构、接入技术和计费标准，加强网络资费行为监管等，推进宽带网络提速降费。

2. 以自主的可控技术提升网络强国地位

网络技术上的自主可控是打破受制于人的局面、实现网络安全与发展的基本前提，也是由网络大国走向网络强国的先决条件。在我国互联网应用与发展的历史中，网络信息安全问题始终如影随形的根本原因就在于网络技术上受制于人。微软操作系统问题、"棱镜门"事件等反复警示人们，在 CPU 等关键核心网络技术上不能自主可控，我国网络信息安全就只能是建筑在沙滩上的城堡。我国网络安全技术自主可控的发展史大体上可划分为三个阶段：2001 年之前为第一阶段，技术和软硬件全部来自国外，处于完全无自主可控状态；2001～2014 年为第二阶段，软件技术及产品已基本实现国产化，CPU 等关键技术及设备依赖国外，可称为半自主可控阶段；2014 年以后为第三阶段，以 CPU 技术及其产品的国产化为标志，开始进入全自主可控时期，网络技术及软硬件国产化开始出现明显突破。不过，由于国内包括 CPU 在内的硬件核心部件几乎全部来自国外，软件通常采用基于开源 Linux 经过裁剪的操作系统和国内厂商自主研发的上层安全应用软件，我国网络安全技术及产品目前大多仍处于半自主可控状态。[1]

在几千项互联网国际标准中，由我国主导制定的标准不到 2%。[2] 这种现象也从另一个角度说明，我国网络技术距离自主可控还有很长的路要走。因此，真正实现我国网络技术的自主可控，必须立足于发展自己的网络核心技术，做大做强信息产业，重点突破大数据和云计算关键技术、自主可控操作系统、高端工业和大型管理软件、新兴领域人工智能技术等。根据《国家信息化发展战略纲要》，应主要采取以下措施：一是构建先进技术体系。以体系化思维弥补单点弱势，打造国际先进、安全可控的核心技术体系，带动集成电路、基础软件、核心元器件

---

① 中科神威．中科网威开辟"自主可控"安全新市场［EB/OL］．（2016 - 05 - 26）［2016 - 09 - 15］．http：// www. netpower. com. cn/news/view? id=30.

② 邬贺铨．互联网时代的强国战略［J］．求是，2014（10）：55 - 57.

等薄弱环节实现根本性突破；积极争取并巩固新一代移动通信、下一代互联网等领域全球领先的地位，着力构筑移动互联网、云计算、大数据、物联网等领域的比较优势。二是加强前沿和基础研究。强化企业创新的主体地位和主导作用，面向信息通信技术领域的基础前沿技术、共性关键技术，加大科技攻关；遵循创新规律，着眼长远发展，超前规划布局，加大投资保障力度，为前沿探索提供长期支持。三是打造协同发展的产业生态。统筹基础研究、技术创新、产业发展与应用部署，加强产业链各环节的协调互动；提高产品服务附加值，加速产业向价值链高端迁移；加强专利与标准前瞻性布局，完善覆盖知识产权、技术标准、成果转化、测试验证和产业化投资评估等环节的公共服务体系。四是培育壮大龙头企业。支持龙头企业发挥引领带动作用，联合高校和科研机构打造研发中心、技术产业联盟，探索成立核心技术研发投资公司，打通技术产业化的高效转化通道；支持企业在海外设立研发机构和开拓市场，有效利用全球资源，提升国际化发展水平。五是支持中小微企业创新。加大对科技型创新企业研发支持的力度，完善技术交易和企业孵化机制，构建普惠性创新支持政策体系；完善公共服务平台，提高科技型中小微企业自主创新和可持续发展能力。

3. 以健全的法规制度营造网络强国环境

建立健全法规制度，实行依法治网，以完善的法规制度规范网络行为，是当代世界各国网络治理基本理念的共同准则。对于互联网，我国在相当长一段时间内都缺乏完善的法规制度与之相配套。互联网因其固有的开放性、虚拟性，被一些人看作自由、共享、匿名、免责等场所，在造福社会与个人的同时也导致乱象丛生、泥沙俱下。在互联网的战略地位日益彰显的当今时代，坚持依法治网，以完善的法规制度规范网民行为和网络秩序，已经成为完善国家治理体系和提升治理能力、落实"四个全面"战略布局、推进"互联网＋"行动计划、打牢网络强国建设根基的必由之路。

我国网络法律制度建设的发展历程大体上可以分为三个阶段：1994～2000年为第一阶段，可以称为传统电信立法阶段，是我国互联网建设的初级阶段，互联网立法主要面向网络安全，并内化于传统电信立法之中，颁布了《中华人民共和国计算机信息系统安全保护条例》等法规。2001～2012年为第二阶段，可以称为互联网法律体系初步建立的阶段，在这一阶段，截止到党的十八大召开之前，颁布了《电子签名法》《全国人民代表大会常务委员会关于维护互联网安全的决定》等法规，初步构建了覆盖信息网络建设、信息应用管理、信息安全保障和信息权利保护的网络安全和信息化法律体系。2013 年至今为第三阶段，可称为互联网法律体系基本形成并飞速发展的阶段，随着互联网在我国的广泛应用和深度融合，党的十八大以后开始了全局性、根本性的网络立法进程，各种相关的法律、法规、规章和司法解释加快出台，以规范秩序与保障权利并重为特征，实现了网络安全立法、互联网基础设施与基础资源立法、互联网服务立法、电子政务立法、电子商务立法和互联网刑事立法等方面的全覆盖。

为了加快实现网络健康发展、网络运行有序、网络文化繁荣、网络生态良好、网络空间清朗的目标，最大限度地为网络强国战略保驾护航，下一阶段的网络立法工作应重点处理好以下三个关系：一是处理好权利与义务之间的关系，在价值追求上要坚持发展与安全相统一的理念，实现权利与责任的平衡；二是处理好统筹兼顾与突出重点之间的关系，围绕推进网络建设的需要安排立法项目，根据轻重缓急优先安排根源性问题和热点问题的立法；三是处理好网上和网下立法的关系，坚持传统法律同样适用于网络空间的原则，注重网络立法与传统法律的有机结合，对能够覆盖的传统法律直接延伸使用，对修订和解释后才能覆盖的传统法律进行修改或制定司法解释，对传统法律无法覆盖的制定有针对性的网络法律法规。以此为基础，加快推进一批基础性、全局性、综合性立法，加紧制定关键信息基础设施保护、互联网信息服务管理、互联网数据管理、个人信息保护、未成年人网络保护等方面的法律、法规。

4. 以先进的网络文化引领网络舆论导向

作为网络时代社会文化的一种重要表现形式，网络文化既是社会文化的重要内容，又具有许多新的文化内涵，还呈现出信息容量大、传播速度快、时效性强、覆盖面广、影响深远等鲜明特征。在突破关键核心网络技术、实现网络技术自主可控、加快推进经济社会迈上新台阶的同时，建设先进的网络文化，抢占网络文化的制高点，掌握网络空间的话语权与主导权，引领国际国内网络舆论导向，是成为网络强国的应有之义。

目前，在国际网络空间治理主导权、国际网络舆论话语权等方面，我国仍然处于被动的地位。美国等发达国家凭借其网络发起者、关键核心技术的垄断等优势，以网络技术优势谋取网络舆论主导权，牢牢地掌握着网络话语权。作为互联网的创造者，美国借助其技术优势和先行之便率先实现了传统媒体网络化，使哥伦比亚广播公司、美国广播公司和美国有线新闻广播公司等传统媒体的网站占据有利的位置，并逐步演变为点击率很高的新闻网站；创建了 Google、YouTube、Facebook、Twitter 等引领互联网潮流的新兴网络传播平台。通过这些网络传媒，美国不断向全世界传播自己的思想和观念，进而在世界范围内制造和引导网络舆论，并借助其文化产品所蕴含的价值观念和思维方式潜移默化地影响网络受众。①

正因为如此，建设网络强国，还必须大力发展和传播先进的社会主义网络文化，并以此为基础争夺网络主导权与话语权。习近平总书记在中央网络安全和信息化领导小组第一次会议上强调指出："建设网络强国，要有丰富全面的信息服务，繁荣发展的网络文化"。以为人民服务为核心的中国特色社会主义文化不仅代表着广大人民群众的文化需求和中国文化的发展方向，而且是反映了人类文化发展的基本规律和时代要求的先进文化。以中国特色社会主义文化为母体，建设繁荣发展、健康向上的网络文化，无疑是打破美国网络文化霸权、抢占世界网络文化制高点、夺取国际互联网治理话语权、引导网络舆论态势最为有效的载体和工具。为此，一要大力发展健康向上的中国特色网络文化。发展健康向上的中国特色网络文化，必须坚持以社会主义核心价值观引领社会思潮、凝聚社会共识，通过大力弘扬中华传统美德和民族精神、时代精神、科学精神，广泛开展理想信念、爱国主义、集体主义、社会主义教育等，不断丰富人民的精神世界，增强人民的精神力量。二要形成立体多样、融合发展的现代传播体系。坚持以先进技术为支撑、内容为根本，推动传统媒体和新兴媒体在内容、渠道、平台、经营、管理等方面的深度融合，着力打造一批形态多样、手段先进、具有竞争力的新型主流媒体，建成几家拥有强大实力和传播力、公信力、影响力的新型媒体集团，形成立体多样、融合发展的现代传播体系。② 三要加强网络媒体管理，净化网络文化空间。随着互联网的媒体属性越来越强，网上媒体管理和产业管理远远跟不上形势的发展变化。特别是面对传播快、影响大、覆盖广、社会动员能力强的微博、微信等社交网络和即时通信工具用户的快速增长，如何加强网络法制建设和

---

① 赵惜群，李博.网络强国建设的国际境遇［J］.当代教育理论与实践，2016（1）：182-184.
② 习近平.共同为改革想招 一起为改革发力 群策群力把各项改革工作抓到位［N］.光明日报，2014-08-19（1）.

舆论引导，确保网络信息传播秩序和国家安全、社会稳定，已经成为摆在我们面前的现实突出问题。因此，必须加大依法管理网络的力度，完善互联网管理领导体制，形成从技术到内容的互联网管理合力，确保网络的正确运用和安全。[①]

5. 以创新型人才队伍提供网络智力支撑

习近平总书记在中央网络安全和信息化领导小组第一次会议上指出："建设网络强国，要把人才资源汇聚起来，建设一支政治强、业务精、作风好的强大队伍。'千军易得，一将难求'，要培养造就世界水平的科学家、网络科技领军人才、卓越工程师、高水平创新团队。"网络空间各种形式的竞争归根结底都是人才的竞争。国际互联网发展的实践表明，涉及网络强国建设的因素虽然众多，但其中最关键的因素是人才。是否拥有一支适应网络强国建设与发展需要的高素质复合型网络人才队伍，直接影响甚至决定着网络强国建设的成败。

目前，我国网络人才队伍建设还远远无法满足网络强国目标的需要。根据《网络空间安全蓝皮书：中国网络空间安全发展报告（2015）》中的资料，仅在网络安全人才方面就存在不少问题：一是人才队伍数量短缺。据报道，目前我国网络安全人才缺口高达 50 万人；在今后几年中，我国网络安全人才的需求还会以每年 2 万人的速度增加。二是人才队伍能力不足。在网络安全技术人才队伍的整体能力水平、拥有高精尖人才的数量、既精通技术又善于管理的复合型人才等方面，与国外网络技术发达国家相比，我国均存在着一定的差距。三是人才培养与需求脱节。我国网络安全人才主要由高校和培训机构培养，既没有形成规模化与体系化，又受到我国高等教育一些弊端的影响，存在着人才培养脱离用人单位需求、难以适应现实需要等问题。四是人才分布不平衡。在地区之间、在城市及城乡之间，受区位和经济发展水平影响，我国网络安全人才分布严重失衡。[②]

为打造一支适应强国目标需要的创新型网络人才队伍，必须完善网络人才培养、选拔、使用、评价、激励机制，努力汇聚与合理使用网络英才。根据《国家信息化发展战略纲要》的规定，需要采取如下措施：一是造就一批网络技术领军

---

① 习近平. 关于《中共中央关于全面深化改革若干重大问题的决定》的说明［N］. 人民日报，2013 - 11 - 16 (1).

② 范佳佳，惠志斌. 网络空间安全人才现状和发展趋势［M］//惠志斌，唐涛. 网络空间安全蓝皮书：中国网络空间安全发展报告（2015）. 北京：社会科学文献出版社，2015：216 - 240.

人才。加大对网络领军人才成长的支持力度,培养、造就一批网络科技领军人才、卓越工程师、高水平创新团队和网络管理人才;采取有力措施,吸引和扶持海外高层次网络人才回国创新创业,建立海外网络人才特聘专家制度和特殊网络人才引进制度,着力提高我国在全球配置网络人才资源的能力。二是壮大网络专业人才队伍。构建以高等教育和职业教育为主体、继续教育为补充的网络专业人才培养体系;加大订单式网络人才培养推广力度,建立功能完善的网络人才培养实训基地,拓展与海外机构联合培养高水平网络人才的渠道。三是完善人才激励机制。革除影响网络人才流动的体制障碍,建立适应网络特点的人事、薪酬和人才评价制度;拓宽网络人才发现和选拔渠道,创立规范而高效的网络特殊人才竞争性选拔机制;完善技术入股、股权期权等激励方式,建立健全网络科技成果知识产权收益分配机制。四是提升国民网络技能。改善中小学网络环境,推进网络基础教育;加快推进国家工作人员网络培训和考核;实施"网络扫盲"行动计划,采取行之有效的措施为老少边穷地区和弱势群体提供网络知识和技能培训。

6. 以共赢的合作理念推进网络国际共治

互联网在对人类进步发挥着巨大促进作用的同时,其发展不平衡、规则不健全、秩序不合理等问题也日渐突出。现有的网络空间治理规则不仅难以反映大多数国家的意愿和利益,而且成为滋生侵害个人隐私、侵犯知识产权与网络犯罪等问题的"温床",也是网络监听、网络攻击、网络恐怖主义活动等成为全球公害的重要原因。因此,国际社会应该在相互尊重、相互信任的基础上,通过对话与合作共同推进互联网治理规则变革,建立多边、民主、透明的全球互联网治理体系,共同构建和平、安全、开放、合作的网络空间。

习近平总书记在第二届世界互联网大会开幕式上的讲话中指出,推进全球互联网治理体系变革,应该坚持以下原则:一是尊重网络主权。坚持《联合国宪章》确立的主权平等原则和精神,尊重各国自主选择网络发展道路、网络管理模式、互联网公共政策和平等参与国际网络空间治理的权利,任何国家和组织都不搞网络霸权、干涉他国内政,不从事、支持、纵容危害他国安全的网络行为。二是维护和平安全。网络空间不应成为角力场和违法犯罪的"温床",维护网络安全不能坚持双重标准,国际社会应共同努力,防范和反对利用网络空间进行的恐怖、淫秽、贩毒、洗钱等犯罪活动,依据相关法律和国际公约坚决打击商业窃密和攻击政府网络等行为。三是促进开放合作。完善全球互联网治理体系和维护网络空间秩序，必须坚持同舟共济、互信互利的理念，世界各国应该一起推进开放合作，丰富开放内涵和提高开放水平，搭建更多沟通合作平台，创造更多利益契合点、合作增长点、共赢新亮点，推动优势互补、共同发展，共享互联网发展成果。四是构建良好秩序。网络空间不是"法外之地"，既要尊重网民交流思想、表达意愿的权利，也要依法构建良好的网络秩序，保障网民的合法权益。因此，要坚持依法治网、依法办网、依法上网，让互联网在法治轨道上健康运行；加强网络伦理、网络文明建设，用人类文明的优秀成果滋养网络空间、修复网络生态。

　　网络空间是人类共同的活动空间，其前途和命运应由各个国家和地区共同掌握。国际社会应该加强沟通、扩大共识、深化合作，共同构建网络空间命运共同体。为此，在加快全球网络基础设施建设以促进互联互通、打造网上文化交流共享平台以促进交流互鉴、推动网络经济创新发展以促进共同繁荣、保障网络安全以促进有序发展的同时，应该着力构建互联网治理体系，促进公平正义。国际网络空间治理应坚持多边参与、多方参与，发挥政府、国际组织、互联网企业、民间机构和公民个人等网络主体的作用，不搞单边主义、一方或几方主导，通过国际社会广泛沟通交流共同制定全球互联网治理规则，使全球互联网治理体系更加公正合理，更加平衡地反映与维护大多数国家的意愿和利益。

　　我国要积极参与国际网络空间安全规则的制定，巩固和发展区域标准化合作机制，积极争取国际标准化组织的重要职位，力争在互联网领域国际标准制定、推进互联网名称与数字地址分配机构国际化改革等方面发挥更大作用。我国还应积极加强国际网络执法合作，加速推进健全打击网络犯罪国际司法协助机制，推动制定网络空间国际反恐公约，尽力促使世界各国与国际组织共同履行维护网络空间和平安全的责任，与国际社会一道共同打造"多边、民主、透明"的国际网络治理体系。

第六章　我国网络技术创新的实现路径

21 世纪，人类跨入了网络信息时代，网络空间成为除陆、海、空、太空之外人类赖以生存的"第五空间"，网络技术也在快速地升级演进。不仅如移动通信网、光传送网、数据通信网、固定宽带接入等核心网络技术创新在加速进行，新一代光网络、新一代移动通信、未来网络等网络新领域在快速开拓，配套的高速宽带、智能融合、天地一体的新型网络通信基础设施也在加速构建，一场以开放融合、代际跃迁为特征的网络技术革命正在加速孕育。

这场网络技术创新革命给世界各国都带来了巨大的冲击，以美国、日本、欧洲为代表的发达国家和地区纷纷加快了将网络技术融入实际应用的进程，积极推出一批鼓励网络科技创新的政策组合，不断改进科学创新管理体系，制定相关网络技术标准和规则，优化网络技术和其他产业机制的结合等，使本国在新一轮科技革命和产业变革中保持领先优势。

我国在这一历史机遇期比以往任何时候都更加需要紧紧依靠科技进步和创新，特别是依靠网络科技创新带来的巨大推动力，发挥信息科学在经济增长中的主导作用，造就新的追赶和跨越机会，带动生产力质的飞跃，推动经济社会的全面、协调、可持续发展。因此，探索我国网络技术创新的有效实现路径是形势使然，也是现实所需。

一、国家网络技术创新需求趋势评估

创新是驱动发展战略深入实施的第一动力。只有创新才能促进科技和经济的深入融合，只有创新才能实现生产要素的高效配置，只有创新才能促进生产效率的明显提升，只有创新才能完成产业结构的优化调整，只有创新才能保证重点领域和关键环节核心技术的重大突破。当前，网络作为时代竞争的重要"战场"，理所当然成为践行创新理念的主阵地。我国对于网络技术创新的需求是毋庸置疑的，这是由全球网络技术的发展趋势和我国实现网络强国的战略共同决定的。

（一）网络技术创新的外部压力和契机

全球正处在网络技术升级演进快速发展阶段，技术创新渐趋活跃，我国只有加速推进网络技术创新才能缩小和世界网络强国间的差距，抓住新的发展机遇。

全球技术创新与经济增长每五六十年为一个周期。过去 200 多年间，全球经历了五次技术革命。首先是 1771 年开始的产业革命，在这场技术革命中，棉纺织业机械化，水道和运河得以普及，生产率大幅增长。此后依次是 1829 年开始的蒸汽和铁路时代，1875 年开始的钢铁、电力、重工业时代，1908 年开始的石油、汽车和大规模生产时代，以及我们正经历的从 1971 年左右开始的信息和远程通信时代。经过近半个世纪的发展，信息技术革命在 2000 年互联网泡沫破灭和 2008 年国际金融危机后进入广泛和深度应用阶段，以移动互联网、云计算、大数据、物联网等为标志的新一代网络技术取得了飞速的发展，对社会的渗透率越来越高，网络技术创新的浪潮在全球范围内迅速兴起。

1. 以美国为代表的发达经济体仍处于网络技术创新的领先地位

发达国家近几年先后启动了一系列国家级的网络技术创新项目。例如，美国将大数据作为网络技术创新的新前沿。随着云技术的普及和新型软件的出现，计算机在处理海量数据特别是在处理各类非结构化数据的能力上有了跨越性的发展，同时基于社会对海量数据处理的迫切需要，大数据技术诞生。美国认识到，对这些复杂、多样、海量数据的有效利用是未来获取新知识和创造新价值的利器。大数据技术不仅极大地推动了科学研究的发展，还对社会发展的各个方面如社会治理、企业生产等产生了深刻影响。

正是因为认识到大数据技术对国家前途的极其重要性，尽管面临削减预算的严峻局面，美国政府仍继续保持对大数据技术研发的投入，并且在大数据技术创新领域扮演积极引领各界的角色，鼓励科学家和工程师甚至相关企业在网络技术领域作出重大创新。早在 2010 年，美国总统科技顾问委员会（PCAST）就提出了长篇研究报告——《设计一个数字化政府：联邦政府的网络和信息技术研究开发》。该报告指出：海量数据的管理和分析向网络技术创新提出了挑战，网络和信息技术将在数据向知识和行动转换的过程中发挥至关重要的作用，将支撑美国的繁荣、健康和安全。过去几十年美国政府对网络和信息技术创新研发的投入不仅催生了数据的爆发性增长，也大大提高了其获取、存储、分析和利用这些数据的能力。美国在机器学习、知识表达、自然语言处理、信息检索和整合、网络分析、计算机视觉和数据可视化等领域已取得了基础性进展，这些成果使大数据技术具备了全方位改变人类生活的潜力，将为增强美国未来数十年的全球竞争力奠定基础。美国还先后推出"大数据研发计划"（Big Data Research and Development Initiative）和"大数据向知识转化计划"（Big Data to Knowledge，BD2K）等，由联邦政府投入数亿美元改进和完善处理海量数据的工具和技术，开发和推广新的数据分析方法和软件，加强培训数据科学家、计算机工程师和生物信息学家。这表明，大数据技术已上升为关乎美国政府重大创新计划成功与否的关键技术，美国期望通过网络技术创新带动经济发展，同时维护其政治领域的强势地位。

日本在人工智能领域一直处于世界领先地位。在这场信息技术革命中，日本着力于将网络和信息技术同人工智能进一步融合，希望通过互联网和数据的高级利用，拓展人工智能的研究领域，发展模式识别和计算机视觉、机器学习与数据挖掘、智能信息检索等新型技术和应用，以迈向领先世界的机器人新时代。同时，基于促进开展卓越研究、提高产业竞争力、高效应对全球发展的共性问题的考虑，日本还和欧盟建立了研究创新战略合作伙伴新关系，希望在信息通信技术、网络技术创新等领域继续扩大合作。

2. 我国应以网络技术创新为切入点实施网络强国战略

在这样一场全球性的网络技术创新大发展运动中，我国必须慎重对待、积极参与、努力追赶。新一轮网络技术的快速发展将催生出许多新模式、新业态和新产业，对原有的经济、生活甚至国家安全模式带来颠覆性的触动。网络技术和其他技术的相互融合将引起生产要素变革，重塑产业大发展形态、经济发展模式和经济秩序。因此，在新一轮技术革命的孕育阶段，谁掌握了网络技术创新的主导权，谁就把握着未来世界的领导权，这个国家和地区的经济、科技、国防实力也蕴含着新的重大发展机遇。

在网络技术领域，我国是典型的后发展国家，因为起步较晚，以致处在被动的状态，众多核心技术基本都掌握在西方国家手中。我国要成为网络强国，必须抓住这一战略机遇期，而关键就在于要更加重视创新对网络技术发展的重要意义。创新是我国实现网络技术突破的灵魂，也是我国能和美、日、英等网络技术领先国家进行竞争的前提。只有努力实现关键技术的重大突破，把关键技术掌握在自己手中，才能不受制于其他国家，更好地实现我国的创新驱动战略，保证国家信息安全。这不仅要求在网络技术研究上要选准优先方向和战略目标，也要通过高效合理的配置深入推进协同创新和开放创新，构建科学的研发体系和管理体系，同时健全激励机制、完善政策环境，加速网络技术创新和其他关键产业的融合，破除制约创新成果转移扩散的障碍，提升国家创新体系整体效能，加速缩小和世界网络强国间的差距，占据未来网络世界的主导权。

（二）网络技术创新的内部需求和动力

我国正处于实现中华民族伟大复兴中国梦的关键阶段，只有加速推进网络技术创新才能满足保持经济持续健康发展、提升国家现代化治理能力、维护国家网络空间安全的需要。

我国具备由网络大国发展为网络强国的坚实基础。首先，我国具有丰富的网络发展资源和广阔的网络发展空间。截至 2015 年 6 月，我国网民数量已达到 6.68 亿人，使用便携式终端的网民达到 5.94 亿人。我国固定宽带接入端口数达到 4.07 亿个，覆盖所有城市、乡镇和 93.5％的行政村。可以说，我国已初步建成高速快捷、覆盖面广的网络环境，宽带网民规模居全球首位，这为实施网络强国战略提供了大有可为的基础和空间。其次，在"十二五"期间，互联网经济的增长速度明显，对国家经济的拉动作用显著。我国网络购物用户规模达到 3.61 亿人，网络零售交易额达到 27 898 亿元，已超越美国成为全球最大的网络零售市场。互联网的发展带动了电子信息相关产业的高速增长，给我国传统产业也注入了新的生机和活力。2014 年，中国的 iGDP 指数已跃居全球第一。

互联网产业的高速发展给网络技术创新提供了坚实的基础，而推进网络强国战略必然要求发挥创新带来的长久驱动力。互联网以及网络信息技术创新将成为影响我国下一阶段发展的重要因素。在《中华人民共和国国民经济和社会发展第十三个五年规划纲要》中，多个篇章涉及互联网内容，第六篇"拓展网络经济空间"更是明确指出我国要牢牢把握信息技术变革趋势，实施网络强国战略，将构建泛在高效的信息网络、发展现代互联网产业体系、实施国家大数据战略、强化信息安全保障作为具体目标。

1. 注重网络技术创新，推进网络强国战略有利于保持我国经济持续健康发展

首先，网络技术创新催生了市场新的经济增长点。庞大的网络市场蕴藏着促进经济飞跃发展的丰富财富。电子商务、协同制造、智慧能源、互联网金融、网络惠民服务……飞快发展的互联网技术在成果转化的同时不仅改变了人们的生活方式，也开拓了新的消费、生产和服务领域，促进了生产力的发展和财富的增加。其次，网络技术创新加速了我国经济结构的调整和产业升级。过去经济增长主要依靠要素驱动、投资驱动等，存在效率低下、成本过高、资源消耗过大的弊端。摆脱这种落后的经济增长方式，需要依靠创新和科技进步，其中的关键就是网络和信息技术。将网络技术和农业、工业、商业、教育等各行业融合发展，以信息流带动技术流、资金流、人才流、物资流，不仅能够有效促进传统产业的资源优化配置，而且能够引发传统行业发展理念、用户角色、业务形态、生产要素、组织模式和管理模式的深刻变革，对于转变经济发展方式、调整经济结构、促进产业升级转型意义重大。

2. 注重网络技术创新，推进网络强国战略有利于提升国家现代化治理能力

网络技术创新有助于实现国家治理体系和治理能力的现代化。当前，我们正处在网络和信息化社会中，国家治理体系和治理能力也应具备网络特征和信息特征。这就要求国家治理要有效克服"信息屏障"，加大治理的科学性和精细化，而新兴网络技术，诸如大数据、"互联网＋"的出现和发展解决了这一问题。大数据的搜集、分析和应用使得国家在进行决策时能够更直观、更准确、更系统地掌握社会状况，有利于提高风险防控的准确性，"互联网＋"也为建设"智慧民生"注入更多新的动力。网络已经融入政府行政、社会管理、公共服务、百姓生活等多个领域。在北京、上海、广州等一线城市，"互联网＋政务""互联网＋交通""互联网＋医疗""互联网＋金融"等已经初具形态。各地政府接入信息网络

平台后，公共基础服务变得前所未有地便捷。因此，网络技术的创新将有利于改善民生基础设施的建设、转变政府行政方式，成为推动社会发展的新动力。

3. 注重网络技术创新，推进网络强国战略有利于维护国家网络空间安全

伴随着网络信息技术的不断发展，以互联网为主要载体的网络空间和现实世界不断融合，网络空间已经成为除陆、海、空、太空以外人类赖以生存的"第五空间"。与技术发展、用户增长和经济繁荣形成鲜明对比的是，网络空间安全形势日趋复杂严峻。一是参与主体多元复杂，国家、组织、企业、普通民众均涉及其中；二是风险边界不断拓展泛化，超越传统的技术风险范畴，对各国政治、经济、军事、文化各领域均构成威胁。世界各国都已意识到网络空间安全的关键性，并将其作为国家综合安全战略的重要组成部分。世界各国纷纷从顶层设计、资金投入、技术升级、人才培养等方面加大维护国家网络空间安全的力度。

我国作为一个全面崛起的新兴网络大国，也将维护网络空间安全作为巩固新形势下国家安全的重要手段。2013 年 11 月，习近平总书记在《关于〈中共中央关于全面深化改革若干重大问题的决定〉的说明》中指出："网络和信息安全牵涉到国家安全和社会稳定，是我们面临的新的综合性挑战。"2014 年 2 月，习近平总书记在主持召开的中央网络安全和信息化领导小组第一次会议上进一步强调："没有网络安全就没有国家安全"，"网络安全和信息化对一个国家很多领域都是牵一发而动全身的"。

网络空间作为大国博弈新的战略制高点，在维护其安全稳定发展的同时必须加强网络核心技术的自主创新和基础设施建设，通过政策指导、法律规范、人才培养推进网络强国建设，提升信息采集、处理、传播、利用和安全防护能力，将网络信息产业纳入安全可控的轨道，建设积极向上、健康清朗的网络空间，积极参与国际互联网规则的讨论和制定。

二、实施网络技术创新战略的主要举措与途径

在顺应国际潮流和满足国内需求的双重要求下，网络迎来了新的发展高潮，网络技术面临重大创新变革。在建设网络强国的目标指引下，新一轮的网络技术创新战略应更加具有全局性、前沿性、开放性和融合性。实施网络技术创新战

略，关键在于互联网思维要由封闭变为开放、由粗放变为精细、由刚性变为弹性、由孤立变为融合，探索和尝试多个领域、多个层次、多种形式的网络技术创新举措与途径。

（一）深化文化、教育、科研与产业体制机制改革

实施网络技术创新战略并非一蹴而就的事，需要文化、教育、科研、产业、商业等多个领域的协同推进。纵观世界互联网空间，美国、欧盟、日本等发达国家和地区之所以在网络科技创新领域保持领先地位，归根结底在于它们都形成了一整套高效而充满活力的创新体制机制。我国实施网络技术创新战略，首先要进一步深化我国各领域的体制机制改革。

1. 培育以社会主义核心价值观为引导的网络文化建设与管理机制

文化是一个民族的血脉，它为一个民族的繁荣发展提供强大的精神动力。网络文化是伴随着信息时代到来，借助计算机技术和网络信息技术出现的一种新的社会文化形态，是人们在电子空间中依赖信息、网络技术、网络资源开展网络活动，从而创造的多种文化形式和文化产品的总和，反映了人们在信息和网络时代形成的技术、思想、情感和价值观念。

随着网络和信息技术的高速发展，网络文化已经携带着其特有的价值观念、人文精神渗透到人们生活的每个场合和角落，并以一种不可阻挡的力量影响着人们的行为观念和生活方式。网络文化因其内容丰富、传播便捷、形式多样、互动性强、知识量大、影响面广、意识观念开放、气氛轻松自由等极大地满足了人们工作、学习、生活和娱乐的需求。

网络文化的快速发展也带来了诸多问题。一是网络文化内容良莠不齐。由于网络的虚拟性、隐匿性特征，其中存在部分淫秽、色情、暴力、迷信等不良内容，严重污染社会，亟需科学的管理机制加以规范净化。二是文化知识产权在网络环境中破坏严重。盗版猖獗，剽窃专利技术情况频发，亟需科学的管理机制加以保护。三是网络文化产业缺乏核心竞争力。一些关键技术仍被美国、日本、韩国等网络技术强国控制，亟需以科学的管理机制促进我国网络文化产业竞争能力的提升。

我国要实施网络技术创新战略，推动网络强国建设，必须建设具有中国特色

的网络文化管理体制机制，其关键是用社会主义核心价值观引导。国家"十三五"规划指出："牢牢把握正确舆论导向，健全社会舆情引导机制，传播正能量。加强网上思想文化阵地建设，实施网络内容建设工程，发展积极向上的网络文化，净化网络环境。"只有积极向上的网络文化、纯净清朗的网络环境、丰富多彩的文化产品和服务，才能给网络技术的不断进步提供持久的动力。

2. 发展以提高高等院校服务技术创新发展为目的的教育机制

高等院校是实施网络技术创新战略，推动网络强国建设的生力军，在学科建设、人才培养、技术研发上具有极大的优势。在进一步深化我国教育体制机制的改革中，要以学科建设和协同创新为重点，提高高等院校网络技术创新的能力，发挥高等院校在服务技术创新方面的作用。

一是落实和扩大高等院校办学自主权。根据信息社会网络经济、网络文化、网络安全发展的需要和学科专业优势，明确相关高等院校定位，突出办学特色。二是高等院校要适时对学科专业进行动态调整。大力推动与信息产业需求和网络技术创新相结合的人才培养，促进交叉学科发展，全面提高人才培养质量，强化学生创新精神和创业能力。三是发挥高等院校的学科优势和科研实力，争取在与网络技术相关的基础研究和前沿、核心领域取得原创性突破。四是建立与网络技术创新紧密结合的成果转化机制，鼓励、支持高等院校教师转化和推广科研成果。五是大力推进科技与教育相结合。促进科研与教学互动、科研与人才培养紧密结合，培育跨学科、跨领域的科研教学团队。

3. 形成以市场为驱动、以企业为主导的技术协同创新机制

网络技术创新作为一项系统工程，涉及的因素众多，具有高度的不确定性和复杂性，因此建立"政、产、学、研、金、介"多主体互动的协同创新机制非常必要。从历史发展进程和发展实践状况来看，美国、英国、日本、以色列等发达国家在网络技术创新方面具有突出优势的一个重要原因就是其具有高效协同的国家创新机制。

协同创新就其本质而言是一种新的合作理念和创新方式。它指的是各个独立的主体在同一个创新目标的内在驱动下，通过直接的交流沟通，依靠现代信息技术搭建资源平台、实现资源共享，开展多方位交流与协作，以产生整体大于部分

的协同效应。这种技术创新机制既能提高企业技术创新的绩效和成功率，为企业
成员提供隐性知识交流的平台，加快知识吸收、转移和扩散的速度，提高企业的
自主创新能力，也有利于发挥高校和科研机构在研究和人才方面的优势，使其依
托知识生产产生经济效益，以及科研成果、产品专利享有权、名誉等非经济利
益，更重要的是关系着国家创新驱动发展战略的实现、经济结构的优化、自主创
新能力的培养和国际竞争力的提升。

我国在构建技术协同创新机制时要始终坚持以市场需求为驱动的根本动力，
发挥企业在技术创新中的主导作用，强化对企业技术创新的扶持。一是对企业研
发投入提供普惠性支持，引导企业建立技术创新准备金制度等。二是改善创新型
企业的融资环境，一方面提供直接的资金支持，如专项补贴或低息贷款，另一方
面通过财政担保政策改善企业信用等级，使企业能够更容易地从商业银行等金融
机构获得科技创新的资金支持。三是注重引导社会资本，促进技术创新风险投资
的快速发展。四是推动完善多层次资本市场，有效支持科技型企业的挂牌和
上市。

4. 建立以推动现实生产力提升为核心的成果转化机制

在实施网络技术创新战略、推动网络强国建设中，先进技术的研发只是第一
步。要使技术创新成为推动经济增长、社会进步和综合国力提高的决定性力量，
还必须将技术活动的成果转化为现实生产力，完成其商业化和产业化进程，这就
需要建立积极高效的成果转化机制。

一是完善知识产权保护方面的法律制度。知识产权制度是保护和推进科技创
新的重要机制，健全的知识产权保护法律制度的建立和完善可以对主要以智慧和
知识形态存在的创新技术加以保护和规范，也有利于技术交易的有序进行。我国
在 2001 年大范围修改知识产权法律制度后，相关的法律条款已经逐渐完备，但
是在执行效果上还有所欠缺。此外，在有关知识产权交易方面的制度，如技术特
许权交易、知识产权证券化、知识产权拍卖等领域还有待进一步细化。

二是强化以利益为导向的成果转化激励制度。通过完善分配制度保障技术创
新以及成果转化中各参与主体的合法权益，建立合理的用人制度、薪酬制度和收
益权分配制度，积极探索包括股权、期权奖励在内的激励机制；通过各种政策激
发企业在运用创新技术方面的积极性和主动性，提升新兴技术产业在经济结构中

的地位，给予参与协同创新的企业更多的扶持和优惠政策。

三是提供更为发达和便捷的科技创新中介服务。形成包括人力资源机构、知识产权咨询评估机构、技术转让机构、会计和税务机构、法律服务机构、咨询服务机构和猎头公司等在内的服务体系，这将极大地提高科技成果转化的效率，对鼓励和促进科技创新发挥十分重要的作用。

5. 形成以规划引导为主要形式、营造环境为主要目的的政府科研管理体制

一是政府要从国家发展和国际竞争的宏观角度制定科技创新规划。科研单位在进行技术创新时更加注重前沿性和学科发展需求，企业在进行技术创新时更加注重经济利益和市场需求，政府则能够从更为宏观的角度对科技创新趋势进行评估和预测。

二是通过法律和政策的制定实现对协同创新中各个主体权利、义务的划分，以此保障技术创新资源和要素的有效汇聚和合理配置。

三是通过各种激励措施、税收政策、行政制度的实施，营造良好的市场环境，引导技术创新的行为目标符合社会需求。例如，一种高新技术产品产生初期可能缺乏足够的市场需求，政府可以通过对创新型产品和服务实施公共采购，帮助其开拓初始市场，增加市场对创新产品和服务的认知。

四是建立健全科研项目、经费、评价等各个具体方面的管理机制。

（二）加大重大基础性、前沿性理论与技术的研究

实施网络技术创新战略应该抓重点、抓关键，加大对重大基础性、前沿性理论与技术的研究投入，打破关键技术受制于人、自主创新动力不足、网络安全面临挑战的局面。虽然我国已经成为网络大国，但与网络强国相比还有较大差距，主要体现在网络基础技术、核心技术和前沿技术的发展及自主可控欠缺。习近平总书记在 2016 年 4 月 19 日的网络安全和信息化工作座谈会上对信息技术创新发展提出的具体措施要求中指出：一是要尽快在核心技术上取得突破；二是要坚定不移实施创新驱动发展战略，促进基础技术、通用技术、非对称技术、前沿技术、颠覆性技术创新发展。

1. 继续加快开展物联网研究

物联网（the Internet of Things）是一种通过射频识别（RFID）、红外感应器、全球定位系统、激光扫描器等信息传感设备，按约定的协议将物品与互联网连接起来，进行信息交换和通信，以实现智能化识别、定位、跟踪、监控和管理的一种网络。[①] 它具有以下三个特性：一是全面感知，即利用各种可用的感知手段，实现随时即时采集物体动态；二是可靠传递，通过各种信息网络与互联网的融合，将感知的信息实时准确可靠地传递出去；三是智能处理，利用云计算等智能计算对海量数据和信息进行分析和处理，对物体实施智能化控制。

物联网的概念一经提出，立即受到各国政府、学术界和产业界的重视，被视为信息技术领域的一次重大变革，也是产业模式的一次重大创新，在需求的巨大推动作用下迅速"热"遍全球。美国政府已经将 IBM 公司提出的"智慧地球"战略正式提升为国家战略，希望借此掀起新一轮的科技和经济发展浪潮。尤其在标准、体系架构、安全和管理等方面，美国希望借助于核心技术的突破占据物联网领域的主导权。美国的很多高等院校和知名企业也对物联网技术提出了相关解决方案。在欧洲，物联网受到了欧盟委员会的高度重视和大力支持，被正式确立为欧洲信息通信技术的战略性发展计划。日本政府在 2009 年 8 月将其在 2004 年就推出的"u-Japan"计划升级为"i-Japan"战略，致力于构建一个智能化的物联网服务体系。德、法、韩、澳和新加坡等国也在加紧部署和完善与物联网有关的科技、经济发展战略。

我国发布的《国家中长期科学和技术发展规划纲要（2006—2020 年）》中关于"重要领域及其优先主题""重大专项"和"前沿技术"部分均涉及物联网内容。除了相关政策，包括各大部委、地方政府在资金投入、试点建设等方面也给予物联网很多的扶持。我国诸多科研院所和高校，如中国科学院上海微系统与信息技术研究所、复旦大学、北京邮电大学、南京邮电大学、吉林大学等在物联网体系架构和软硬件开发方面进行了相关的研究。国内企业界和民众也对物联网表现出极大的兴趣，海尔公司甚至已经推出了一款物联网冰箱。

跨越最初的概念确定和研发起步阶段，我国已经与美国、德国、韩国一道成为物联网国际标准制定的主导国，部分技术的研发水平居于世界前列。下一阶段，我国应该抓住历史机遇，把物联网建设的重点放在关键技术的创新研究上。

---

① 贾月琴.物联网现状分析及标准化探讨［C］//北京标准化协会.第七届北京标准化论文大会论文集.
2014：2.

物联网的关键技术包括硬件和软件两个方面。硬件关键技术涵盖射频识别技术、无线传感器网络技术、智能嵌入式技术和纳米技术。软件关键技术涵盖信息处理技术、自组织管理技术和安全技术。只有掌握核心技术，建立自主化技术体系，才能掌握未来信息技术领域的话语权，才能使物联网成为信息时代推动我国经济发展的新动力，带动相关产业的全面发展。

2. 不断深化拓展云计算研究

近年来，随着用户对计算机存储能力和计算能力的要求越来越高，以及社交网络、电子商务、数字城市、在线视频等新一代大规模互联网应用对数据存储、分析、利用需求的快速增长，云计算（Cloud Computing）作为一种全新的计算模式被提出，并迅速发展为政府、学术界、产业界关注的热点，甚至成为第三次信息技术革命的标志之一，深刻地改变着世界的方方面面。

云计算的精确定义在国内外有所不同，但其实质是基于互联网络的一种超级计算模式。它将大量的计算资源、存储资源和软件资源整合在一起，形成一个规模巨大的可供用户随时随地、按需、便捷访问的共享资源池。用户可以直接从云平台获取所需资源，省却了数据中心管理、大数据处理、应用程序部署等工作，既降低了成本又提高了资源利用效率。云计算具有超强的计算能力、弹性服务、资源池化、按需服务、降本增效和泛在接入的特点。从云计算的发展角度来看，它是由分布式计算、并行处理、网格计算等技术逐步融合发展起来的，并借助虚拟化技术最终得以实现。

正是因为具有以上特质，云支算被各国、各行业寄予厚望，纷纷将其作为提高生产力、降低 IT 系统成本和能耗、催生创新、推进社会信息化进程的有力工具。其未来发展潜力巨大，市场广阔，甚至可能引发信息产业商业模式的根本性变化。我国政府高度重视云计算的发展，《国家"十二五"规划纲要》和《国务院关于加快培育和发展战略性新兴产业的决定》都把云计算列为科技重点发展对象。IT 产业相对成熟和领先的城市也将发展云计算产业作为加速产业结构调整、开辟新的经济增长点的关键所在。例如，上海于 2010 年 8 月发布了"云海计划"三年方案，致力于打造"亚太云计算中心"。北京于同年 9 月发布"祥云工程"行动计划，拟建成世界级云计算产业基地。国家发展与改革委员会、工业和信息化部于 2010 年 10 月联合确定在北京、上海、深圳、杭州和无锡 5 座城市先行开展云计算服务创新发展试点示范工作。2011 年 10 月，国家发展与改革委员会、工业和信息化部、财政部共拨款 15 亿元，成立国家战略新兴产业云计算示范工程专项资金。科技部联合财政部以相应的资金款项投入国家"863 计划"和"火炬计划"中，用于推动云计算的发展。各级地方政府对云计算也给予了重点支持，如广州的"云天计划"、哈尔滨的"云谷计划"、重庆的"云端计划"等。很多科研院所和高等学府也参与到云计算的相关研究和应用中，如清华大学、上海大学、东南大学建立了云计算平台，开设了与云计算相关的专业。很多企业如联想、百度、阿里巴巴也纷纷投身云计算战略中。

经过几年的发展，在我国云计算的观念已经深入人心，硬件资源建设方面已经有了相应的基础，但是在应用软件系统、关键技术的研发和创新上还存在短板，限制了云计算核心价值的有效实现。为此，我国应继续大力推进对云计算体系架构中的核心关键技术，包括数据中心设计与管理技术、虚拟化技术、海量数据存储与处理技术、资源管理与分配技术以及安全与隐私保护技术等的创新研发，同时加快对云计算相关技术标准的制定，拓展云计算应用模式，降低云计算安全威胁，保障云计算的可持续发展。

3. 大力推进应用大数据技术

根据维基百科的定义，大数据（Big Data）是指无法用现有的软件工具提取、储存、搜索、共享、分析和处理的海量、复杂数据的集合。它具有不同于传统数据对象的特点，即数据体量巨大（Volume）、数据种类繁多（Variety）、数据价□大但密度低（Value）、数据生成和处理速度快（Velocity）。近年来，大数据□□□的热门课题，其原因主要有：一是计算机云技术的大规模普及使成□□□□□在一起，具备了处理万亿字节数据的能力；二是出现了能够□□□□软件，使这些计算机能像一台超级计算机那样有效处理□□□□各类非结构化数据的能力有了长足的改善，从而使计□□□□□杂的数据中提炼出有用的信息。在这些前提技术条件□□□□□集、分析、传输特别是应用海量数据的迫切需要，□□□□技术领域。

□□□□云计算、物联网、移动互联网之后信息技术产业的又□□□的方方面面乃至人的思维习惯都产生了巨大的影响。

首先，大数据技术能够极大推动科学研究的发展。如人体基因排序、数字天文学和粒子物理等领域的研究项目已经得益于大数据技术的发展。通过大数据技术的应用，科学家在开展科学研究时不再是先提出尝试性假设再验证，而是可以首先进行数据分析，在此基础上提出科学假设，使科学研究从过去的假设驱动型转变为数据驱动型。其次，大数据技术的广泛运用对经济和社会发展甚至社会治理产生了深刻的影响。例如，卫生医疗领域的大数据技术能够帮助政府机构监测医疗体制的现状、民众的健康趋势，评估和选择医改方案、医保体制，能帮助医疗组织评估不同的医疗技术和治疗方案；交通运输领域的大数据管理可以帮助政府了解道路交通状况、疏解交通拥堵，评估交通规划建设的科学性等。最后，大数据技术在产业界得到了初步应用，取得了巨大的经济效益，如企业可以通过大数据分析用户偏好以开展市场营销、科学管理原材料供应链、提高运行效率、降低生产成本等。甚至，在大数据时代，人们对于探索世界有了一种新的方法和思路。对事物的分析不再依赖于随机取样，而是能够分析更多与事物相关的数据，也更加重视事物之间的相关性联系。

大数据技术的创新和应用因为其重大意义得到了各个国家的重视。美、欧、日等发达国家和地区纷纷将大数据技术的研发及应用作为自己在当前阶段的重要发展方向，以求抢占制高点。在我国，十八届五中全会明确将大数据放在国家战略层面。我国科技界和与信息技术密切相关的一切产业领域也开始加大对大数据技术与应用的创新研究。中国科学院于 2012 年和 2013 年召开了主题为"大数据科学与工程""数据科学与大数据的科学原理及发展前景"的会议。国家自然科学基金委员会于 2013 年召开了主题为"大数据技术与应用中的挑战性科学的论坛，准备以重点项目群的方式支持和推动相关领域的基础研究经部署了若干个大数据及与大数据密切相关的"973 计划"国家发展改革委员会和地方政府主导的"智慧城市"计已经建成或正在建设一批大数据中心。

今后，我国将进一步根据国家战略发展的需求，用领域、法律规定、人才培养等方面加大推进力度中的核心技术，如高效压缩感知方法和技术、高效存多域网络化传输技术、并行计算机系统结构设计、安全可信的系统决策方法和实用技术及人工智能化计全球科技革命和产业革命的战略机遇，提升我国的综合竞争优势。

4. 积极跟踪参与 5G 研发实验

5G 作为继 4G 之后的新一代无线移动通信网络，主要是面向 2020 年以后的移动通信需求而发展的。为了满足人们超高流量密度、超高连接数密度、超高移动性的需求，5G 将具有远高于 4G 的频谱利用率和能效，在传输速率和资源利用率等方面也将提高一个量级或更多，其无线覆盖性能、传输时延、系统安全和用户体验也将获得显著提升，同时成本更低。5G 移动通信将与其他无线移动通信技术密切合作，构成新一代全覆盖的移动信息网络，满足未来 10 年移动互联网流量增加 1000 倍的发展需求，为用户提供高清视频、虚拟现实、增强现实、云桌面、在线游戏等极致体验，极大地缩短人与物的距离，快速实现人与物的互联互通。

5G 技术的研发是国内外移动通信领域的一个热点，各个国家、科研组织、产业联盟或实力厂商纷纷投入 5G 研究。2013 年年初欧盟在第 7 框架计划启动了面向 5G 研发的 METIS（Mobile and wireless communications Enablers for The 2020 Information Society）项目，该项目由包括我国华为公司在内的共 29 个参加方共同承担。除 METIS 项目以外，欧盟还启动了规模更大的科研项目 5G-PPP，旨在加快欧盟 5G 研究和创新的速度，确立欧盟在 5G 领域的主导地位。英国政府联合多家企业在 Surrey 大学成立了 5G 研发中心，致力于 5G 的研究。韩国也于 2013 年开启了 "GIGA Korea" 5G 项目，成立了 5G 技术论坛。

目前 5G 网络技术研究还处于不断深入推进的阶段，及早布局、构建开放式研发环境对于我国在全球移动通信领域新一轮技术竞争中抢占领先地位非常重要。因此，我国正加强在 5G 移动通信关键技术领域中的创新研究，甚至将其作为实现网络强国战略的重要机遇，积极跟踪参与 5G 技术的研发创新。我国在 2013 年成立了面向 5G 移动通信研究与发展的 IMT-2020 推进组，明确 5G 发展远景、业务、频谱与技术需求，研究 5G 核心技术和使用技术的发展方向及框架结构，协同产学研各方研发力量，探索 5G 移动通信技术、产业与商业应用的新模式、新途径，建立上下游衔接的高效协调机制等。

国家 "863 计划" 于 2013 年 6 月和 2014 年 3 月启动了 5G 重大项目一期和二期研发课题。课题主要是针对 2020 年移动通信应用的需求，开展 5G 无线网络架构与关键技术研发、5G无线传输关键技术研发、5G移动通信系统总体技术研究以及5G移动通信技术评估与测试验证技术研究等；重点突破高密度、高通量、超蜂窝无线网络技术，基于大规模协作天线的超高速率、超高效能无线传输技术，以及新型射频技术等关键核心技术，解决基于超微小区的网络协同与干扰消除等关键问题；突破大规模天线高纬度信道建模与估计及复杂度控制等关键问题，开展无线传输技术实验；突破高频段等新型频谱资源无线传输与组网关键技术，提高无线传输频谱效率与功率效率。

今后几年将是5G技术确定其技术需求、关键指标和使用技术的关键时期，将派生出一系列核心支撑关键技术，因此我国要抓住这一战略机遇期，努力推进网络技术创新战略，就5G的发展愿景、应用需求、候选频段、关键技术指标和使用技术同世界各国进行广泛的研讨协商，力求共同推进5G技术标准的发展。

（三）注重新兴科技在网络技术创新中的交叉运用

当前，建设创新型国家的根本动力是科技的进步。随着技术社会化和社会技术化进程的逐步深入，具有自主产权，富有先进性、新颖性和适应性，能够在一定时期内引发一定区域或某类行业的结构性变革的新兴科技成为一个国家赢得发展先机和主动权的关键因素。新兴科技代表着原有科学技术的突破，具有蓬勃发展的趋势和巨大的进步潜能，还会对本领域及相关领域产业、商业产生巨大影响。

我国在实施网络强国战略过程中也必须把握机遇、审时度势、科学谋划、顺势而为，注重发挥新兴科技对网络技术创新的联动作用，注重两者的交叉融合，推动我国网络技术赶超世界先进水平。

1. 重点发展可信计算技术

随着计算机网络的深度应用，其中隐藏的安全威胁也越来越不容忽视。其中，以用户私密信息为目标的恶意代码攻击已经超过传统病毒，成为最大的安全威胁。这种安全威胁存在的原因在于没有从体系架构上建立计算机的恶意代码攻击免疫机制。为了解决这个问题，实现计算系统平台安全、可信赖地运行，可信计算被提出。根据可信计算组织TCG（Trusted Computing Group）的定义，一个实体在实现给定目标时其行为总是采取如同预期的方式，则这个实体就是可信的。可信计算通过建立一种特定的完整性度量机制，使计算平台运行时具备分辨可信程序代码与不可信程序代码的能力，从而对不可信的程序代码建立有效的防治方法和措施。可信计算技术通过在计算机系统结构中引入信任根设备，使得整个计算环境基于此信任原点进行构建，不仅保证了系统的初始化状态可信安全，而且提供了一个度量计算环境各要素的密码设施、一个安全存储秘密信息和完整性状态的可信存储设施。

可信计算技术本质上是从基础硬件平台层面解决计算机终端结构不安全问题的一种手段。由于大多数安全隐患来自计算机终端，可信计算技术通过提高计算机系统自身的信息安全防御能力为计算机体系结构融合必要的安全特性，从而有效降低计算机本身遭遇信息安全威胁的风险，提高计算机自身抵抗恶意程序破坏、保证用户的机密信息不被窃取和"带病工作"（即允许系统中存在恶意程序但由可信计算技术机制保证其无法对系统进行破坏）的能力。

可信计算技术作为保障计算环境安全、提高计算机自身安全防御能力的有效手段，已经成为信息安全技术研究领域的一个热点，并且经过国内外多年的发展，技术理念和机制已逐步发展成熟。由 IBM、惠普、英特尔和微软等著名 IT 企业发起成立的可信计算组织（TCG）正在不断推进可信计算技术的快速发展。一方面，不断提高信任根芯片的密码算法兼容性和硬件适应性；另一方面，为了满足云计算和虚拟化的发展需求，进一步对网络计算环境下的可信虚拟计算架构知名技术路线。欧洲开放式可信计算 OpenTC 在 2012 年就已经发展到 10 个工作组，分别对总体管理、需求定义与规范、底层接口、操作系统内核等领域展开研究。OpenTC 设计的基于可信计算平台的统一安全体系结构在异构平台上已经实现了虚拟计算中心、安全个人电子交易等多个应用，加快了可信计算技术的产业化推广。

自主可控可信计算技术研究在我国产学研各界的共同推动下也得到了蓬勃的发展，取得了一批水平较高的研究成果。我国已经组建了中国可信计算平台联盟（CTCP）的可信计算组织，并制定了相应的规范标准。在国家"十一五"规划和"863 计划"中，可信计算也被列为重点支持项目，获得较大规模的投入和扶持。国家相继出台了以 TCM（Trusted Cryptography Module）为核心的《可信计算密码支撑平台技术规范》系列标准和《可信计算密码支撑平台功能与接口技术规范》，同时联想、同方、方正等公司均开发出了基于此标准的产品。可以说，我国已经建立起可信计算芯片、可信计算机、可信网络和应用及可信计算产品测评的基本完整的产业体系。

随着网络应用的普及，可信计算技术研究也逐渐深化，从终端平台信任、平台间信任扩展到网络。网络结构也需要建成一个可信的计算环境，因此可信计算技术与网络技术创新的融合有了一个难得的发展机遇。目前，国际上一些研究机构已经启动了可信网络的研究计划，例如美国国防先进研究项目局就提出了CHAT项目，探讨如何在对可靠性、安全性、可存性及其他必要属性严格要求的条件下得到可以验证的可信系统和网络。我国在推动网络技术创新战略的过程中也应在满足网络计算环境、跨网跨域环境下的可信安全保障需要基础上进一步推动可信计算技术的应用发展。

2. 深化发展虚拟现实技术

虚拟现实（Virtual Reality，VR）技术是通过计算机进行有效的模拟，为用户创造一个虚拟的数字环境，用户可以身临其境般实现看、听、触、动等行为的高级人机交互技术。它是一种综合了多媒体技术、计算机图形技术、网络技术、人机交互技术、人工智能技术、仿真技术、传感技术及立体显示技术等多种科学技术的新兴综合集成技术。虚拟现实技术的发展速度越来越快，内容也在不断丰富，并在航天航空、军事训练、建筑设计、医学研究、教育创新和娱乐游戏等诸多领域得到了广泛的应用，是未来计算机领域一项至关重要的技术。

虚拟现实技术具有多感知性、浸没感、交互性和构想性的基本特征。它强调作为主角的用户可以全身心投入到已经创建好的虚拟环境中，用户看到的一切、听到的一切和感受到的一切和真实世界完全相同。用户还可以通过一些辅助设备与数字环境中虚拟出的对象展开交互影响，进行交互活动，如对虚拟环境中的物体进行操作活动，并获取反馈。可以说，虚拟现实技术为用户提供了非常广阔的想象空间，不仅可以再现存在的真实环境，还可以构想一些客观不存在或者不可能出现的环境，有效地拓宽了人类的认知范围。

虚拟现实技术因为其广阔的应用前景而受到各国各界的重视。美国最早在20世纪40年代就开始研究虚拟现实技术，并将其应用于军方对宇航员和飞行员的模拟训练中。随着科技和社会的不断发展，虚拟现实技术的研究在用户界面、感知、硬件和后台软件四个方面都取得了很大的进步。20世纪80年代，美国国防部和宇航局组织了一系列对虚拟技术的研究，目前已经建立了空间站、航空、卫星维护和 VR 训练系统，建立了可供全国使用的 VR 教育系统。美国的一些科研机构、高校和企业也在虚拟现实技术的某些领域进行了深入研究，如乔治梅森大学研制的流体实时仿真系统等。在欧洲，英国在虚拟现实的辅助设备设计、分布并行处理、应用研究方面处于领先地位；德国将虚拟现实技术和传统产业融合，开展技术改进、产品演示和技术培训方面的革新；瑞典等其他发达国家也积极进行虚拟现实技术的研究和应用。我国在虚拟现实技术方面的研究和发达国家相比还存在一定差距。随着计算机科学和计算机图形学的发展，我国许多高校、科研机构对虚拟现实技术越来越重视，正在积极进行虚拟环境建立、虚拟场景模型分布式系统的开发等。如北京航空航天大学作为国内最早进行虚拟现实技术研究单位之一建立了一种分布式虚拟环境，可以提供虚拟现实演示环境、实施三维动态数据库、用于飞行员训练的虚拟现实系统等。除此之外，还对虚拟环境中物体物理特性的表示和处理进行了重点研究，对虚拟现实的视觉接口硬件进行了开发，提出了相关算法和实现方法。清华大学国家光盘工程研究中心采用 Quick-Time 技术实现了大全景 VR 制布达拉宫。哈尔滨工业大学计算机系则成功解决了表情和唇动合成的技术问题。

随着网络技术的不断进步，虚拟现实技术和网络的融合程度越来越高，大型网络分布式虚拟现实的研究和应用成为一种趋势。网络虚拟现实结合了网络通信技术和虚拟现实技术，使得地理位置互不相关的多个用户或多个虚拟环境通过网络实时地连接起来。在这个系统中，多个用户可以通过网络对同一虚拟世界进行观察和操作，展开交互和共享信息，以达到协同工作的目的。这项虚拟现实技术对网络的实时性、稳定性、带宽都有着较高的要求，也对网络技术创新提出了新的需求。我国正在设计开发分布虚拟环境基础信息平台，这个平台将为我国开展分布式虚拟现实技术的研究提供必要的软硬件基础环境和网络平台。

3. 积极发展智能感知技术

智能感知技术是人类认知科学成果的物化，重点研究基于生物特征、以自然语言和动态图像的理解为基础、"以人为中心"的智能信息处理和控制技术。智能感知技术可以说是信息技术领域重点发展的前沿热点，随着万物互联智能化时代的到来，智能感知技术和网络技术的结合将给人们的生活甚至思维方式带来革

215

命性冲击，也因此成为世界各国技术创新竞争最为激烈的领域之一。

智能感知技术本质上是一种技术集合，包括新型传感器技术、先进的识别技术和高效智能的信息处理技术等，它的发展依赖于强大的科技创新和复杂的技术支持，其中具有代表性的有无线传感网络技术、无线射频识别技术和上下文感知技术等。

无线传感器网络（Wireless Sensor Networks，WSN）是由具有感知能力、计算能力和通信能力的大量微型传感器节点组成，通过无线通信方式形成的一个相互联系的网络系统，其目的是协作感知、采集和处理网络覆盖区域中被感知对象的信息，并发送给观察者。因为具有强大的数据获取和处理能力，无线传感器网络研究很早就成为智能感知研究领域的一个热点。美国、欧盟、加拿大、日本等就无线传感器网络的构架、节点协作、网络协议和安全等技术展开了相应研究，并将研究成果广泛应用到各个领域。我国无线传感器网络及其应用研究几乎和发达国家同步启动，一些科研单位和高校如中国科学院自动化所、软件所、清华大学、重庆大学等均对无线传感器网络的相关技术展开了研究，国家及相关部委也将该技术列入中长期发展规划纲要，作为重点研究项目。国内也有越来越多的企业开始关注该技术的发展。无线射频识别技术（Radio Frequency Identification）是一种用无线电射频通信实现非接触式双向通信，以达到识别目的并进行数据交换的技术。因其具有高速移动物体识别、多目标识别、远距离、非视距、读写速度快、环境适应性强、数据存储量大等技术优势，获得各国及各界的高度重视，并应用到国防、制造、物流等多个领域。上下文感知技术（Context-aware）是指计算机设备可以通过感知用户所处的上下文及变化信息（位置、时间、环境参数、临近设备和人员、用户活动等）调整系统行为的技术，它能够提取传感网络中有效信息。随着普适计算的发展，作为核心技术的上下文感知技术引发了国内外很多研究机构的研究和应用。

智能感知技术和网络技术有着天然的契合性。一方面，智能感知产生的大量数据需要借助网络技术的不断进步进行充分的挖掘和利用；另一方面，网络技术和智能感知技术的结合又进一步促进了物联网的繁荣发展。我国作为网络大国，发展自主可控的智能感知技术，促进网络技术的不断创新，提供更方便、功能更强大的信息服务平台和环境，实现数据感知、收集和处理的可靠性，对于保障国家经济社会安全至关重要。

（四）参与世界网络技术标准与"游戏规则"的制定

网络技术标准是世界网络新秩序建立的依据，也是网络自由的保障。我国在推进网络强国战略过程中，要积极参与世界网络技术标准的制定，参与全球互联网的协调治理，掌握话语权，这不仅是我国作为互联网大国的责任，也是促进我国网络技术创新、保障网络信息安全、助推产业转型升级、引领经济新常态的必然要求。

1. 深刻掌握网络技术标准及其竞争的内涵性质

国际化标准组织（ISO）将标准定义为"一种或一系列具有强制性要求或指导性功能，内容含有细节性技术要求和有关技术方案的文件，其目的是让相关的产品或服务达到一定的安全标准或者进入市场的要求"。技术标准对技术活动中具有多样性、相关性特征的重复性事物以特定的程序和形式作出统一规定，是企业进行生产技术活动的基本依据，也是对企业生产产品、提供服务所使用技术方法、方案、路线的一种约束。按照目前国际上采用的分类方法，标准分为法定标准和事实标准。前者指的是由政府标准化组织或政府授权的标准化组织建立的标准，具有公开性、普适性和非排他性，可以按照需要多次使用，也可以在不同的生产过程中使用。后者指的是由单个企业或具有垄断地位的少数企业建立的标准。技术标准具有以下三个功能：一是提供产品信息，产品生产者可以依据标准指导生产及检验产品的合格率，消费者可以依赖标准保证产品质量。二是规定兼容性，技术标准规定了产品必须具备的功能和性能，方便与系统中的辅助产品配合工作。标准的兼容性又称为互操作性，通常存在于大系统各部分之间的接口。三是建立规则，标准的建立可以减少变化，从而减少不确定性，通常有利于厂商获得规模经济效益。

当前，技术标准作为"包含多项专利技术要求和方案"的成果越来越重要。无论企业还是国家都应该清醒地认识到，技术标准作为技术成果的权利化和规范化比技术本身更重要，已经成为决定市场竞争优势的新手段。单个企业或企业联盟制定的事实技术标准可以因为其中所包含的专利技术和该企业在市场竞争中取得的主导地位而成为行业标准和国际标准。例如思科的"私有协议"，就是因为思科在互联网设备行业的垄断地位，事实上已逐渐演化为产业标准和国际标准。

因此，技术标准的制定者不仅把握了行业的主导权，还占据了长久的竞争优势，获取了巨大的经济利益。谁掌握了技术标准，谁就掌握了"游戏规则"的制定权，谁就能获得更大的市场控制权。

在一定意义上，当今网络经济时代，竞争已经由农业社会的产品竞争、工业社会的价格品牌竞争演化为技术标准、特别是网络技术标准的竞争。技术标准竞争是两种或两种以上个体技术标准争夺市场标准地位的过程。发动技术标准竞争的主体是多样的，可以是开发、控制、使用不同个体技术标准或者使用标准产品的任何经济体，具体可能是地区联盟、国家、企业联盟、企业或者非营利组织。

2. 全面理解参与网络技术标准制定的意义价值

首先，参与网络技术标准制定具有极大的政治意义。一方面，可以提升我国在全球网络社会中的影响力，体现我国作为网络大国的责任感；另一方面，参与网络技术标准制定意味着有可能将一种对我国有利的特定技术确立为标准，这对我国在网络新秩序的建立中掌握主动权、在国际网络治理中拥有话语权，以及推进网络强国战略的实施具有重大意义。

其次，参与网络技术标准制定具有极大的经济意义。标准竞争是世界范围内市场竞争的高级形式，其背后是巨大的经济利益之争。在网络社会新格局之下，技术标准已经成为竞争核心稀缺资源和竞争优势的基础。技术标准是控制产业链、扼制竞争对手的有力工具。技术标准的先行者拥有更明显的竞争优势，而追随者的发展空间更加狭小，成长过程更加艰难。在利益分配上，标准的使用带来收益递增，引发正反馈和网络效应，技术标准出口的收益也是可持续的；在国际分工中，标准制定者会占据上游地位，甚至形成寡头垄断。

最后，参与网络技术标准制定具有极大的创新意义。制定技术标准将成为一国新兴产业创新的重要战略模式。一方面，标准增进兼容性和互联性，通过技术标准化使得高技术产业实现内部相互兼容，节省交易成本，降低消费者面临的技术风险，这会进一步加速高新技术的普及；另一方面，为了实现技术标准的集群创造，一些地理位置集中的组群、相互关联的企业、供应商和该领域的相关机构会积极建立伙伴关系，提高技术创新能力和生产力水平。参与网络技术标准制定还有利于我国在新技术方面获取应有的知识产权份额，降低对国外技术的依赖，有助于我国产业界在新技术方面获取公平竞争的机会。

3. 积极探索参与网络技术标准制定的实现路径

技术标准对内可以促进产业、分工、经济、贸易的发展，对外可以提升综合国力、构建技术壁垒；对垂直链条意味着产业利益分配的工具，对横向竞争者意味着产品差异化的能力降低。可以说，技术标准是新的国家及企业核心竞争力的来源，因此我国要积极探索网络技术标准制定的有效路径。

首先，从顶层设计角度制定标准化战略规划。政府要通过战略规划、政府采购、财政支持、特别是知识产权保护体系的完善等手段对技术标准化进行引导和扶持。实践证明，无论发达国家还是发展中国家，政府在网络技术标准化活动中都发挥了重要作用。为了加快云计算、5G、物联网、大数据产业的发展，我国已加入相关标准化组织，并制定了相关标准化战略规划。需要注意的是，在制定战略时，一要全面分析相关国际标准，尽快适用适合我国国情的国际先进技术标准，对于国内较先进的技术标准或具有产业优势的技术标准要结合国际标准修订，实现融合。二要充分利用技术性贸易壁垒协议中的有限干预原则和对发展中国家的优惠政策，建立自己的技术壁垒体系。三要积极参加竞争，将一些我国企业能够达到但国外企业难以达到或我国特有的技术指标制定成国家标准，以增强企业和产品的国际竞争力。四要积极参与国际标准化活动，及时掌握国际相关网络技术发展的动向，以利于将我国网络技术标准纳入国际标准体系。

其次，从市场支撑角度构建拥有自主产权的技术标准。我国拥有巨大的网络市场，市场需求将会直接影响有关国际标准的制订，这是我国网络技术标准成为国际标准得天独厚的条件。只要符合技术性贸易壁垒的定义，各国都有权在国内推行强制性标准。我国的网络技术、信息技术相关企业应充分利用这一优势，在一些重大、特色、高新产业中建立起以自主知识产权为基础的标准，形成相关标准群。

最后，将形成技术标准作为国家科技计划的重要目标。政府主管部门、行业协会要加强对重要、核心及高新网络技术标准制定的指导协调，并优先采用；推动与网络相关的技术法规和技术标准体系建设，促使标准制定与科研、开发、设计、制造相结合，保证标准的先进性和效能性；引导产、学、研各方面共同推进国家重要网络技术标准的研究、制定及优先采用；培养一批熟悉国际网络技术标准规则的复合型标准人才。

4. 准确把握参与网络技术标准制定的发展方向

在探求网络技术标准制定发展方向时应该遵循以下原则：一是依据技术发展趋势和市场需求反馈；二是抓住网络技术更新换代的关键时期；三是遵循国际标准和满足国内应用并举；四是满足急需和长远发展并重；五是基础研究和应用研究相协调；六是遵循网络演进的发展规律；七是提高自主知识产权的核心技术标准比例。

依据以上原则，可以从以下几个发展方向构建我国的网络技术标准体系：

一是下一代网络。下一代网络是一个开放的、基于分组传送、支持广泛业务、控制与承载分离、业务与网络分离、具有通用移动性、适应多运营商竞争环境、满足管制要求、安全可靠、可信的体系架构。重点研究制定下一代网络框架、业务体系框架和应用模型、多种网络和业务的融合技术、网络协议、网络资源分配、网络寻址技术、IPv6、网络支撑系统、网络安全、网络演进方式、可管理特性等标准。

二是移动通信。研究 5G 移动通信技术标准；研究技术需求、业务和应用；研究移动通信中的核心无线传输技术和协议标准；研究未来各种无线技术共存的网络体系架构，如移动通信网与 WLAN、移动宽带无线接入等无线接入技术的融合与互操作；研究多频多模终端技术与测试技术等，实现我国在未来移动通信服务、标准和技术中的突破，尤其是在无线传输技术和终端技术上的创新。

三是宽带接入。宽带接入技术是今后发展的重点，在完成各类接入技术标准的基础上，继续研究对宽带接入的需求，包括宽带业务应用及带宽需求、覆盖与成本需求，研究制定适应宽带通信需求的新型光纤接入关键技术标准，研究制定新型宽带无线接入关键技术、宽带无线接入的组网方法与应用模式等标准。

四是光通信。研究高速和长距离光传输等方面的标准，包括 SDH 系统、WDM 系统和 OTN 体系结构等，自动交换光网络体系架构、协议、接口等，传送系统及设备的管理与控制，传送网承载以太网体系架构、业务要求、接口等，基于 TDM 和分组的城域网多业务传送，分组网络的定时参考模型和同步要求，光纤光缆的特性、特种光纤及测试方法，各类有源和无源光器件及其特性规范等，从通信服务需求的视角研究新一代光通信技术，保障未来各种业务网的带宽、调度管理、可靠性和安全需求等，注重具有自主知识产权的光纤光缆和光器件的研究。

五是网络安全。随着信息网络不断发展，网络安全已经成为世界各国关注的焦点。我国网络规模越来越庞大，网络技术水平不断提高，网络结构与协议日益复杂，网络新业务、新应用不断增加，新业务中安全问题不断凸显，多运营商条件下运营日益复杂，安全威胁越来越多样化，安全需求不断增长，急需推进我国网络安全标准的制定。网络安全标准要建立在国内企业自主研究的基础上，研究网络的安全可靠性需求、网络安全保障体系、网络安全密码技术、网络安全组网、预警监测、容灾恢复和应急通信的关键技术和机制，确保国家网络的安全可靠。

六是家庭网络。综合家庭网络的业务需求和当前发展的状况，家庭网络的标准研究可以划分为以下几个方面：家庭网络总体技术，包括总体框架、地址分配、服务质量、安全等；家庭网络业务及应用，包括信息网络业务、控制网络业务、家庭网络的设备发现和控制技术；家庭网络媒体；家庭网络设备研究，包括智能家电、智能终端、家庭网关、控制网关、信息网关等；3C 融合技术及相关系列标准研究。

七是无线射频识别技术和传感器网络。无线射频识别技术标准包含空中接口、电子标签的数据内容、无线射频识别技术应用等方面。国外企业在无线射频识别技术的空中接口技术及电子标签的制造等方面拥有大量核心专利，而我国在技术和产业上起步较晚。通过技术研发和产业政策的引导和扶植，国内企业在空中接口的传输协议、安全机制等技术领域有可能取得突破。我国有必要开展编码和检索技术的研究，建立一套国内统一并与国际接轨的编码体系标准；在无线射频识别技术网络应用的体系结构、路由协议、软件中间件、安全、认证和系统集成方面开展标准研究工作，争取占有一席之地。

目前国际上许多标准组织已对传感器网络所涉及的标准进行了很多深入的研究工作，我们要积极跟进，研究通信协议、Ad Hoc 网络无线通信技术、传感器网络采用 IPv6 地址等，争取有所突破。

三、推进网络技术创新应着重处理好的几个关系

推进网络技术创新，实施网络强国战略的过程中，还需要平衡以下五种关系。这五种关系就像一枚硬币的两面，是矛盾的统一体，需要运用辩证的思维处理，也是体现战略制定和实施的关键所在。

（一）快速发展与安全可控的关系

网络技术的快速发展和安全可控之间存在着既矛盾对立又相辅相成的关系，犹如一体之两翼、驱动之双轮。一方面，任何安全都是有成本、有代价的，网络技术的安全可控必然在一定程度上影响甚至牺牲发展；另一方面，发展才是保障网络技术真正安全的决定性因素，必须在保持良好发展态势的情况下寻求安全。因此，推进网络技术创新，要做到安全和发展同步推进、齐抓共管。

1. 安全可控是基础

应该清醒地看到，当前网络安全威胁和风险正日益加剧，并向政治、经济、国防、文化、社会、生态多个领域传导渗透，我国在网络安全防控上存在较大的风险隐患。安全可控是基础，是重中之重。

首先，要树立正确的网络安全观，用科学的理念指导实际行动。当今的网络安全有以下五个特点：一是整体性。在信息时代，网络安全和国家其他方面的安全，如国防安全、生产安全、经济安全息息相关，可谓牵一发而动全身。二是动态性。随着网络连接规模的不断扩大，关联程度的不断提高，信息技术的变化越来越快，网络安全的威胁来源和攻击手段也更加复杂多样。单纯依靠装几个安全设备和安全软件就想永保安全的想法已经不合时宜，需要树立动态、综合的网络安全防护理念。三是开放性。网络的开放性决定了只有立足开放环境，加强对外交流、合作、互动、博弈，吸收先进技术，网络安全水平才能不断提高。四是相对性。对于网络，没有绝对的安全。要立足本国国情、网情保安全，避免为了追求所谓绝对的安全而消耗过多资源，如此不仅会背上沉重的"包袱"，还可能导致顾此失彼。五是全民性。网络是一个面向全社会开放的体系，因此维护网络安全也是全社会共同的责任，需要政府、企业、社会组织和广大网民的共同参与。

网络安全为人民，网络安全靠人民，只有社会大众都参与到网络安全保障中，才能共筑网络安全防线，全面保障网络安全。

其次，要全面感知网络安全态势，做好风险防范工作。维护网络安全，首先应该了解风险可能发生的领域、时间和形态。感知网络安全态势是保障网络安全最基本、最基础的工作。但是因为网络安全具有很强的隐蔽性，一个技术漏洞、安全隐患可能隐藏多年都不被发现，一旦爆发就会产生很大的冲击和破坏性，因此要全方位加强网络安全检查，建立统一高效的网络安全风险报告机制、情报共享机制、研判处置机制，准确把握网络安全风险发生的规律、趋势和动向，一经发现，及时通报，督促整改。特别是要打破在数据开放、信息共享方面存在的部门利益、行业利益、本位思想，统一协调，综合运用各方面的数据资源，借助大数据技术进行挖掘分析，更好地感知网络安全态势，做好风险防范。特别要重视企业的作用，建立政府和企业网络安全信息共享机制，将企业掌握的大量网络安全信息加以利用。

2. 快速发展是保障

在安全可控的基础上应尽可能快速地发展网络技术，通过网络技术的不断创新达到强国的目标，形成网络安全的威慑能力和防御能力。

首先，要通过网络技术的快速发展构建关键信息基础设施安全保障体系。能源、金融、交通、电力、通信等领域的关键信息基础设施是经济社会运行的神经中枢，也是可能遭到重点攻击的目标，是网络安全的重中之重。交通指挥系统可能会被恶意干扰，电力调配指令可能会被恶意篡改，金融交易信息可能会被恶意窃取，这些都是重大风险隐患，一旦遭到攻击，对社会、经济正常运行具有很大的破坏性和杀伤力。因此，必须深入研究，借助网络信息技术的不断进步，形成绝对技术优势，切实做好国家关键信息基础设施安全防护。

其次，要通过网络技术的快速发展增强网络安全防御能力和威慑能力。网络安全的本质是对抗，对抗的结果取决于攻防两端的技术实力。只有善战才能敢战，只有能战才能止战。要集合全社会的有用资源，采取政策引导、机制保证、资金倾斜、主次分级等措施大力推进网络技术创新发展，做到以技术对技术、以技术管技术，实现攻防力量的对等。

（二）政策引导与企业自主的关系

网络技术创新既是全面推进中国特色国家创新体系建设的重要组成部分，也是企业在网络经济高速发展之下提高竞争力、获取更多市场收益的根本途径。国家和企业应明确自身的地位和职责，实现顶层设计与基层创新、政策引导与自主创新的有机结合。

1. 尊重支持企业在网络技术创新体系中的主体地位

市场竞争是技术创新的重要动力，技术创新又是企业提高竞争力的根本途径。只有以企业作为网络技术创新的主体，才能坚持网络技术创新的市场导向。

首先，在市场经济条件下，企业直接面向市场，更加了解市场需求，市场感觉敏锐，创新需求敏感，创新愿望强烈。同时，企业具备将技术优势转化为产品优势、将创新成果转化为商品、通过市场得到回报的要素组合和运行机制。因此，企业在技术创新方面更加高效。其次，在市场竞争压力下，企业较之科研机构，通过自主技术创新提升竞争力与创造效益、谋求企业发展壮大的愿望更为迫切。最后，企业自身的发展壮大能够形成新的研发投入，从而促进技术的更新和突破，实现经济与科技发展的良性循环。数据表明，尽管世界各国政府都在增加研发资助，但企业的技术研发投入往往增长更快。创新资源在企业集聚的趋势在一定程度上反映了企业创新主体地位的事实。纵观每一次科技革命的发展进程也可以发现，无论在哪个国家，正是由于一大批企业通过不断的技术创新把发明或其他科技成果转化为市场需要的商品，把知识、技术转变为物质财富，形成规模产业，推动了产业结构的优化升级。这个现象在信息化时代，在网络技术创新的过程中也同样存在。

企业作为网络技术创新的主体，不仅是创新人才和创新经费投入的主体，也是网络技术创新活动开展、创新机构建设和对外合作的主体，还是专利申请与拥有、技术贸易和科技奖励的主体。

2. 充分发挥政府在网络技术创新体系中的主导作用

网络技术创新体系要发挥政府的主导作用，从顶层设计角度制定和实施网络强国战略。紧密结合我国实际，对指导思想、战略目标、重点领域应用推进策略和保障条件等作出明确规定，以此统一思想和行动。党的十八大后成立的以习近平总书记为组长的中央网络安全和信息化领导小组为实施网络强国战略提供了强有力的组织保障。

首先，要发挥经济、科技政策的导向作用，使企业成为网络技术创新研发投入的主体。加快完善统一开放、竞争有序的市场经济环境，通过财税、金融、政府采购等政策，引导企业增加研发投入，推动企业特别是大企业建立网络技术研发机构。依托具有较强研发能力和技术辐射能力的科研机构或大企业，集成高等院校、科研院所等相关力量，组建国家网络信息工程实验室和行业工程中心。鼓励企业与高等院校、科研院所建立网络技术创新联合组织，增强网络技术创新能力。

其次，改革科技计划支持方式，支持企业承担国家网络技术研发任务。国家科技计划在制定时要更多地反映企业在网络信息技术方面的需求，更多地吸纳企业参与。在具有明确市场应用前景的领域，建立企业牵头组织、高等院校和科研院所共同参与实施的网络技术创新研发机制。

再次，完善网络创新技术转移机制，大力发展为企业服务的各类科技中介服务机构，促进企业之间、企业与高等院校和科研院所之间的知识流动和技术转移。完善知识产权方面的相关法规，建立健全知识产权激励机制和知识产权交易制度。国家重点实验室、技术研究中心要向企业扩大开放。

最后，营造良好的创新环境，扶持中小企业的技术创新活动。网络技术创新领域中，中小企业是不可忽视的新生力量，富有创新活力但承受创新风险的能力较弱。因此，要为中小企业创造更为有利的政策环境，在市场准入、反不正当竞争等方面起草和制定有利于中小企业发展的相关法律、政策。积极发展支持中小企业的网络技术创新方面的投融资体系和创业风险投资机制。

（三）有序管理与开放互联的关系

网络空间提供了更广阔的交流平台、更便捷的沟通方式、更自由的思维理念，其本质中就有开放的要求。与陆、海、空等其他疆域一样，网络空间也必须体现国家主权，保障网络空间安全就是保障国家主权。因此，必须处理好开放互联和有序管理之间的平衡关系。

1. 在保障国家网络安全的基础上推行开放合作

网络具有高度全球化的特征，这对国家主权、安全和发展利益提出了新的挑战。但网络技术的开放互联不能成为侵犯他国信息主权、危害国家网络安全的借口。每一个国家在网络信息领域的主权权益和其他疆域主权一样是神圣不可侵犯的。2014 年 7 月 16 日，习近平主席在巴西国会所作的题为《弘扬传统友好 共谱合作新篇》的演讲中指出："在信息领域没有双重标准，各国都有权维护自己的信息安全，不能一个国家安全而其他国家不安全，一部分国家安全而另一部分国家不安全，更不能牺牲别国安全谋求自身所谓绝对安全。"各个国家均有维护其本国网络空间秩序、实施有效管理的权力和职责。完善全球互联网治理体系，必须在尊重他国网络空间主权的基础之上摈弃"赢者通吃"的观念，本着同舟共济、互信互利的原则，丰富开放内涵，提高开放水平，拓展沟通路径，创造更多利益契合点和合作增长点，实现优势互补、共同发展的目标。

2. 在保证网络空间秩序的基础上鼓励加速发展

网络是一把高技术"双刃剑"，必须在自由开放和管控有度之间相平衡。一方面政府要尊重企业在网络市场竞争和网络技术创新中的主体地位，鼓励其主观能动性的发挥；另一方面也应该看到，我国的网络市场也存在一些恶性竞争、滥用市场支配地位等情况。自由需要秩序的保障。政府有必要规范网络空间秩序，鼓励良性竞争，这既有利于激发企业创新活力、提升竞争能力、扩大市场空间，又有利于平衡各方利益、维护国家利益、更好服务大众。政府还要通过战略制定和政策引导，为网络信息领域的企业发展营造良好的环境，如加快推进审批制度、融资制度、专利制度等改革，减少重复检测认证，施行优质优价政府采购制度，减轻企业负担，破除网络技术创新中的体制机制障碍。针对网络诈骗案件不断发生的问题，需要加快网络立法进程，完善依法监管措施，化解网络风险。我国在网络空间管理中已经逐渐形成了适合我国国情的"坚持法律、经济、技术手段与必要的行政手段相结合，政府、企业、行业协会和公民相互配合、相互协作、权利与义务对等的治理机制"，推动互联网环境逐步走向规范发展的良性道路。

（四）遵守规则与自主创新的关系

当前，全球网络技术迎来新的发展高潮，一场以开放融合、代际跃迁为特征为以信息技术特别是网络技术为引领的高科技驱动特征。经过三十多年的和平发展，我国正日益走进世界的中心。毋庸讳言，时至今日，传统的发展方式已难以维系，必须实施以创新驱动为引领的新战略。因此，必须深刻理解网络技术创新对于我国全面崛起的意义，全面梳理网络技术创新的各个要素、层次、机理，分析利弊、决定取舍、制定战略、打通"经脉"、理顺关系、优化方案，在此基础上凝聚全民共识，大众创业、万众创新，向着中华民族的伟大复兴戮力前行。

主要参考文献

[1] 张显龙. 自主创新是网络强国建设的基石 [N]. 学时时报，2016 - 05 - 30（5）.

[2] 南方日报评论员. 以创新发展助推网络强国建设 [N]. 南方日报，2016 - 04 - 22（02）.

[3] 中国互联网络信息中心. 国家信息化发展评价报告（2016）[R]. 北京，2016.

[4] 中国互联网络信息中心. 2015 年中国网络购物市场研究报告 [R]. 北京，2016.

[5] 雷家骕，洪军. 技术创新管理 [M]. 北京：机械工业出版社，2015.

[6] 张润彤，朱晓敏，耿建东. 国家科技创新系统与可持续发展 [M]. 北京：北京交通大学出版社，2014.

[7] 中国互联网络信息中心. 中国互联网络发展状况统计报告 [R]. 北京，2016.

[8] 国家互联网信息办公室，北京市互联网信息办公室. 中国互联网 20 年·网络产业篇 [M]. 北京：电子工业出版社，2014.

[9] 方兴东，胡怀亮. 网络强国：中美网络空间大博弈 [M]. 北京：电子工业出版社，2014.

[10] 杜丽丽. "互联网＋"挑战"新红利"时代 [M]. 北京：石油工业出版社，2016.

[11] 车品觉. 决战大数据 [M]. 杭州：浙江人民出版社，2016.

[12] 吴霁虹. 众创时代 [M]. 北京：中信出版社，2015.

[13] 姜璐. 信息科学交叉研究 [M]. 杭州：浙江教育出版社，2007.

[14] 朱克力，张孝荣. 分享经济 [M]. 北京：中信出版社，2016.

[15] 张维迎，盛斌. 企业家 [M]. 上海：上海人民出版社，2014.

[16] 吴敬琏，厉以宁，林毅夫，等. 读懂新常态 2——大变局与新动力 [M]. 北京：中信出版社，2016.

[17] 张文君. 网络媒体时代民主政治的"陷阱"——民主技术掩盖下政治逻辑的异化 [J]. 上海大学学报（社会科学版），2015，32（3）：30 - 41.

[18] 王致. 网络强国战略规划要点探析 [J]. 信息安全与通信保密，2015（7）：50 - 52.

[19] 王珊珊，许艳真，李力. 新兴产业技术标准化：过程、网络属性及演化规律 [J]. 科学学研究，2014（8）：1181 - 1188.

后　记

网络强国战略中，技术创新无疑是最核心的驱动和支撑。当今世界，国际竞争正越来越集中于以网络技术为龙头的科技创新的竞争，我国如何利用后发优势，在全新一代互联网技术研发和即将到来的新一轮科技革命浪潮中实现"弯道超车"，成为摆在全国人民特别是科技工作者面前的一个时代课题，在此背景下本书作为"强力推进网络强国战略"丛书之一应运而生。

本书共分为六章，从六个方面探讨了坚持网络技术创新，发挥技术创新的支撑和驱动作用，以推进网络强国战略实施的问题。主要内容包括：第一章，网络技术创新概述；第二章，我国网络技术创新的主要成就和特点；第三章，我国网络创新发展的历史机遇；第四章，我国网络技术创新面临的突出问题与挑战；第五章，我国网络技术创新的战略选择；第六章，我国网络技术创新的实现路径。

本书由王恒桓任主编，周天阳、师全民任副主编，任甜甜、杨春芳、陈祥、岳婷、王志刚、刘诚参与编写。具体承担撰写任务的情况为：第一章第一部分和第二部分的第一目由周天阳编写，第二部分的第二、三目由杨春芳编写，第三部分由王志刚编写；第二章第一部分的第一、二目由王志刚编写，第三目由刘诚编写，第二部分由杨春芳编写，第三部分由周天阳编写；第三章第一至四部分由陈祥编写，第五、六部分由岳婷编写；第四章由王恒桓编写；第五章由师全民编写；第六章由任甜甜编写。

全书由王恒桓总体设计，第一、二章由周天阳总体负责，第三至六章由王恒桓总体负责，全书由王恒桓统一修改并定稿。

在本书编写过程中参考了不少专家学者有价值的论文和著作，除文中脚注外，还在全书最后标注了主要参考文献，在此对相关作者表示谢意。战略支援部队信息工程大学、学院及教研室的有关领导、专家对书稿提出了宝贵的修改建议，进一步提升了本书的质量，在此一并表示感谢。

　　信息化和网络化时代的网络技术创新日新月异，深刻而迅猛地改变着人们的生产和生活，特别是网络技术与其他新兴科技的交叉融合正日益拓展着人类社会发展的可能空间。如何认识和理解网络技术创新对于当今世界和我国的意义，如何在下一代互联网研发中把握时机，坚持自主创新，注重原始创新，抢占技术制高点，实现我国科技的世纪大跨越，无疑是时代赋予我们的宏大而艰巨的任务。由于作者水平有限，加之时间仓促，书中的研究可能还十分肤浅，其中的不足也在所难免，敬请广大读者批评指正。